JN182426

ニホンカモシカ

行動と生態

落合啓二——[著]

東京大学出版会

The Japanese Serow :
Behavior and Ecology of a Solitary Ungulate
Keiji OCHIAI
University of Tokyo Press, 2016
ISBN 978-4-13-060197-9

はじめに

本州最北の地である青森県下北半島においてニホンカモシカの研究をおこなってきた．きれいな海に面する一画に調査地をもうけ，そこで118頭のカモシカを個体識別し，観察をつづけた．識別個体の調査日数と直接観察時間は，1263日，2562時間である．研究上の興味の中心は，識別個体を長期にわたり観察し，それぞれの個体の一生を丹念に記録することによって，カモシカの社会関係をより深く理解することにある．一言でいえば，カモシカ社会の歴史を記録的にしらべるということである．

本書の目的は二つある．一つは，下北半島において40年間継続してきた私のカモシカ研究の成果を集大成し，みなさんに広く紹介することである．本研究は「野外研究」「行動の直接観察」「個体識別」「長期研究」といった点で特徴づけられる．わが国の野生動物では，このような手法による研究はニホンザル以外では少なく，宮城県金華山島のニホンジカや奈良公園のムササビなどの例があるにすぎない．そのため，このような手法による研究の実践例として，本書が野生動物の研究をこころざす若者にとって手引きの一つとなれば幸いである．

本書のもう一つの目的は，私の研究の成果のみならず，さまざまなカモシカ研究の知見をあわせて紹介し，カモシカの行動と生態を中心としたモノグラフを提供することにある．カモシカに関しては，行動や生態に関する幅広い知見をまとめた学術書が存在しない．そのため，本書はカモシカについて学研的にしらべようとする際に，必ず開かれる参考書となることをめざして執筆した．参考書という性格上，本書では客観的なデータ，各種文献の紹介，論理的考察が中心となる．一方，臨場感あふれるカモシカの行動や個体間交渉の記述，調査物語的なエピソード，あるいはカモシカに対する私の個人的な思い入れや感想といったことはごく一部にとどめた．これらのことは，1992年に刊行した『カモシカの生活誌』（どうぶつ社）という本に書きこんだ．

ここで私のカモシカ研究のテーマを紹介しておこう．私がカモシカの研究を始めた1970年代半ばには，カモシカの生態は謎につつまれていた．母子関係，雌雄関係，なわばり性といった基本的な社会関係はほとんどわかっていなかった．そこで，カモシカの社会構造を明らかにすることを研究の第1の目的とした．当時，私はまだ学部の学生であり，日本の野生動物の代表格ともいえるカモシカを対象として，社会構造の解明という大きな問題を研究テーマにできる幸せを感じたものだった．1970年代半ばは，カモシカによる食害が「カモシカ問題」として社会問題化した時期であった．そのことの影響もあって，カモシカの生息密度と生息環境の関係を明らかにすることを第2の研究目的とした．個体数変動の実態とそれを生み出すメカニズムの解明は，生態学においても野生動物の保護管理においても重要なテーマであるためである．さらに，近年はなわばりの確立・保持・喪失の過程や繁殖履歴等に関して個体ごとのデータを蓄積し，個々の個体の生涯からカモシカの生活史と密度動態を探ることが第3の研究目的となっている．ふり返ると，社会構造，生息環境，個体群動態の三者の関係を個体ベースから理解することが，私がカモシカ研究で取り組んできたことであった．

本書は9章からなる．第1・2章ではカモシカの入門的解説として，研究小史，基本的特性，分類等について説明を加える．第1の研究目的に対応する第3–5章ではカモシカの諸行動を紹介し（第3章），カモシカの社会構造を解き明かす（第4・5章）．第2の研究目的に対応する第6・7章ではカモシカと生息環境の関係を読み解く．そして，第3の研究目的に対応する第8章では，こころざし半ばという感は否めないが，長期データにもとづいたメスカモシカの個体ベースの繁殖成功度について検討を加える．最後の第9章では，日本の野生動物保護管理におけるカモシカ問題の歴史的意義を考察し，カモシカ保全の現状と今後を考えたい．

本書では，カモシカの野外研究が近年少なくなっていることを意識し，記載レベルの観察例でも記録として残すように努めたところがある．その点，冗長に感じる部分もあるかもしれない．そう感じた場合は読み流していただければと思うが，対象動物の生態に実感をともなって迫るには，野外における行動観察の積み重ねが重要であると信じている．

目　次

はじめに……………………………………………………………………………i

第1章　カモシカに魅かれて……………………………………………………1

1.1　カモシカとの出会い……………………………………………………1

（1）はじめてのカモシカ　1　（2）初期のカモシカ研究　1

1.2　研究のはじまり……………………………………………………3

（1）個体識別　3　（2）下北半島の脇野沢　6

（3）調査地は九艘泊　8　（4）卒業論文　11

第2章　カモシカという動物……………………………………………14

2.1　ニホンカモシカ入門……………………………………………14

（1）分布　14　（2）体色と体サイズ　18　（3）性別の確認　19

（4）年齢査定　20　（5）生存曲線　24　（6）繁殖　25

（7）遺伝的変異　28

2.2　カモシカの分類と起源……………………………………………30

（1）ニホンカモシカに近い仲間　30　（2）ヤギ・ヒツジ類の分類　33

（3）ニホンカモシカの化石　37　（4）日本列島への道　38

第3章　行動……………………………………………………………42

3.1　非社会行動……………………………………………………42

（1）身体維持行動　42　（2）運動能力　50　（3）興奮行動　51

3.2　社会行動……………………………………………………52

（1）親和的行動　52　（2）母子の行動　53　（3）性行動　53

（4）抗争的行動　59　（5）眼下腺こすり　64　（6）角こすり　67

3.3　音声……………………………………………………69

第4章　なわばり性とつがい関係……………………………………73

4.1　グルーピング……………………………………………………73

4.2　行動圏……76
（1）行動圏サイズ　76　（2）季節移動の有無　78
（3）行動圏の分布構造　80　（4）行動圏の内部構造　83
4.3　なわばり性……86
（1）同性間のなわばり性　86　（2）非なわばり成獣　88
（3）なわばりの保持期間　89　（4）においづけの機能　94
4.4　つがい関係……98
（1）つがい関係のタイプ　98　（2）つがいと非つがいの行動　100
（3）一夫一妻の進化要因　102　（4）カモシカにおける一夫一妻　105
第5章　子の独立……109
5.1　母子関係……109
（1）出産直後の行動　109　（2）母子の絆の変化　111
（3）母親-息子の個体間交渉　115　（4）母親-娘の個体間交渉　116
5.2　成獣オスと子の関係……118
（1）成獣オス-子オスの個体間交渉　118
（2）成獣オス-子メスの個体間交渉　119
5.3　子の分散……120
（1）分散の性差　120　（2）子のなわばり確立　123
（3）分散の要因　126　（4）環境と社会構造　129
第6章　食性と栄養……132
6.1　食性紹介に先立ち……132
（1）ブラウザーとグレーザー　132　（2）食性分析の方法　134
6.2　カモシカの食性……138
（1）多様な採食植物　138　（2）食性の季節変化　142
（3）ササ食いの地理的変異　146
（4）カモシカとシカの食性比較　149
（5）食性変異と地域スケール　152
6.3　食物の栄養価……154
（1）植物の栄養分析　154　（2）糞中窒素量　156
（3）食物選択　160

第7章　カモシカと生息環境の関係……161
7.1　採食の影響と生息地利用……161
（1）植生に対するカモシカの影響　161　（2）生息地の利用　165
7.2　生息密度，植生，食物量の関係……167
（1）個体数の推定法　167　（2）生息密度と植生　171
（3）生息密度と食物量　174
7.3　3地域の比較研究……178
（1）下北半島，朝日山地，上高地　178
（2）利用可能食物量の推定法　181　（3）3地域の食物条件　184
（4）カモシカの密度変動　187
7.4　環境収容力……191
第8章　個体史研究……196
8.1　個体ベースの長期研究の意義……196
8.2　メスカモシカの繁殖成功度……198
（1）繁殖成功度となわばりの質　198　（2）繁殖成功度と年齢　204
（3）繁殖年齢と子の性比　205
第9章　カモシカの保全……208
9.1　カモシカ問題……208
（1）絶滅の危機　208　（2）3庁合意　211
（3）カモシカ問題をふり返る　215
9.2　カモシカによる被害……218
（1）造林木への加害　218　（2）農作物への加害　220
（3）技術的な防除法　223
9.3　カモシカを脅かすもの……226
（1）感染症　226　（2）シカとの競合　230
（3）森林環境の変化　231
9.4　カモシカ保全の今後……233

引用文献……………………………………………………………………………239
おわりに……………………………………………………………………………265
事項索引……………………………………………………………………………269
生物名索引…………………………………………………………………………274

第1章　カモシカに魅かれて

1.1　カモシカとの出会い

（1）はじめてのカモシカ

40年前のそのときのことをいまも鮮やかにおぼえている．むっとする暑さの中，木々の葉が生い茂る山道を一人で歩いていた．山シャツの長袖をまくった腕には，吹きでた汗が粒となって並んでいた．その腕で額の汗をぬぐい，立ち止まる．緑の茂みの中になにかがみえないか，目をこらす．なにかがたてるかすかな音が聞こえないか，耳を澄ます．何分かじっとそうする．聞こえてくるのは，唸るように響くセミの声ばかりだった．また歩き始める．朝から何度そうしたことだろう．昼をすぎても目当てのカモシカには出会えなかった．

いいかげん歩くのに疲れたころだった．突然，15 m ほど先でガサッと音がした．反射的にみやった茂みの中から，カモシカの顔がぬ〜っとあらわれた．大きく見開いた目，黒くて大きな耳，艶のある黒い鼻がひくひくと動いた．じっとみあうこと10秒たらず．胸がどきどきした．そいつはバサッと大きな音をたてて斜面をかけ下っていった．

大学1年のとき，はじめてカモシカと出会った瞬間である．場所は青森県下北半島の脇野沢．1975年の夏のことだった．

日本にカモシカという動物がいることは本やテレビで知っていた．しかし，知識として知っていることと，自然の中で本物を生でみるのとは別のことだった．「こんな大きな動物が野生でいるんだ」．そのことが不思議に感じられた．このときの胸のどきどきから，カモシカとの長いつきあいが始まった（図1.1）．

（2）初期のカモシカ研究

私がはじめてカモシカをみた1975年当時は，「カモシカの自然状態での生活様式は，確実な資料にもとづいて描き出すにはなお遠い」（小原 1969）という

図 1.1　夏のニホンカモシカ．青森県下北半島にて．

状況であった．カモシカの文献をしらべてみると，「群れというものは格別みられないで普通1頭で生活している．一番多く群れている時でも2頭（♂♀或は♀と仔）或は3頭（♂♀仔）である」（羽田・千葉 1959），あるいは「一定のなわばりをもちその広さは直径 1.5-2 km でその地域内で普通単独生活をしている．しかし♀親と子は一緒におり，繁殖期は♂♀でいることもある」（羽田ほか 1967）と興味深いことが記されていた．しかし，これらの報告は狩猟者や山仕事の従事者からの伝聞情報をまとめたもので，研究者自らが野外調査で明らかにした観察事実ではなかった．太平洋戦争前の文献に「獨居を好むともいはれるが又群居するのを見たといふ人もある」（百瀬 1940）と記されていたが，情報量の少なさと内容の不確かさは1960年代の文献でも変わりがなかった．

それでも，「幻の動物」といわれていたカモシカの姿を求め，カモシカ研究の先人たちの活動が1960年代に始まっていた．そのころ，カモシカの生態研究はおもに二つの事がらがおこなわれていた．一つは，野外でみつかった死体の胃内容物分析である．もう一つは，野外に残された糞を手がかりにしてカモシカの生活様式や個体数が推定された．前者の食性については，鈴鹿山地，北アルプス，日光山地などの事例が学術雑誌に報告され始めていた（Okada and

Kakuda 1964；千葉 1968；御厨・小原 1970）．後者の糞に関しては，信州大学グループが長野県志賀高原で（羽田ほか 1965, 1966；羽田・山田 1967），京都大学グループが石川県白山山地で（森下・村上 1970）研究をすすめた．白山山地における糞の数からカモシカの個体数を推定する方法は，1960 年代前半より九州で森下正明，小野勇一両氏らによって開発された推定法である．九州大学グループによる初期のカモシカ研究の様子は小野勇一氏が紹介している（小野 2000）．これらの野外調査のほか，飼育カモシカの行動についても報告された（千葉 1966, 1972；安井 1967）．

このような 1960 年代から 1970 年代前半までの時期は，カモシカ研究の黎明期といえる時代であった．この時期，野外におけるカモシカの直接観察にもとづく報告は貴重であった．地元住民やハイカーの目撃情報におもによったが，神奈川県丹沢山地においては，単独個体と 2 頭づれの目撃頻度が数値データで示された（杉森・丸山 1971）．鈴鹿山地では，猟犬にカモシカを追わせて逃げ回る範囲をしらべるという少々荒っぽい方法により，約 4 km 四方という移動範囲の具体的な数値が報告された（岡田・角田 1963）．鈴鹿山地の御在所岳ロープウェイ直下で観察されたカモシカについても報告がなされた（伊藤 1970）．中央アルプスでは，カモシカの観察報告がまだ乏しい時代に生態写真の撮影がおこなわれた（宮崎 1974a, 1974b）．また，森林の伐採がカモシカの生息場所を必ずしも奪うわけではなく，採食場所を提供するものであることが早い時期に指摘された（宮崎 1976）．さらに，丹沢山地では，顔面の模様によって野生のカモシカを個体識別できることが報告された（岩瀬 1972）．この報告は，その後に展開される個体識別にもとづくカモシカ研究の可能性を示唆するものであった．

1.2　研究のはじまり

（1）個体識別

カモシカと出会って半年後，大学 1 年の春休みに脇野沢の山をひと月歩いた．貧弱な装備で雪山を歩き回ったので足の指が霜焼けになったが，そんなことはたいしたことでなかった．この季節は木々の葉が落ち，見通しがよい．雪面に残る足跡を追ってカモシカを探しだすこともできる．もさもさの冬毛をまとったカモシカの姿も美しい（図 1.2）．脇野沢ユースホステルに泊まり，カモシ

図 1.2　冬のニホンカモシカ．青森県下北半島にて．

カをみるため山に出かける日々は毎日が楽しくてしかたなかった．

この3月に，もう一度胸がどきどきする場面に出会った．とても寒い日で，海をわたってくる黒い雲が上空に達するたびに強風が吹き荒れ，吹雪があたりの視界を遮った．その日，沢をはさんだ反対斜面にいる3頭のカモシカをみていた．体の色が濃い「コゲ」と茶色っぽい「チャ」，それに大きさから明らかに子カモシカとわかる「コ」の3頭である．3頭は大きな岩の上に並んで立っていた．3頭づれのカモシカをみるのははじめてのことで，強い西風にあおられる望遠鏡と三脚を両手で押さえつけ，涙が出るまでみつづけた．発見してから10分ほどすると，コゲとコの2頭が岩からおり，採食を始めた．食べているものが落葉広葉樹の枝先であることが，かろうじてわかる．10分後，チャも岩からおり，3頭がすぐ近くで採食する．ここで風がさらに強まる．横なぐりの雪が，沢の下流から上流へと切れ目なく流れる．たちまちカモシカたちの姿は白いスクリーンの向こうへと消えた．12時13分だった．

昼飯を食べながら吹雪がやむのを待つ．蓋をあけた弁当の上に雪がつもる．指がかじかんで箸がうまくもてない．ほおばる米粒が凍ったように冷たい．40分後，雪が弱まる．岩の上に再び3頭がみえた．コゲとチャとコの3頭である．

さらに，20 m ほど下に薄茶色のカモシカがもう1頭いた．4頭めの「ウスチャ」が3頭にゆっくり近づく．3頭はウスチャをじっとみる．2分後，ウスチャがすぐわきに並び，4頭はなにごともなく一緒になった．

カモシカは単独で行動する動物である．母子と思われる2頭づれは何回かみたが，4頭ものカモシカが一緒になるとは驚きだった．風雪にさらされ身体は冷えきったが，予期せぬシーンに胸は熱かった．この4頭はどのような関係のカモシカたちなのか．あるといわれているなわばりは本当にあるのか．あるとしたら，どのような関係のカモシカ同士でなわばり性が示されるのか．大学で理学部の生物学科に在籍していた私は，ほどなく最初の研究テーマとしてカモシカの社会構造を解明することを選んだ．当時愛読した『高崎山のサル』（伊谷 1954）が，野生ニホンザルの社会構造を解明していく過程を活写した本であったので，このテーマ選択は自然の流れみたいなものだった．

社会構造の解明には個体識別が不可欠である．1頭ずつ個体を正確に区別したうえで，個体間の行動のやりとり，すなわち個体間交渉の観察事例を丹念につみあげ，それらにもとづいて個体間のさまざまな社会関係を，さらには個体間関係の総体である社会構造を明らかにする．個体識別と識別個体の長期観察は日本の霊長類学のお家芸である．

幸い，カモシカの顔はよくみれば1頭ずつ区別がつき，標識などの人工物をつけなくても個体識別することができた（図 1.3）．個体識別は，その個体特有の特徴的なポイントを探しだしておこなう．手がかりとなるのは，おもに角の形，顔面や耳の傷，顔面の黒斑などの模様である．このうち，顔面の模様は季節や年齢によって変化する場合が多く，注意を要する．角は変化が少なく，2本の角の間でみられる長さや曲がり具合の微妙な違いが識別のよい手がかりとなる．このようなこまかな特徴による個体識別は，カモシカを近距離でじっくりと，しかもくり返し観察することで可能となる．私が観察したカモシカたちは人にある程度慣れており，10–20 m ほどの距離で観察できた．そのため，正確に，そして比較的容易に個体識別をおこなうことができた．カモシカの個体識別を体色とか顔の感じといった大雑把な手がかりでおこなうのは無理が多く，正確性を欠く．先に登場したコゲやチャとよんだカモシカはその場限りの区別をしただけで，何年間にもわたる個体識別ができたわけではない．識別個体を見慣れてくると，こまかな特徴を確認しなくても，顔や姿を一目みただけでどの個体かわかるようになる．しかし，科学性の担保のため，個体識別はあくまでも確実な特徴にもとづいておこなわれなければならない．おもしろいこ

図1.3　青森県下北半島で個体識別されたニホンカモシカ．A：成獣オス（16歳前後），左角が折れて短く，右角は外側に開く，B：成獣メス（4歳），右角がやや短く，両角ともあまり外側に開かない，C：成獣メス（5歳），左角がやや短く，右角がとくに外側に開き，右の眼下腺の下に傷がある，D：成獣オス（3歳），左耳に切れ込みがあり，両角先が内側に向く．

とに，個体識別には人によって得手・不得手があるようで，概してこまかいことが気にならない人や思いこみの強い人は不向きといえる．

（2）下北半島の脇野沢

青森県にある下北半島はまさかりのような形をしている．カモシカは，まさかりの頭にあたる部分（半島の西側）にも，柄にあたる部分（下北丘陵）にも

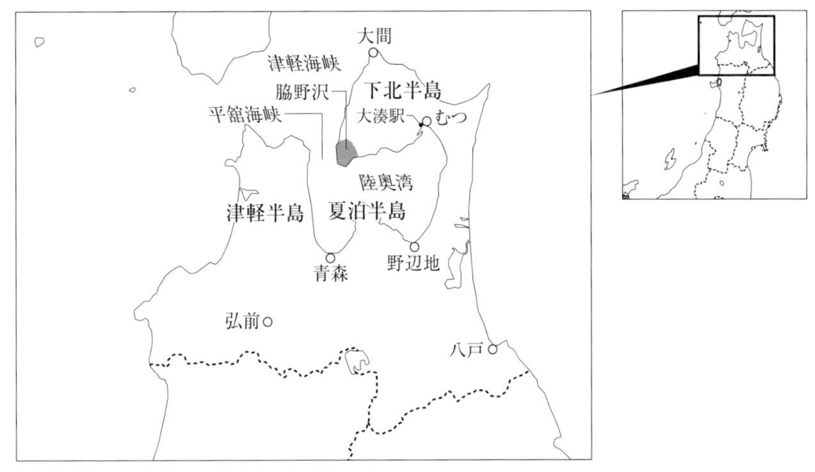

図 1.4　青森県下北半島のむつ市脇野沢（旧・脇野沢村）の位置.

分布する．両地域の境界部に市街地の多い田名部低地が広がるため，半島西部の地域（面積 1100 km²）にすむカモシカはある程度独立した個体群となっている．

カモシカ研究のために通っている脇野沢は，下北半島の頭の部分の西南端に位置する（北緯 41 度 9 分，東経 140 度 49 分；図 1.4）．陸奥湾と平舘（たいらだて）海峡に面し，海をへだてて青森市を望む．少し前までは脇野沢村という人口 2500 人ほどの村であったが，2005 年にむつ市に編入された．脇野沢は江戸時代にヒバ材や大口魚（マダラ）の積出港として，北陸や江戸との海路交易で栄えたところである．しかし，その賑わいも幕末・明治時代前半までであった（鳴海 1977；脇野沢村史調査団 2008）．マダラ漁は豊漁と不漁をくり返しつつ衰退し，現在はホタテガイ養殖などが漁業の中心となっている．また，多くの人が出稼ぎを余儀なくされている．脇野沢の就業別人口割合をみると，1980 年時点で多いのは建設業（28.6%），漁業（15.9%），サービス業（15.2%），農業（13.3%）であった（総理府統計局 1983）．20 年後の 2000 年には建設業（29.7%），サービス業（14.9%），製造業（14.7%），卸売・小売業・飲食店（12.9%），漁業（12.2%）となり，農業はわずか 1.2% に減少した（総理府統計局 2002）．もともと脇野沢の農業は零細で，その多くは自家消費用である．

脇野沢は標高 557.7 m の湯ノ沢岳を最高地点とする．標高 400 m 以下の地域がほとんどを占めるが，海岸線近くまで山が迫り，平地の少ない地形となっている．下北半島の植生は落葉広葉樹林帯に属する．自然植生として，脇野沢ではブナ，ミズナラが優占し，部分的にヒノキアスナロ（ヒバ）がみられる．海岸近くではミズナラ，シナノキ，イタヤカエデなどが占める．脇野沢の総面積5849 ha のうち 90%（5254 ha）が山林である．山林のうち 88%（4626 ha）を国有林が占め（脇野沢村史調査団 2008），いわゆる軒下国有林といわれる地域となっている．国有林の天然林は戦後に伐採がすすめられ，多くの場所がスギ人工林に置き換えられている．

脇野沢の気象は日本海側気候に属する．春から夏に「やませ」とよばれる冷涼な北東風が吹き，冬は北西の季節風が卓越する．1984-2007 年の平均値によれば，脇野沢の年平均気温は 9.8℃，最寒月（1 月）の平均気温は－0.8℃，最暖月（8 月）の平均気温は 22.6℃，年降水量は 1285 mm，最深積雪は 75 cm（値の幅：21-147 cm）であった．11 月から降雪がみられ，積雪期間は 12 月中旬ころから 2 月ないし 3 月までである（気象庁ウェブサイトより）．

東京から脇野沢までの交通手段として，1980 年代までは「十和田」「八甲田」といった夜行急行列車が頼りだった．上野駅を夜にたち，翌朝に東北本線の野辺地（のへじ）駅で大湊線に乗り換えて大湊駅に向かい，さらに大湊駅から約 2 時間バスにゆられると脇野沢に着いた．道中が長いことやボックス席で座ったまま夜をこすのは苦と思わなかったが，夜行列車の車内全体がいつもタバコの煙で白く煙っているのには閉口した．脇野沢に着くのは午前中で，若かったそのころは到着後すぐ山にはいって調査をするのが常だった．新幹線が青森まで開通したいまは昔より早く行けるようになったが，新幹線は下北半島の入口である野辺地駅を通らないこともあって，東京方面から遠いといえばやはり遠い．

（3）調査地は九艘泊

カモシカ研究の調査地として選んだのは，脇野沢の九艘泊（くそうどまり）という場所であった．はじめてカモシカと出会ったのが九艘泊だった．その場所でそのまま調査をすすめたようでもあるが，調査地の選定には慎重を期した．カモシカをはじめてみた半年後に脇野沢の山をひと月歩いたのは，脇野沢の山の中でどこが一番カモシカを観察しやすいかを見定めるためであった．年間をとおしてカモシカをみつけやすく，みつけたカモシカが逃げずに近距離で観察させてくれ，さらには調査地へのアプローチが容易で，調査中の宿泊場所が確保できるところ，それが調査地選定の基準であった．調査地選びは下北半島だけでなく，山形県朝日山地なども候補地とした．その結果選んだのが，はじめてカモシカを

図 1.5 青森県むつ市脇野沢（旧・脇野沢村）の九艘泊集落.

みた九艘泊だったのである．なぜ下北半島のように遠いところを調査地にしたのかという質問をうけるが，遠くても調査条件のよい場所であることが重要であった．野外研究が成功するかどうかは，よい調査地にめぐり会うことができるかどうかに過半がかかっている．

九艘泊へ行くのには，バスの終点である脇野沢の本村地区から，さらに海沿いの車道を夏泊半島や津軽半島を眺めながら 6 km ほどすすまなければならない．九艘泊は戸数が 30 戸ほどの小さな集落である（図 1.5）．昔から漁業がさかんなところで，現在も定置網漁やイワシの焼き干しづくりが営まれている．九艘泊にはかつてニホンザルの餌場があり，世界最北限のサルの生息地として知られた地である．

九艘泊集落の裏山というべき約 100 ha の範囲が私の調査地域である（図 1.6）．標高は 0 m の海岸線から 240 m までと低いが，平均斜度は 25° とけっこう険しい．調査地域は二つの小さな岬（北海岬，貝崎）と，その岬につづく 2 本の主尾根からなる．調査地域の一部に歩道が設けられ，津軽半島から北海道までみわたすことのできる展望台がある．

調査地域の 75% は落葉広葉樹林で覆われている．海岸近くではミズナラ，シナノキ，イタヤカエデ，ハウチワカエデ，サワシバ，カシワなどが，海岸から離れるにしたがってブナが，そして沢沿いにはトチノキ，サワグルミが優占する．調査地域の 7% がヒノキアスナロ林であり，落葉広葉樹林とあわせた 82% が自然林である．そのほかはスギ，アカマツの針葉樹人工林（13%）と農

図 1.6　青森県下北半島のニホンカモシカ調査地域．むつ市脇野沢（旧・脇野沢村）の九艘泊．

耕地・草地等（5%）からなる．これらの植生の面積割合は，40 年間の研究期間中に変化がなかった．ただし，針葉樹人工林は研究開始当初には幼・若齢人工林（林齢 20 年生以下）が 10%，壮齢人工林（同 21 年生以上）が 3% であったが，研究期間中にすべて壮齢人工林となった．調査地域の低木層については，カモシカの食物条件と関係するため植生調査をおこなった．植生調査では 5 m×4 m の調査区を 40 個設け，調査区内に出現する低木類の幹の地際直径を毎木調査した．その結果，44 種の木本類が確認された．優占する上位 15 種は次のとおりであった：ヤマツツジ（ムラサキヤシオツツジを含む），ガマズミ，ミズナラ，ミヤマホツツジ，シナノキ，オオバクロモジ，アオダモ，コブシ，マルバマンサク，ミヤマガマズミ，ハウチワカエデ，ムラサキシキブ，サワシバ，ヒノキアスナロ，サンショウ（Ochiai 1999）．

九艘泊の調査地域はどこにでもあるような北国の林である．しかし，四季を通じて豊かな自然に接することができる．フクジュソウは正月用に鉢植えで売られているものしか知らなかったが，ここでは雪解け後に茶色い落ち葉の中で鮮やかな黄色い花を咲かせる．春先はカタクリの赤紫色の花が斜面を彩る．最近とみに人気の山菜となっているギョウジャニンニクも群生する．初夏には緑一面の山に，アズキナシやシナノキの白い花が映える．秋にはガマズミの甘酸っぱい実をつまみ，冬は雪面に残されたテン，キツネ，タヌキ，ノウサギ，リスなどの足跡から，それらの動物の動きを想像して楽しんだ．しばしば群れが遊動してくるニホンザルは，その行動の多彩さゆえにみていて飽きない．クマタカ，ハヤブサ，ミサゴ，オジロワシといった猛禽類の飛翔を目撃するのも楽しい．九艘泊の調査地域ではじめてみた動物も多い．哺乳類では，ここでツキノワグマ，アナグマ，モモンガ，ヤマネと初対面を果たした．町なか育ちの私は，九艘泊の山で自然を感じ，学び，そして楽しんだ．

調査地域を定めたあと，やるべきことが二つあった．一つはカモシカの個体識別である．先に個体識別は比較的容易にできたと書いたが，調査を始めたころはそれなりに苦労した．顔写真と顔の特徴を描いたスケッチを頼りに，カモシカに出会うたびに顔をおぼえるべく努力した．すぐにおぼえることができた個体もいれば，なかなかおぼえられない個体もいた．それでも，学部の 1 年生だった 3 月から本格的に観察を始め，4，5，8，10，12 月と九艘泊に通ってカモシカをくり返しみるうちに，調査地域に生息する 11 頭のカモシカを正確に個体識別できるようになった．

もう一つのやるべきことは地図づくりであった．カモシカの社会構造を解明するためには，それぞれのカモシカの観察地点や移動経路を正確に記録する地図が必要だった．夏のさなか，友人と二人で，方位コンパスと 50 m 巻尺と山の中を歩き回る足を駆使した．調査地域内の主要な尾根・枝尾根上に 25 m 間隔でビニールテープの目印をつけ，それにアルファベットと数字からなる地点番号を書きこんだ．地点番号の位置は縮尺 5000 分の 1 の地形図上に記入し，調査用の地図を完成させた．この目印と地図のおかげで，観察したカモシカの位置を数 m の誤差範囲で地図上に記録することが可能となった．この誤差範囲についてはとくに意識することもなかったが，後年，ニホンジカのラジオテレメトリー調査をおこなったときにその誤差範囲が大きいことを感じ，九艘泊での直接観察による位置確定の正確さを再認識した．日本の野生動物の最初の野外研究記録である『高崎山のサル』（伊谷 1954）には，双眼鏡，フィールド・ノート，鉛筆が研究のための道具のすべてであり，その素朴すぎる三つの道具が必要にして十分な装備であったと記されている．私の場合もほとんど同じで，この三つに調査用地図と個体識別用の写真を撮影するカメラ・望遠レンズを加え，五つの道具によって研究がすすめられた．

（4）卒業論文

学部生のときに，九艘泊のカモシカの直接観察を 1976 年に 40 日，1977 年に 38 日，1978 年に 74 日，計 152 日おこなった．単純におもしろいからという理由で，学部1年生のときから始めたカモシカ観察は，『下北半島北海岬に生息するニホンカモシカの個体間関係』という卒業論文（落合 1979）として形になった．識別個体20頭ののべ963回の観察にもとづく卒論であった．卒論を読み返してみると，カモシカの社会構造の基本はこの時点ですでに押さえていたように感じる．カモシカの社会関係については第4，5章で詳述するため，ここでは卒論の要約だけを以下に引用する．なお，当年子とは生後1年未満の0歳の子，1年子は1歳の子，2年子は2歳の子を示す．

「グループサイズは1-4頭であり，単独または2頭づれがほとんどを占めた．グループの構成は母親＋当年子を中心とし，これにふだん単独で行動している1年子や成獣オス，ときに2年子が加わることによって3-4頭のグループが形成された」

「雌雄のむすびつきは交尾期にピークをもつ．基本的に1オス1メスのペア型と考えられたが，1オス2-3メスの場合も想像された」

「母親，当年子，1年子，ときに2年子を含んだ母子群が常時認められた．カモシカの家族は母子の血縁関係と雌雄のむすびつきが，いわば重なりあったものと考えられた」

「子の独立は離乳を背景とした母親との同一行動の減少，新しい子の誕生にともなう同一行動の終了，最後に母親の行動圏からの移動，と段階をへて進展していく」

「行動圏の配置，排他的行動の観察から，カモシカは同性個体間において排他性（なわばり性）をもつと考えられた．家族を単位とした空間利用は，ペア型の雌雄のむすびつきと同性個体間の排他性にもとづいて成立しているものと考えられた」

さて，日本のカモシカ研究は1960-1970年代前半の黎明期のあと，大きく進展をみせ始めていた．九州では九州大学グループによる研究が継続された（小野ほか 1976など）．下北半島では弘前大学グループによる調査が始まっていた（平田ほか 1973；青森県教育委員会 1975）．さらに，1970年代前半には，直接観察によるカモシカ研究の先達のお二人が成果を蓄積させていた．一人は京都大学の桜井道夫さん（現・札幌学院大学）で，白山山地においてカモシカの生息密度，グルーピング，日周行動等の研究をすすめられた（桜井 1974, 1976；Sakurai 1981）．もう一人は東京農工大学の赤坂 猛さん（現・酪農学園大学）で，新潟県笠堀と秋田県仁別において，個体識別にもとづくカモシカ社会についての先駆的な研究を実施された（Akasaka and Maruyama 1977；赤坂 1979）．このお二人につづいて，日本自然保護協会・日本ナチュラリスト協会が山形県朝日山地で（木内ほか 1978, 1979），信州大学グループが長野県で（羽田ほか 1979；羽田 1985），それぞれ調査を推進した．卒論を書いた1979年は，これらの各地の調査研究により，カモシカのグルーピングや行動圏の重なりが母子関係と雌雄の結びつきにもとづいていることが，観察事実として明らかになってきた時期であった．

カモシカのなわばり性に関しても，1970年代後半のこの時期になると，具体的な観察例にもとづいて論じられるようになった．桜井さんはカモシカ社会におけるなわばりの存在に懐疑的であったが（桜井 1977），赤坂さんは成獣メス間の追いかけを2例観察し，家族群の行動圏がなわばりである可能性を指摘した（Akasaka and Maruyama 1977）．朝日山地では，3例の成獣オス間の追いかけにもとづき，「カモシカはオス同士の排他性が強く，定住者間では避けあい，まれに追いかけをすることによってなわばりを維持している」と考えた．さらに，母子関係にない成獣メスと1年子メスの追いかけの観察例より，「メス同士の追いかけもあることから，メス同士がなわばりをもっている可能性もある」と報告した（木内ほか 1979）．信州大学グループの調査では，いくつかの追いかけの観察例にもとづき，「カモシカのメスの行動圏は，ほとんど大部分がなわばりと呼べる地域ではないか」と考えたが，「カモシカのオスは，排他的行動がみられないことから，なわばりをもたないのではないか」と推測した（撫養 1979）．下北半島では，卒論を書いた時点での追いかけの観察例は，成獣オス同士が2例，成獣メス同士が1例であった．ほかの調査地と同じく観察例数が少なく，同性間のなわばり性の存在を推測はしたものの，確信をもつには至らなかった．カモシカについて明らかにすべきことはなお多く，研究はこれからと思った．就職することはほとんど考えることなく，大学院にすすむことにした．

第 2 章　カモシカという動物

下北半島における研究の紹介にはいる前に，本章ではニホンカモシカがどのような動物なのかを概説したい．本章の前半（2.1 節）では，ニホンカモシカの分布，体サイズ，寿命，繁殖等の基本的事項について紹介する．後半（2.2 節）では，ニホンカモシカおよびヤギ・ヒツジ類の分類学的な話題や，数十万年ほど前にニホンカモシカが日本列島に移入してきた歴史を紹介する．

第 9 章で紹介するように，カモシカによる農林業への被害が 1970 年代半ばに社会問題化し，それまで特別天然記念物として捕獲が禁止されてきたカモシカが，1970 年代末から岐阜県，長野県などで相当数捕獲されるようになった．カモシカ研究では，この捕獲個体を材料とする解剖学的研究と個体群生態学的研究が 1980 年代に進展した．前者は岐阜大学獣医学グループによって，後者は森林総合研究所の三浦慎悟さん（現・早稲田大学）らによって展開された．この獣医学領域の研究と生態学的研究の連携は，その後の同様の共同研究の先駆けとなった（三浦 1997）．2.1 節で紹介する捕獲個体を用いた研究成果は，岐阜県ないし岐阜・長野両県における捕獲個体を材料としたものである．

2.1　ニホンカモシカ入門

（1）分布

ニホンカモシカは日本固有種である．低山帯から亜高山帯を中心に，日本の森林に生息する．岩場を好み（図 2.1），猟犬に追われたときなどは岩場に逃げこむ行動がみられる（岡田・角田 1963；山本 1971）．ニホンカモシカは高山の急峻な岩場・岩壁にすむ動物というイメージもあるが，そのイメージはかつての乱獲でそのような場所に追いこまれたことで強化されたきらいがある．実際は森林地帯に広く生息し，個体レベルでも個体群レベルでも，避難場所として岩場や急峻地の存在が重要である．

ニホンカモシカは本州，四国，九州に分布する（図 2.2）．分布の最北端は

図 2.1　岩場で警戒するニホンカモシカ．青森県下北半島にて．

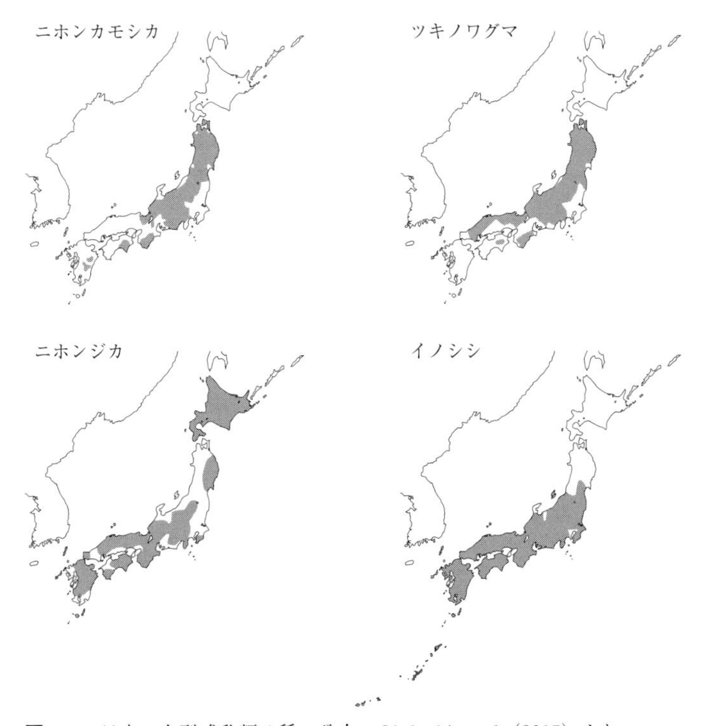

図 2.2　日本の大型哺乳類 4 種の分布．Ohdachi *et al.* (2015) より．

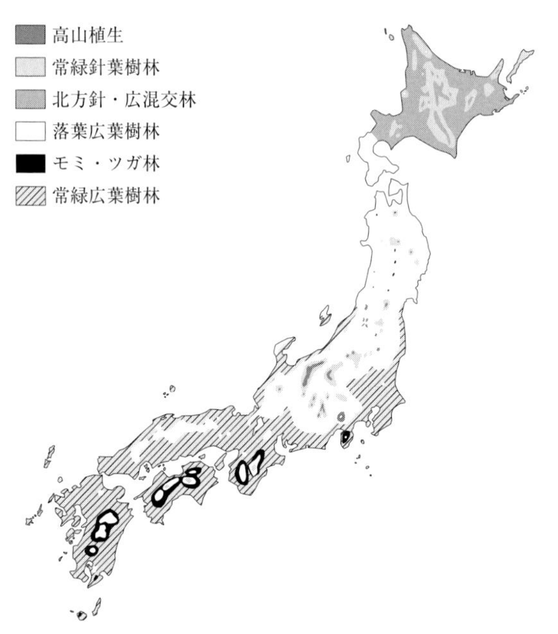

図 2.3　日本の植生分布．吉岡（1973）より．

青森県下北半島の大間町（北緯 41 度 32 分）であり，最南端は宮崎県綾町（北緯 32 度 00 分）である（奥村 2003）．2003 年時点の全国におけるカモシカの生息区画（5 km メッシュ）数は 5010 区画である．分布面積はニホンジカ（7344 区画），イノシシ（6693 区画）より狭く，ツキノワグマ（4511 区画）より広い．生息区画率が高い地方は東北（71.4%），中部（67.3%）であり，低いのは九州・沖縄（4.7%），四国（16.2%）である（環境省自然環境局生物多様性センター 2004）．九州地方のカモシカは，環境省第 4 次レッドリスト（2012 年公表）において「絶滅のおそれのある地域個体群」として掲載されている．さらに，2015 年公表の見直しによって，四国地方のカモシカも絶滅のおそれのある地域個体群に選定された（環境省ウェブサイトより）．

カモシカの分布はツキノワグマの分布と類似し（図 2.2），さらにこの 2 種の分布はブナ，ミズナラ等の落葉広葉樹林の分布（図 2.3）とよく一致する．一方，ニホンジカは北海道にも分布するが，本州以南のニホンジカとイノシシは西日本を中心とした分布を有し，カモシカ，ツキノワグマとは違いが認められる．これら日本の大型哺乳類の現在の分布は，生物地理学的な歴史，気候・

植生等の環境要因，それぞれの種の生態学的特性，人間とのかかわりの歴史といった諸要因が重なりあって形成されている．生粋の森林生活者であるカモシカやツキノワグマの場合，森林の改変が古くから生じた西日本で分布が縮小し，自然度の高い落葉広葉樹林が広がる中部・東北地方中心の分布になったと考えられる．中部・東北地方の多くは多雪地帯であるが，積雪に強いカモシカやツキノワグマでは分布の制限要因とならない．これに対し，人為攪乱のはいった自然をむしろ好むニホンジカやイノシシは，西日本で広い分布を保ちえたと考えられる．江戸時代の記録をみると，シカやイノシシは東北地方で現在よりも広範囲に生息していたようである．積雪に強くないシカ，イノシシは多雪地では分布が限られ，さらに越冬場所での集中的な捕獲もうけやすく，分布の縮小をまねいたと想像される．

現在のカモシカの分布図をみると，日本列島の中で北海道と中国地方が空白地帯となっている．このうち，北海道ではカモシカが生息した形跡はみつかっていない．中国地方では，広島県帝釈峡遺跡群の縄文時代の堆積物からカモシカの骨が産出している（河村 1992)．また，カモシカの産地として，平安時代の『延喜式』には安芸（広島県）が，江戸時代中期の『江戸諸国産物帳』には出雲（島根県）がそれぞれ登場する（鳥海 2005)．中国地方は薪炭燃料や建築材の利用，農耕地開発に加え，「たたら製鉄」や製塩業のための森林伐採が古くよりおこなわれた地域である（千葉［徳］1991；佐竹 2009)．そのような人為による顕著な森林の改変が，中国地方のカモシカの地域絶滅と関係している可能性がある．森林の改変とともに，狩猟の影響も考えられる．全般的になだらかな山容を示す中国山地においては，カモシカ個体群の最終的な避難場所となる岩場や急峻地が限られ，そのことが狩猟による圧迫をうけやすいものとしたのかもしれない．『江戸諸国産物帳』では，カモシカの産地として伊豆国（静岡県）や筑前国（福岡県）もみいだされる（鳥海 2005)．これらの地域のカモシカも近世以降に絶滅したと考えられる．

現在の分布からみて，落葉広葉樹林がカモシカの生息環境として重要であることは間違いない．しかし，カモシカの生息が落葉広葉樹林と特異的に結びついたものであるかは検討の余地が残る．というのは，西日本の常緑広葉樹林帯では古くから人為によってカモシカが分布縮小した歴史をもち，カモシカの生息環境として常緑広葉樹林が本来どの程度重要であるかが判然としないからである．同様の問題はツキノワグマでも指摘されている（大井 2009)．

（2）体色と体サイズ

カモシカの毛色は個体差，地域差が大きい．褐色や灰褐色の個体が多いが，全身がほとんど白色の個体からきわめて濃い黒褐色の個体までいる．「上面は灰黒色からオレンジ色，及び殆んど白色まであり」と記されるように（今泉 1960），オレンジ色に近い明るい褐色をした個体もときにみかける．通常，腹部は淡色で，四肢の色は濃い．概して南方に生息する個体は毛色が濃く，北方の個体は淡い傾向がある．毛色の季節変化については，鈴鹿山地では冬毛は白っぽく，夏毛は黒っぽくなる（名和 2009）．一方，下北半島では冬毛より夏毛のほうが白っぽい．

カモシカの体形はヤギと似る．カモシカを含むヤギ・ヒツジ類の多くは傾斜地や岩場に生息する．そのような生息環境ではスピードよりパワーが求められ，岩場を登ったり跳ねたりするための強健な四肢と前半身が身体的な特徴となる（Schaller 1977）．捕獲個体の計測値によれば，カモシカの体の成長は2歳まで増加したのち，3歳以降でほとんど停止する．ただし，角長の成長は終生つづく．成獣（3歳以上）の体重（平均値 ± 標準偏差，以下同様）はオス 35.9±4.5 kg，メス 38.4±5.0 kg，胸囲はオス 80.8±5.8 cm，メス 82.6±7.0 cm，肩高はオス 73.1±5.0 cm，メス 74.0±6.0 cm，角長はオス 13.2±1.2 cm，メス 13.0±1.3 cm である．これらの中では，体重と胸囲でオス＜メスの，角長でオス＞メスの有意な性差が認められたが，いずれも顕著な差異でなく，性的二型の発達程度は低い（Miura 1986）．骨格の性差も小さい．ただし，仙骨・寛骨では2計測項目を用いた，また頭骨では6計測項目を用いた雌雄の判別関数が示され，それぞれ 96%，95% の正診率が得られている（菅野ほか 1982；土本ほか 1982）．外部形態，骨，臓器の各部位の計測値もまとめられている（杉村・鈴木 1992）．

カモシカではニホンジカのような体サイズの顕著な地理的変異は認められない．しかし，北方のより高緯度な地域に生息する個体群とくらべ，南方のより低緯度な地域に生息する個体群のほうが若干小型である．たとえば，6地域における体計測値を比較した結果では，カモシカの体サイズは，四国，九州山地＜紀伊山地，伊吹・比良山地＜白山山地，下北半島の傾向を示した（金城 2012）．頭骨の形態においても地理的変異が認められている．たとえば，四国個体群は長野個体群とくらべて吻の長さが短く丸みをおびていた（金城 2012）．また，北上，蔵王，白山の各個体群の頭蓋サイズは，中央アルプス，丹沢，伊吹の各個体群とくらべて大型であった（夏目ほか 2013）.

出版されている少なくない数の書籍において，体長（肩甲骨の前端から寛骨の後端までの長さ）とおぼしき数値（70-85 cm）が，カモシカの頭胴長として誤記載されている．カモシカの頭胴長（平均値 ± 標準誤差）は，体サイズ比較をおこなった先の 6 地域では，最大が白山山地の 114.5±1.0 cm（$n=68$）であり，最小が九州山地の 96.6±3.1 cm（$n=17$）である（金城 2012）.

（3）性別の確認

カモシカは，外部生殖器を除くと，外見的に性差が認められない．そのため，野外観察では性別の確認が容易でない．カモシカの雌雄判別の手がかりとして，オスについては外性器，性行動の二つが，メスについては外性器，乳首，授乳行動，性行動，当年子の随伴の五つがある（Kishimoto 1988）．このうち，雌雄ともに判別機会が多く確実なのは，外性器の確認による判別である．オスの場合，体の側面からみるか，あるいは後方から後肢の間をみて，陰茎や陰嚢を確認する．陰嚢は大腿部の間に体毛に隠れるようにみえ，後肢をあげて頭や耳をかくときに確認しやすい．メスの外性器は肛門の下側に位置する．尾に隠れる位置にあるため確認しづらいが，夏毛のとき，ことに出産後や秋の発情時には，近距離での観察であれば比較的容易に確認することができる．背をそらして伸びをするときや，子が乳を飲むときには尾があげられ，メスの外性器が確認しやすい．

排尿姿勢は雌雄で異なる．オスは腰をわずかに，ないし中腰程度にさげて排尿する．これに対し，メスは尻が地面につく間際まで腰を深くさげて排尿する（図 2.4）．ただし，0-2 歳の若いオスは，メスと見間違えるほど深く腰をさげて排尿することがある．また，急傾斜地でメスが中腰で排尿する場合もあり，排尿姿勢による雌雄判別はやや注意を要する．排尿時の観察において，尿の排出位置が陰茎のある腹のほうからなのか，外陰部のある尾の下あたりなのかを確認できれば雌雄判別は確実となる．

雌雄判別のやや不確実な手がかりとして，性行動および当年子の随伴の観察があげられる．性行動には，においかぎ，フレーメン，角おし，前足げり，追いかけ，あごのせ，マウンティングおよび交尾がある（第 3 章 3.2 節（3）項）．これらはオスがメスに対しておこなう．ただし，追いかけ，および角おしに似た角つきは雌雄間の性的交渉以外でもみられるため，注意が必要である．出産したメスは，基本的に生後丸 1 年までその子と同一行動をとる．そのため，

図 2.4　ニホンカモシカの排尿姿勢．A：メス，B：オス．青森県下北半島にて．

当年子の随伴は雌雄判別の手がかりとなる．ただし，下北半島における当年子を含む 2 頭づれ 416 例の構成をみると，母親とその子からなる 2 頭づれは 389 例（93.5%）で，残りの 27 例（6.5%）は 1 年子-当年子や成獣オス-当年子などであった（落合 1992；Ochiai 1993）．2 頭づれであっても当年子とともにいる個体が母親とは限らないため，当年子の随伴にもとづく雌雄判別は，同じ個体の組み合わせでの同一行動がくり返し観察されることが必要である．

（4）年齢査定

カモシカの年齢査定には，角の角輪が重要な役割を果たす．カモシカの角には輪状の凹凸がみられる．これが角輪とよばれるものであるが，よくみると細い溝状の切れ込みとなっている輪と，切れ込みをともなわない浅い凹凸状ないし波状の太い輪の両方が存在する．前者は死亡個体や生け捕り個体の年齢査定に用いられる．後者は若齢時に目立ち，野外観察において若齢時の年齢査定の手がかりとなる．両者の区別なしに角輪という言葉を使うと混乱するため，本書では前者を“角輪”とよび，後者については“角の太輪”と称することとする（図 2.5）．

野外観察時の外観による年齢査定は，角の長さと太さ，それに角の太輪の数を手がかりとして 0 歳，1 歳，2 歳，3 歳以上の区別が可能である（Kishimoto 1988；落合 1992 のカラー写真）．0 歳の当年子（幼獣）は体の小ささだけで年齢の判別ができる．下北半島では当年子の角は 8-10 月ころに，すなわち生後 3-5 か月ほどで確認されるようになる．角は翌年の 3-4 月には 4-8 cm ほどの長さとなる．秋田県仁別では，角の萌出が 8 月に普通にみられること，下北半島の当年子ではみられない角の太輪が，個体によって出生翌年の 4 月に 1-2 本

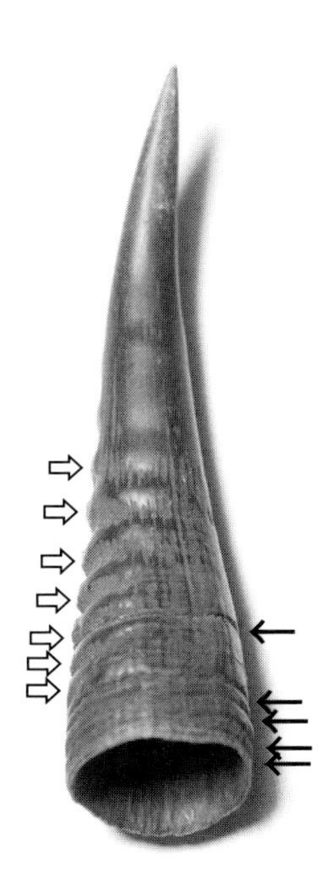

図 2.5 ニホンカモシカの角にみられる角輪（←）と太輪（⇨）．この個体は角輪の数（5本）より 6 歳と推定されるが，死亡個体記録には 11 歳と記されていた．角輪と太輪の両方をかぞえて年齢を誤推定した可能性が考えられた．千葉県立中央博物館所蔵標本．

生ずることなど（Kishimoto 1988），子の角の成長が下北半島よりやや早い．この違いは，秋田県仁別では食物条件のよい伐採地が存在し，栄養状態の良好な個体が多いためと考えられた．

1 年子では角長が 10 cm 前後となる．1 年子の角は，一見して 2 歳以上の角とくらべて短く細い．また，角の根元に数本の太輪がみえることが判別のよい手がかりとなる．下北半島では太輪がみえ始めるのは 1 歳の夏ころで，通常は秋から冬に 3 本前後となる．秋田県仁別ではそれより早く，1 歳のはじめに 1-3 本の太輪が生じ，その後にさらに 2-3 本ふえるのが普通である（Kishimoto 1988）．1 年子の体サイズはかなり大きくなるが，成獣と並ぶと明らかに一回り小さいことがわかる．

1 年子と 2 年子を（ときに 3 年子を含め）若獣と称する．野外観察において，

図 2.6　2歳の夏（7月）のニホンカモシカ．角の太輪が4-5本かぞえられる．青森県下北半島にて．

2年子の体サイズは成獣と区別がつかない．角長も成獣とほぼ変わりなくみえる．しかし，角は一見して細い感じをうける．下北半島では，2年子の角の太輪は通常4-7本ほどが明瞭にかぞえられる（図2.6）．角の成長には個体差があり，2歳と3歳の判別は不正確さをともなう．

角の太輪は加齢とともに次第に目立たなくなるが，3-4歳では5-10本程度の太輪および角輪がみえることが多い．壮齢以上の成獣では太輪が認められなくなるか，あるいは太輪は若齢時に形成されるものであるため，角輪の上方に幾本かが残ってみえる．野外観察では3歳以上の成獣の年齢査定はできない．成獣については，角の太輪のみえ具合，角輪のすり減り具合（壮齢以上の成獣では，角こすり行動のため正面部分の角輪がすり減って消えがちとなる），角の太さ等によって，若，壮，老の各年齢クラスの見当をつける程度が限界である．

上記のとおり，野外観察では0歳，1歳，2歳，3歳以上の区別しかできない．しかし，カモシカに限らず野生動物の研究と保全をすすめるうえで，寿命，年齢構成，齢別繁殖率，齢別生存率等の情報は重要である．そのため，3歳以上の成獣についても絶対年齢の査定法が求められた．この分野の研究を推進した三浦さんは，まず多くの哺乳類で用いられている方法，すなわち歯のセメント質にできる毎年の成長線（年輪）の数をかぞえる方法をカモシカで試み，年齢査定が可能であることを示した（三浦・安井 1979）．また，歯の摩滅パターンによる年齢査定にはかなりの推定誤差があること，および歯の萌出によって

図 2.7 ニホンカモシカの頭骨．左角は角鞘をはずして角芯がみえるようにしてある．千葉県立中央博物館所蔵標本．

約 31 か月齢まで査定できることを明らかにした（Miura and Yasui 1985）．

さらに，角の角輪による年齢査定法が開発された．カモシカはほかのウシ科の動物と同じく，洞角（どうかく）（horn）とよばれる角をもつ．洞角は，頭骨から突起した角芯に，角質（ケラチン）の角鞘がかぶさって形成されている（図 2.7）．洞角の成長は，角芯と角鞘の間にある組織からケラチンが角鞘に付加され，角鞘全体が少しずつもちあがるようにしておこる．この成長に季節性があって，歯の年輪と同様に，代謝が落ちる冬に年輪ができる．三浦さんは角鞘の成長にともなってその内部に年輪が形成されること，さらにはその年輪が角の外側で角輪となってあらわれることを突きとめた（Miura 1985；三浦 1991a, 1991b；図 2.8）．最初の角輪は 1.5 歳にできるため，角輪の数に 1 をプラスしたものが年齢となる．この方法によって，死亡個体や生け捕り個体の年齢査定が，角の角輪を外見的にかぞえるだけで可能となった．

角輪によるカモシカの年齢査定は広くおこなわれているが，その際に角輪と角の太輪の区別が重要である．区別が適正におこなわれない場合，図 2.5 で示したように年齢が誤推定（ほとんどは実年齢より過大に判定）され，捕獲個体集団の年齢構成等について正しい解析を損ねることとなる．生け捕りした生態調査個体においては，太輪を角輪として間違えてかぞえることは分散前の若獣を成獣と誤判定することにつながり，個体間の社会関係を誤って理解することとなる．角輪の数をかぞえて年齢査定をおこなう場合，太輪を角輪として誤計数することのないよう，注意が必要であることを念押ししておきたい．

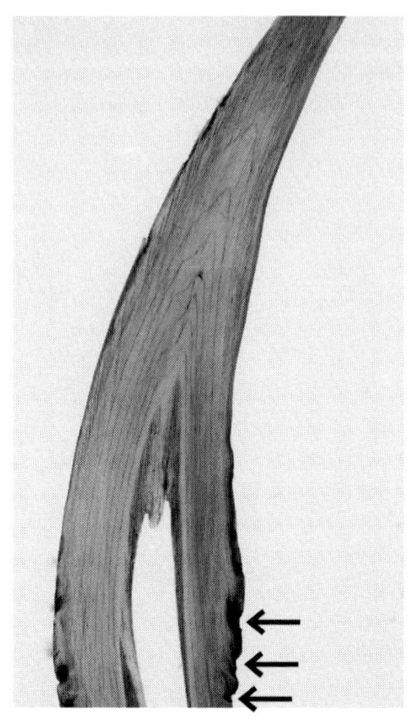

図 2. 8　ニホンカモシカの角（角鞘）の縦断面．角鞘の中に1年ごとの成長線（年輪）がみえる．成長線を下にたどると角輪（矢印）につながる．撮影：三浦慎悟氏．Miura (1985)，三浦（1991a, 1991b）より．

（5）生存曲線

ある時期に生まれたある種の一団の集団は，加齢とともに死亡し，個体数を減少させていく．その生残の状況は，年齢ごとの生存数，死亡数，死亡率などを一覧表とした生命表，および生命表にもとづいて作成される生存曲線によって示される．カモシカの生存曲線は，岩手県の自然死亡個体によるもの（Tokida and Miura 1988）と，岐阜・長野両県の捕獲個体によるもの（三浦 1991a）が作成されている．カモシカの生存曲線は，若齢での死亡率がやや高く，その後はなだらかに個体数が減少していくパターンを示す（図 2. 9）．岐阜・長野両県の捕獲個体では，最長寿命はメスが 24 歳，オスが 22 歳，平均寿命はメスが 6.5 歳，オスが 6.2 歳であり，性差はほとんどなかった（三浦 1991b）．また，その後の長野県の捕獲個体では，最長寿命としてメス 25 歳，オス 24 歳が報告されている（長野県教育委員会 2003；長野県 2011, 2015）．カモシカは，ニホンジカ（最長寿命：メス 16-18 歳，オス 10-12 歳，平均寿命：メス約 4 歳，オ

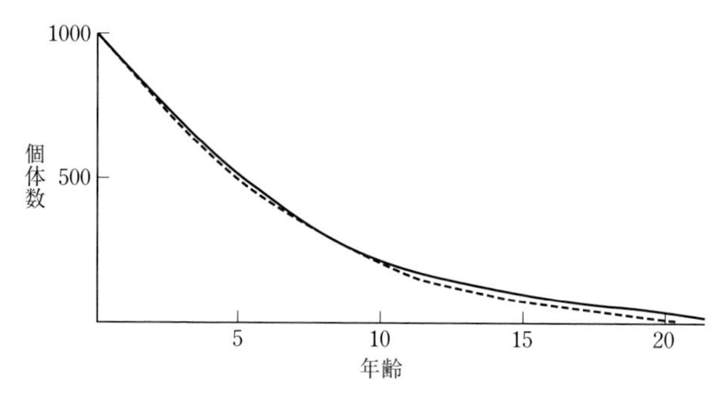

図 2.9 ニホンカモシカの生存曲線．実線：メス，破線：オス．標本分布を平滑化して示している．岐阜・長野両県において3年間に捕獲された935頭の試料にもとづく．三浦(1991a) より．

ス約2歳）とくらべて長命である．ニホンジカでは生存曲線の性差が顕著であり，性差の認められないカモシカと違いがある（三浦 1991a）．

カモシカの野外研究では，母子で観察されていた当年子が，その後に母親だけしか観察されなくなったときに子は死亡したと判断される．生後1年までの子の死亡率は，下北半島で36.8%（$n=38$; Ochiai *et al.* 2010），秋田県仁別で55.8%（$n=86$; Kishimoto 1989a）であった．秋田県仁別では，豪雪年にあたった1983年生まれの当年子の死亡率は88.9%（$n=18$）にのぼり，1983年生まれ以外の5年の平均当年子死亡率47.1%（$n=68$）とくらべて高かった (Kishimoto 1989a)．下北半島における当年子の死亡時期は，5例（35.7%）が5-8月，2例（14.3%）が9-11月，7例（50.0%）が12-4月であり，初期死亡と越冬時・越冬直後の死亡例が多かった（Ochiai *et al.* 2010）．秋田県仁別では当年子の初期死亡率が高く，5-8月の死亡例が76.7%（$n=30$）を占めた（豪雪年の1983年生まれを除く）(Kishimoto 1989a)．

（6）繁殖

飼育個体で推定されたカモシカの妊娠期間は210-220日である（伊藤 1971；小森 1975）．ただし，最長妊娠期間例である220日については交尾日および報告者が括弧書きとなっており（小森 1975），不確かなデータと推察された．この220日の例を除き，3例（211日，213日，213日；伊藤 1971）ともう1例（210日；小森 1975）の計4例で求めると，妊娠期間は210-213日，平均して212日となる．カモシカでは出産間際でも妊娠しているかわからない場合が多く，外見的に妊娠判定をおこなうことは困難である．

捕獲個体の胎児の成長曲線より推定された交尾期は9-12月であった．受胎のピークは10月後半から11月前半であった（Sugimura *et al.* 1983；Kita *et al.* 1987a）．野外研究でも同様の結果が得られている．秋田県仁別では，出産期と

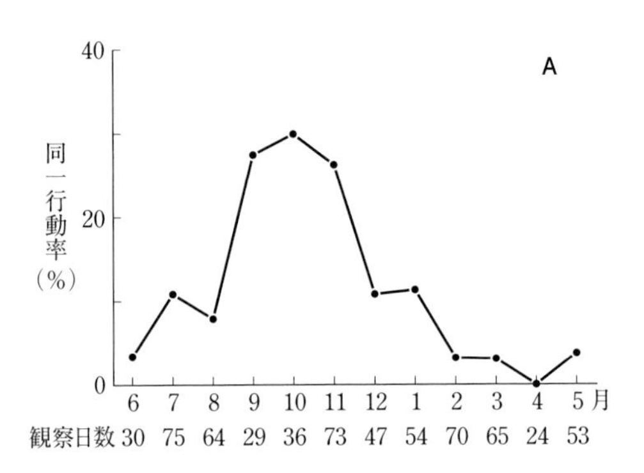

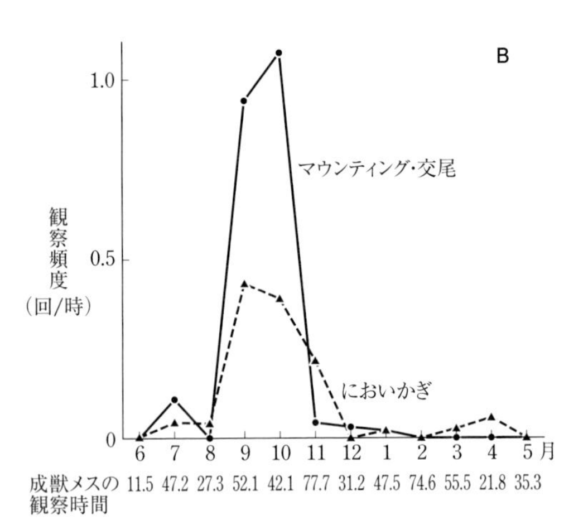

図2.10　青森県下北半島におけるニホンカモシカのつがい成獣雌雄の同一行動率（A）および性行動の観察頻度（B）の季節変化．同一行動率（%）は，雌雄の同一行動が観察された日数/雌雄のうち少なくともどちらか1頭が観察された日数．性行動の観察頻度は，成獣メスの観察時間に対する観察回数．落合（1983a）より．

妊娠期間より推定した結果，ほとんどの受胎は10-11月に生じていた（Kishimoto 1989a）．下北半島では，雌雄間で示される同一行動および性行動の観察頻度により，9-11月が交尾期と認められた（落合 1983a；図2.10）．発情黄体および卵胞の観察より，メスの繁殖活動は12月以前にほとんど終了することが示唆された（喜多ほか 1983）．繁殖活動の季節性はオスにも認められる．精巣サイズおよび性ホルモン（テストステロン）量は，12月から3月にかけて減少した（Tiba *et al.* 1988）．発情したメスの外性器は赤みを増して膨張し，尾を左右に頻繁にふる（伊藤 1971；増井 1978；鹿股・伊沢 1982；落合 1992）．飼育メスの発情は約20-21日周期（伊藤 1971），あるいは最短個体で19.1±2.0日（平均値 ± 標準偏差）周期，最長個体で20.2±1.5日周期（鹿股・伊沢 1982）でおとずれる．発情の持続日数は2-4日（伊藤 1971），あるいは最短個体で3.0±1.4日，最長個体で3.7±0.7日（鹿股・伊沢 1982）であった．

出産期は春である．捕獲個体の胎児の成長曲線と妊娠期間より推定された出産期は4-7月であった．出産のピークは5月後半から6月前半であった（Sugimura *et al.* 1983；Kita *et al.* 1987a）．野外研究でも出産後まもない母子の観察により，同様の結果が得られている．下北半島では，確認できた26例のうち25例（96.2%）が5-6月の出産で，残り1例が8月の出産だった（落合 1992；Ochiai 1993）．秋田県仁別では，確認できた37例のうち35例（94.6%）が5-6月の出産で，残りの2例が7月前半の出産だった（Kishimoto 1989b）．

カモシカは1産1子であり，2子（双子）は稀である．捕獲個体においては，259頭の妊娠メスのうち257頭（99.2%）が1頭の胎児を，残りの2頭（0.8%）が2頭の胎児を有していた（Kita *et al.* 1987a）．野外では秋田県仁別で双子と思われる観察がなされている（米田 1976；浜 1977）．捕獲個体の胎児の成長曲線にもとづき，出生時の子の頭臀長は48-50 cm，体重は3313-3708 gと推定されている（Kita *et al.* 1987a）．出生時の子の性比（メス：オス）は，1.03：1.00とほぼ等しい（Kita *et al.* 1987a）．

岐阜県の捕獲個体では，性成熟に達する年齢は通常，メスで2.5歳（Sugimura *et al.* 1981），オスで2.5-3歳（Tiba *et al.* 1988）である．メスでは2.5歳でほぼ半数が，4.5歳で大部分が性成熟に達する（Kita *et al.* 1987a）．また，1.5歳の10%の個体で排卵が確認され，1.5%の個体で妊娠が確認された（喜多ほか 1983）．妊娠率は2.5歳以上で62.2%（$n=418$），3.5歳以上で67.8%（$n=366$）であった（喜多ほか 1983）．秋田県仁別での野外研究では，のべ106頭の3歳以上の成獣メスのうち86頭（81.1%）の出産が確認されている

(Kishimoto 1989a). したがって，成獣メスの出産間隔は，岐阜県でおおよそ3年に2回，栄養条件のよい秋田県仁別で5年に4回となる.

捕獲個体の研究において，卵巣を組織学的にしらべることによって，メスの過去の繁殖状態が把握できることが明らかになった．すなわち，カモシカの卵巣には古くなった黄体の2種類の退縮物（硝子体と黄色小体）が存在する．硝子体は発情黄体が退縮したもので，黄体と硝子体の数をかぞえることによって，その年の繁殖期の排卵回数を推定することができる．黄色小体（エラストイド小体）は妊娠黄体が退縮したもので，その数をかぞえることによって過去の妊娠回数を知ることができる（喜多ほか 1983; Sugimura *et al.* 1984; Kita *et al.* 1987a, 1987b)．同じころ，角輪による年齢査定法を確立した三浦さんは，メスの角でみることのできる角輪間の幅の年ごとの広狭に注目し，角輪間の幅が狭い，つまりは角の成長の少ない年は，メスが妊娠・授乳に栄養投資した繁殖年であることを予測した．そして，この角輪間の幅の状況と繁殖履歴を示す卵巣内のエラストイド小体の数とのつきあわせを同一個体でおこない，角輪幅にみられる角の成長状況によって，そのメスの繁殖履歴がほぼ正確に推定できることを明らかにした（Miura *et al.* 1987；三浦 1991b)．この方法によって推定された410頭のメスの初産年齢は2–6歳，平均は3.7歳であった（三浦 1991a)．なお，経産・非経産の判定および経産概数の推定は，子宮壁の組織学的検査によって可能である（喜多ほか 1996)．経産・非経産の判定は，乳頭長10 mmを境としても可能である（Kita *et al.* 1995)．

ニホンジカやイノシシと比較すると，カモシカの生存・繁殖の特性は，遅い繁殖開始と低い繁殖率，高い生存率と長寿命，低い増加率といった点で特徴づけられる．このようなカモシカの特性は，豊富ではないが安定した資源が存在する森林という環境に適応した資源防衛者の生存戦略と考えられる（三浦 1991a, 1993a)．

（7）遺伝的変異

澱粉ゲル電気泳動法による血清タンパク質多型の解析が，岐阜・長野両県の捕獲個体を中心におこなわれている（野澤・庄武 1985, 1988)．この解析では28ないし30遺伝子座を検索し，カモシカの遺伝的変異性が低いこと，山系ごとに特異的な変異が認められること，有効集団サイズは2500–5200頭と算出されることが示された．変異の小ささは，カモシカがボトルネックの時代をへたのちに増加したためと考えられた．最近の血清タンパク質多型の解析は，おもに岩手県産個体を対象とし，ポリアクリルアミドゲル電気泳動法を用いて実施された．その結果では，岐阜・長野両県の個体の解析で多型が検出されなかった2種類の血清タンパク質において，2型と6型の多型が確認された．澱粉ゲル電気泳動法による解析では，分離能および染色感度が低かったと考えられた（西村ほか 2007）．

DNAに関しては，ミトコンドリアDNAのコントロール領域の全塩基配列が明らかとなっている（Okumura 2004）．長野県木曽福島市産の6頭の解析では，コントロール領域において4ハプロタイプが検出された（Okumura 2004）．また，16頭のミトコンドリアDNAシトクローム *b* 遺伝子（1）の解析では5ハプロタイプが検出された．5ハプロタイプのうち，A型は山形県と静岡県の，B型，C型，D型は長野県と静岡県の，E型は大分県の個体でそれぞれ検出された（Min *et al.* 2004）．紀伊半島および岐阜県の33個体を解析した結果では，シトクローム *b* 遺伝子（1）は5種類の，シトクローム *b* 遺伝子（2）は6種類のハプロタイプに分類された．これらの中では，紀伊半島，岐阜県，山形県，静岡県と広い範囲で検出されたタイプがある一方，紀伊半島だけで，あるいは岐阜県だけで検出されたタイプもあった．コントロール領域については18種類のハプロタイプに分類され，コントロール領域の塩基配列が多様性に富むことが示された．さらに，紀伊半島の個体群と本州中部の個体群の遺伝子流動は限定的であること，および両個体群は完全に分断化されていたのではなく，稀に個体の移動があったことが推定された（三重県教育委員会・奈良県教育委員会・和歌山県教育委員会 2010）．四国（徳島県・高知県）では，11個体および野外で採取された54糞サンプルについてミトコンドリアDNAコントロール領域の解析がおこなわれ，14ハプロタイプが検出された．マイクロサテライト遺伝子座の解析結果では，四国個体群は紀伊半島個体群および静岡個体群とくらべて遺伝的多様性が低かった．また，この3個体群の遺伝的な距離は，紀伊半島個体群と静岡個体群で近く，これら2個体群と四国個体群は離れていた（山城・山城 2012）．四国のカモシカについては，本州のカモシカとの間で，体サイズ（本州産＞四国産），虹彩色（本州産は淡黄色，四国産は濃褐色），角の後方への湾曲程度（本州産＜四国産）などの外見的な違いが指摘されている（中西 1995, 1998）．

2.2　カモシカの分類と起源

(1) ニホンカモシカに近い仲間

ニホンカモシカ（*Capricornis crispus*，英名 Japanese serow）が属するカモシカ属には，ほかにタイワンカモシカ（*C. swinhoei*，英名 Formosan serow）とタイリクカモシカ（*C. sumatraensis*，英名 mainland serow）が属する．また，カモシカ属にもっとも近縁な属としてゴーラル属（*Nemorhaedus* ないし *Naemorhedus*）がある．これらカモシカ類とゴーラル類が，ニホンカモシカにもっとも近いグループである．このニホンカモシカの近縁者に関し，分類学的な位置づけの変遷，混乱，見解の相違といったことが存在するため説明を加えたい．

タイワンカモシカは台湾のみに生息する．外形はニホンカモシカに似るが，やや小型で，短い体毛をもつ（図2.11A）．毛色は褐色で，顎，喉，首筋は淡褐色〜黄色である．従来，タイワンカモシカはニホンカモシカともっとも近縁とみなされ，ニホンカモシカの亜種として扱う場合（Corbet and Hill 1980；Nowak and Paradiso 1983；Lue 1987；Soma *et al.* 1987；Jass and Mead 2004）と，独立種として扱う場合（Groves and Grubb 1985；Corbet and Hill 1992；Nowak 1999）の双方の見解が混在してきた．近年の分子系統解析はタイワンカモシカが独立種であること，ならびにタイワンカモシカはニホンカモシカよりタイリクカモシカに近縁であることを明らかにした（Chikuni *et al.* 1995；Min *et al.* 2004；Okumura 2004）．

次はタイリクカモシカについてである．この種はスマトラおよびアジアの大陸部に広く分布する．ニホンカモシカより大型で，長い四肢，首筋のたてがみ，褐色〜黒褐色の粗い体毛を有する（図2.11B）．長らくタイリクカモシカは1種とされ，複数の亜種にわけられていた．しかし，最近になってタイリクカモシカを次の4種にわける分類が示された（Grubb 2005）．これはニホンカモシカ，タイワンカモシカとともに，カモシカ属を6種とする新しい見解であった．

・チュウゴクカモシカ（*C. milneedwardsii*，英名 Chinese serow）
　分布：ミャンマー，カンボジア，南・中央中国，ラオス，タイ，ベトナム
・アカカモシカ（*C. rubidus*，英名 red serow）
　分布：北ミャンマー

図 2.11　ニホンカモシカの近縁種．A：タイワンカモシカ，B：タイリクカモシカ，C：ゴーラル，D：ジャコウウシ，E：マウンテンゴート，F：シャモア．ジャコウウシはアラスカ大学フェアバンクス校大型動物研究所にて撮影，ほかは日本カモシカセンター（2006 年閉園）にて撮影．タイリクカモシカの写真は NPO 法人三重県自然環境保全センター提供．

・スマトラカモシカ（*C. sumatraensis*，英名 Sumatran serow）
　分布：インドネシア（スマトラ），マレーシア（マレー半島），南タイ
・ヒマラヤカモシカ（*C. thar*，英名 Himalayan serow）
　分布：東・南東バングラデシュ，ヒマラヤ地方，北東インド，（おそらく）

西ミャンマー

これにつづき，チュウゴクカモシカを2種にわけ，さらに未記載の1種をも加え，タイリクカモシカを6種，カモシカ属を8種にまでふやす分類が示された（Groves and Grubb 2011）．これらの見直しでは従来の亜種や地域個体群を種に格上げし，種の細分化と種数の増加をまねいた．見直しはアカシカやクリップスプリンガーなど有蹄類全般にわたる．なかでもウシ科については，従来の140種（Nowak 1999）ないし143種（Grubb 2005）から，279種（Groves and Grubb 2011）へと種数をほぼ倍増させた．グローヴズらが示した新しいウシ科の種分類は，“Handbook of the Mammals of the World. Vol. 2. Hoofed Mammals”というカラー図版をふんだんに使った豪華な本でも使われた（Groves and Leslie 2011）．この本は，IUCN（国際自然保護連合）およびCI（コンサベーション・インターナショナル）という著名な国際環境NGOが関係して刊行された書籍である．グローヴズらの新しい種分類に対しては，種数の極端な増加と影響力の大きさを懸念して批判の声があがり（Heller *et al.* 2013；Zachos *et al.* 2013），種概念を論点とした論争がつづいている（Gippoliti and Groves 2013；Gippoliti *et al.* 2013；Zachos and Lovari 2013；Cotterill *et al.* 2014；Heller *et al.* 2014；Zachos 2014, 2015）．タイリクカモシカに関しては，行動，生態，形態学的変異，遺伝学的変異についてほとんどわかっておらず，少数の毛皮の特徴にもとづく種の細分化は説得力がないというもっともな考えが示されている（Zachos *et al.* 2013）．タイリクカモシカの種数は今後の研究成果を待って確定していくしかない．なお，*C. sumatraensis* という学名は，グローヴズらの新しい見解に準拠する場合は，タイリクカモシカ類のうちスマトラ，マレー半島，南タイに分布する集団のみを指す．そうでない場合は，タイリクカモシカ類すべてを指すこととなる．

次にカモシカ属とゴーラル属の関係について記す．ゴーラルは灰褐色〜褐色の体毛を有し，外形はニホンカモシカと似る（図2.11C）．東ロシア，朝鮮半島，ヒマラヤ地方，中国，北部インド，ミャンマー，タイなど，アジアの大陸部に広く分布する．タイリクカモシカ同様，ゴーラルの種数は不確実である．たとえば，1種8亜種（Schaller 1977），3種8亜種（Groves and Grubb 1985），1種4亜種（Mead 1989）などとされている．グラッブは4種（アカゴーラル *N. baileyi*，オナガゴーラル *N. caudatus*，ヒマラヤゴーラル *N. goral*，チュウゴクゴーラル *N. griseus*）にわけている（Grubb 2005）．グローヴズらは6種としている（Groves and Grubb 2011; Groves and Leslie 2011）．

カモシカ属とゴーラル属は，どちらもヤギ・ヒツジ類の中で原始的なグループとみなされる（Schaller 1977）．形態学的に類似するが，両者は別属とされてきた．それに対し，毛皮と頭骨の調査にもとづき，この二つの属をゴーラル属に統合する見解が示された（Groves and Grubb 1985）．その後，この見解に沿った分類が複数の文献で採用されている（Geist 1987; Corbet and Hill 1992; Grubb 1993; Ropiquet and Hassanin 2005a, 2005b）．しかし，近年の分子系統解析は，カモシカ属とゴーラル属は別属とすべきという結論を示している（Groves and Shields 1996; Min *et al.* 2004）．カモシカ属とゴーラル属の分岐年代は約200万年前と推定されている（An *et al.* 2010）．

ゴーラル属の表記として *Nemorhaedus* と *Naemorhedus* の二つが用いられている．*Nemorhaedus* はラテン語の *nemoris*（森林の）と *haedus*（若いヤギ）を語源としており，*Naemorhedus* は最初に表記した際のスペルミスと考えられる（Mead 1989）．*Capricornis* という属名は，ラテン語の *capri*（雄ヤギ）と *cornu*（角）を語源としている（Jass and Mead 2004）．*crispus* というニホンカモシカの種小名は，ラテン語でカールしたとか縮れたといった意味を有する．同様の種小名は植物のヒレアザミ（*Carduus crispus*）やパセリ（*Petroselinum crispum*）でも使われている．ニホンカモシカの場合，縮れた体毛が語源になっていると考えられた．

（2）ヤギ・ヒツジ類の分類

ニホンカモシカは，鯨偶蹄目（Cetartiodactyla）ウシ科（Bovidae）ヤギ亜科（Caprinae）に属する．鯨偶蹄目は従来の鯨目と偶蹄目を統合した新しい目で，分子系統解析によって偶蹄類系統樹の中のカバに近いところにクジラ類が位置づけられたことで提唱され，広く認められつつある（Graur and Higgins 1994; Montgelard *et al.* 1997; Shimamura *et al.* 1997; Gatesy *et al.* 1999; Nikaido *et al.* 1999）．

ウシ科はアフリカ，アジア，ヨーロッパ，北米に分布し，大型哺乳類のほかのどの現生科よりも多くの種を含む．古生物学者のシンプソンにより，ウシ科は5亜科（ウシ亜科，ダイカー亜科，ブルーバック亜科，ブラックバック亜科，ヤギ亜科）に分類された（Simpson 1945）．近年，ウシ科の亜科については5亜科（Gentry 1992; Nowak 1999）のほか，7–9亜科にわける分類が示されている（Grubb 2005; Decker *et al.* 2009；長谷川 2011; Yang *et al.* 2013）．これらのどの亜科分類においても，ヤギ・ヒツジ類はヤギ亜科として単一の亜科にまとめられている．シンプソンの分類では，ヤギ亜科は次の4族（tribe）にわけられた：サイガ族，シャモア族，ジャコウウシ族，ヤギ族（Simpson 1945）．ここでは旧来のヤギ亜科分類の一例として，シャラーによる分類を示す（Schaller 1977）．シャラーはヤギ亜科を4族13属26種に分類した（表2.1）．

シャラーの分類に代表される古典的なヤギ亜科の分類は，近年の分子系統解析によって再検討された．そのおもな内容を下記1から4に記す．シンプソンの分類以降，長年多くの研究者が用いてきた4族分類については，そのうち3族が多系統であることが判明し，ヤギ亜科の分類は大きく修正されることとなった．

1. サイガ族とされていた2属（サイガ属，チルー属）のうち，サイガ属はヤギ・ヒツジ類ではなくガゼルなどと近縁である．チルー属はヤギ・ヒツジ類に属するが，ヤギ・ヒツジ類の中で最初に分岐した系統群である（Groves and Shields 1996; Gatesy *et al.* 1997; Hassanin *et al.* 1998; Ropiquet and Hassanin 2005a）．この2属については，分子系統解析がおこなわれる以前からその位置づけが疑問視されていた（Schaller 1977; Geist 1987）．

2. ジャコウウシ族とされていた2属（ジャコウウシ属，ターキン属）は同

表2.1　分子系統解析が実施される以前の古典的なヤギ亜科の分類．Schaller（1977）より．

族	属	種数
サイガ Saigini	チルー *Pantholops*	1
	サイガ *Saiga*	1
シャモア Rupicaprini	ゴーラル *Nemorhaedus*[a]	1
	カモシカ *Capricornis*	2
	マウンテンゴート *Oreamnos*	1
	シャモア *Rupicapra*	1
ジャコウウシ Ovibovini	ジャコウウシ *Ovibos*	1
	ターキン *Budorcas*	1
ヤギ Caprini	アウダッド *Ammotragus*	1
	バーラル *Pseudois*	1
	タール *Hemitragus*	3
	ヤギ *Capra*	6
	ヒツジ *Ovis*	6

[a] *Naemorhedus* と表記される場合もある．

族と認められない．ジャコウウシ属（図2.11D）はシャモア族とされたカモシカ属，ゴーラル属と近縁である（Groves and Shields 1996, 1997；Hassanin *et al.* 1998, 2009, 2012；Ropiquet and Hassanin 2005a；Ropiquet *et al.* 2009）．これらの論文の中には，カモシカ属はゴーラル属よりジャコウウシ属と近縁とみなす見解もある（Hassanin *et al.* 1998；Ropiquet *et al.* 2009）．ターキン属はヤギ族のヒツジ属と近縁と考えられた（Groves and Shields 1996, 1997；Hassanin *et al.* 1998；Hassanin and Douzery 1999）．しかし，その後懐疑的な見解が示され（Ropiquet and Hassanin 2005a），ターキン属はヒツジ属，ヤギ属など7属からなる系統群の姉妹群に位置づけられている（Ropiquet *et al.* 2009）．

3. シャモア族はゴーラル属，カモシカ属，マウンテンゴート属（図2.11E），シャモア属（図2.11F）からなるとされていた．しかし，ゴーラル属，カモシカ属（およびこの2属との近縁性が明らかになったジャコウウシ属）とマウンテンゴート属，シャモア属は同族の関係にない（Hassanin *et al.* 2009, 2012；Ropiquet *et al.* 2009；Shafer and Hall 2010）．

4. ヤギ族のタール属に属するとされた3種は，3属（ヒマラヤタール属，ニルギリタール属，アラビアタール属）に区分される（Ropiquet and Hassanin 2005b）．その結果，ヤギ亜科の属数は，サイガ属の減とあわせ，旧来の13属から1属ふえて14属となる．

古典的なヤギ亜科の分類では，カモシカ属はゴーラル属ともっとも近縁で，次いでマウンテンゴート属およびシャモア属が近い関係にあると考えられていた．しかし，上記の分子系統解析の結果により，カモシカ属，ゴーラル属と近縁なのは山地性のマウンテンゴート属，シャモア属ではなく，ツンドラの住人であるジャコウウシ属であることが確実となった．

図2.12に最近のヤギ亜科の系統樹を示す．近年，ヤギ亜科の系統樹は複数の論文で示されており（Hassanin *et al.* 2009, 2012；Ropiquet *et al.* 2009；Shafer and Hall 2010；Yang *et al.* 2013），たがいに小さくない差異が存在する．ヤギ亜科の系統樹の不確実さは，中期中新世にウシ科が短期間に急速に放散したことと関係している（Hassanin and Douzery 1999）．図2.12の系統樹も確定したものではなく，今後の研究によって書き換えられていくことは間違いない．とはいえ，学生時代より表2.1の古典的分類に馴染んできた私にとっては，図2.12を眺めるだけで感慨をおぼえる．

前述のとおり，ウシ科はこれまで5-9亜科に分類されてきたが，ハサニンら

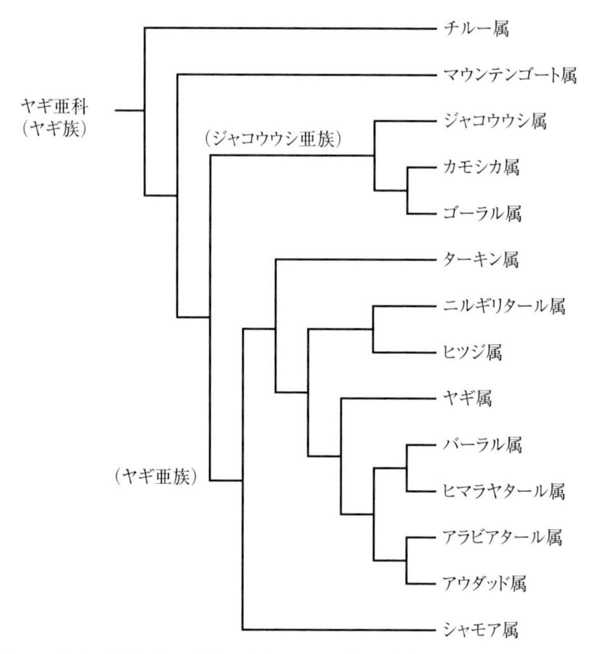

図 2. 12　近年の分子系統解析にもとづくヤギ亜科の系統樹．括弧書きは Hassanin and Douzery（1999）による分類階級を示す．Ropiquet *et al.*（2009）より作成．ただし，カモシカ属，ゴーラル属，ジャコウウシ属の位置関係は Hassanin *et al.*（2009, 2012）による．本図と異なり，マウンテンゴート属は（ヤギ亜族）に属するとする報告が多い．

はウシ科をウシ亜科とアンテロープ亜科の 2 亜科に大別する新たな分類を提唱した（Hassanin and Douzery 1999）．ハサニンらによる新分類のウシ亜科は，シンプソンらのウシ亜科と同等である．一方，ハサニンらによるアンテロープ亜科は，ウシ亜科以外の系統をすべて含む分類階層にあてられ，ウシ亜科以外の従来の各亜科は亜科ではなく族に置き換えられた．この変更にしたがえば，従来のヤギ亜科はヤギ族（広義）となる．新分類（Hassanin and Douzery 1999）以降のハサニンらの論文（Ropiquet and Hassanin 2005a, 2005b ; Hassanin *et al.* 2009, 2012 ; Ropiquet *et al.* 2009）はみな，この新しい分類表記を使用している．

ヤギ亜科ないしヤギ族（広義）の分岐年代は，700 万-280 万年前（Hassanin and Douzery 1999），660 万-580 万年前（Lalueza-Fox *et al.* 2005），1190 万-870 万年前（Ropiquet and Hassanin 2005b）とそれぞれ推定されている．

これらのうち，化石資料との整合性において1190万-870万年前という年代が支持されている（Bibi *et al.* 2012）．ヤギ・ヒツジ類はアジアを起源とすると考えられてきた（Schaller 1977；Kingdon 1982；Vrba and Schaller 2000）．シャラーは，ヒマラヤ地方や中央アジアを舞台として，寒冷化，草原の乾燥化，造山運動が契機となって，後期中新世から前期鮮新世にヤギ・ヒツジ類が森林から出てユーラシアやおそらくアフリカの一部に拡大し，さらに後期鮮新世から更新世に山岳地帯に広がったと考えた（Schaller 1977）．これに対し，近年はヤギ・ヒツジ類の起源を地中海地方やアフリカ北部・東部とする見解が示されている（Ropiquet and Hassanin 2005a；Hassanin *et al.* 2009, 2012）．アジアの大陸部，あるいは地中海地方やアフリカに出現したヤギ・ヒツジ類の祖先は多様に種分化し，そのうちの一団はやがて日本列島に移りすむこととなる．

（3）ニホンカモシカの化石

ニホンカモシカがいつごろから日本列島に生息するようになったのか，そのことの直接的な手がかりとなるのが化石である．しかし，ニホンカモシカの化石は少ない．知る限り，国内で3か所でしか産出していない．いずれも後期更新世の化石で，青森県下北半島の東通村尻屋崎の石灰岩採石場（中島・桑野 1957；長谷川ほか 1988），愛媛県肱川町（現・大洲市）敷水の石灰岩採石場（Shikama and Hasegawa 1962），岩手県大迫町外川目の風穴洞穴（河村 2003）の3か所である．このうち，青森県尻屋崎と愛媛県敷水では産出化石がニホンカモシカと同定されている．岩手県風穴洞穴では多くの骨片，角片，歯がみつかっており，その形態は現生のニホンカモシカと類似していた．ただし，現生のニホンカモシカより大きく，カモシカ属の種未定種とされている．おもな伴出化石は，青森県尻屋崎ではナウマンゾウ，ヤベオオツノジカ，ニホンジカ，バイソン属，ヒグマなど，愛媛県敷水ではニホンムカシジカ，ヤベオオツノジカ，ニホンジカ，ニホンザル，ツキノワグマなど，岩手県風穴洞穴ではヘラジカ，シカ属などである．こうしてみると，この時代，いまよりも多くの植食動物がカモシカやニホンジカとともに生息していたことがわかる．ほかの植食動物が日本列島から姿を消したことで，カモシカやニホンジカが日本の自然の中で広い生態的地位を占めるに至ったことは間違いないであろう．

産出化石の年代については，青森県尻屋崎のニホンカモシカの産出地点は約9万年前の堆積物とされる（長谷川ほか 1988；Kawamura 1991）．岩手県風穴洞穴の産出地層のうち，もっとも古いものもおおよそこの時期にあたる．いまのところ，ニホンカモシカの最古の化石は約9万年前のものと考えられる．わずか3か所の化石であるが，その記録は最終氷期（約7万-1万年前）以前に，ニホンカモシカが四国から下北半島まで広く分布していたことを示唆する．なお，栃木県の上部葛生層（後期更新世）から産出した化石が，ニキチンカモシカ *Naemorhedus nikitini* という化石種として報告されている（Shikama 1949）．ニキチンカモシカの分類学上の位置や類縁関係については検討を要するとされる（河村ほか 1989）．

（4）日本列島への道

日本列島に現在生息する生物の種類と分布は，長い時間の経過とともに形成されてきた歴史的産物である．日本の動物相は，更新世（約258万-1万年前）にくり返された大陸と日本列島の接続・分離の歴史に強く影響をうけている．陸地接続は気候変動と関係する．気候の寒冷化は海面低下と大陸との間の陸橋の形成をもたらし，大陸からの動物群の移入をまねく．これに対し，温暖化がすすむと海面上昇と海峡の形成が生じ，大陸からの隔離がおこる．このような地史にもとづく日本の哺乳類相の形成に関し，これまで多くの考察がなされている（亀井 1962, 1979；鹿間 1962；長谷川 1977；近藤 1982；亀井ほか 1988a；河村ほか 1989；河村 1990, 1998, 2007；Kawamura 1991）．

以下，河村ほか（1989），河村（1990, 1998）によれば，中期更新世（約78万-12.6万年前）以降，大陸から日本列島への哺乳類の移入経路として三つのルートがあげられる（図2.13）．第1のルート（東シナ海ルート）は中期更新世のもので，陸化した東シナ海を経由する．第2のルート（朝鮮半島ルート）も中期更新世のもので，朝鮮半島および陸橋化した朝鮮海峡および対馬海峡を経由する．

大陸の化石動物相に目を向けると，前期更新世以降，中国の動物相は北部と南部で明瞭な違いが存在する．その境界は黄河と長江（揚子江）の間を東西に走る秦嶺山脈であり，北部の動物相は温帯-亜寒帯の森林・草原型，南部の動物相は暖温帯-亜熱帯の森林型であるという．中国南部の動物群は万県動物群とよばれ，トウヨウゾウ，ツキノワグマ，ジャイアントパンダ，バク，サンバー，キョン，カモシカなどに代表される．第1のルート（東シナ海ルート）をへて日本列島にわたったのは，この万県動物群の一部と考えられる．一方，中国北部の動物群は周口店動物群とよばれ，北京原人のほか，マカク属のサル，剣歯虎，ヒグマ，ケサイ，ナキウサギなどが含まれる．第2のルート（朝鮮半島

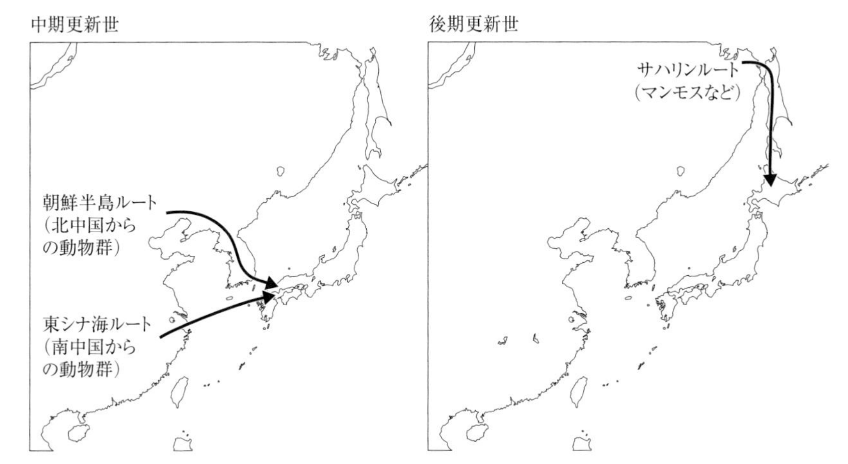

図 2.13　更新世における日本列島への動物群の移入経路．堤（2014）より作図．

島ルート）をへて日本に移入してきたのは，この周口店動物群の一部と考えられる．

第3のルート（サハリンルート）は後期更新世（約12.6万-1.17万年前）の後期のもので，東シベリアからサハリン（樺太）を経由して北海道に至る．このルートから移入した動物群は，マンモス動物群とよばれる北方系の動物たちである．現在の日本の哺乳類相はこのような大陸からの複数のルートによる移入によって，南方系と北方系の双方の種類が混在するものとなっている．ただし，これらの中期更新世以降の大陸からの移入は比較的限定されたもので，日本の動物相の原型は中期更新世の中期ころにはかなりできあがっていたのではないかと推察されている（河村ほか 1989；河村 1990）．ニホンカモシカの移入経路を考える場合，南方系動物群に含まれるカモシカは，朝鮮半島ルートより南側に存在した陸橋をへて日本列島に移入した可能性が高い．実際，大陸で確認されているカモシカ属の化石産地は5か所すべてが黄河以南に存在し，朝鮮半島への移入源となる中国東北部では産出されていない（河村 1982；金[Jin]・河村 1996）．

上記の日本の哺乳類相の成り立ちに関する推論には，日本列島周辺の海峡形成史や日本海の水域環境変化の研究（大嶋 1990；Oba *et al.* 1991 など）が関係する．また，日本の哺乳類相変遷史の生層序学的な基本枠組みは，日本の大型哺乳類化石の中でもっとも豊富に産出する長鼻類化石を中心として形成される

(亀井ほか 1988b；樽野・亀井 1993；小西・吉川 1999)．この2分野の研究成果にもとづき，火山灰層序および深海底堆積物の酸素同位体比層序を用いて長鼻類化石の出現時期と移入・陸橋形成時期が明確にされた（小西・吉川 1999)．その結果，シガゾウ（トロゴンテリゾウ)，トウヨウゾウ，ナウマンゾウの化石産出年代は，それぞれ115万-62万年前，62万-57万年前，36万ないし34万年前以降と推定された．さらに，この化石産出年代を海峡形成史のデータとつきあわせ，トウヨウゾウは63万年前ころに形成された陸橋をへて，ナウマンゾウは43万年前ころに形成された陸橋をへて，それぞれ日本列島に移入したと推察された．トウヨウゾウ，ナウマンゾウの移入経路としては，東シナ海から朝鮮半島にかけてのルートが想定された．ニホンザルの祖先に関しては，この2回の陸橋化の時期（63万-43万年前）に日本列島へ移入したと考えられている（相見 2002)．では，ニホンカモシカの祖先の移入時期はいつごろなのであろうか．

化石資料より，ニホンカモシカの祖先が約9万年前より古い時期に日本列島へ移入したことは確かである．しかし，それ以上の立論根拠は乏しい．可能性としては，ニホンザルで推測されたように，長鼻類化石の出現状況から大陸との接続が確実とされる63万-43万年前が一つの仮説となる．カモシカ属3種（ニホンカモシカ，タイワンカモシカ，タイリクカモシカ）の分岐年代は，107万-41万年前と推定されている（Liu *et al.* 2013)．この分岐年代は63万-43万年前という移入時期の仮説と年代的に矛盾しない．ただし，この論文では，この時期の気候変動および青海・チベット高原の隆起がカモシカ属の種分化に重要な役割を果たしたと考えており，大陸を舞台としたカモシカ属の種分化を想定している．これに対し，染色体研究の面からは，大陸と陸つづきであった時期に日本および台湾に移動したカモシカ類が，日本と台湾が大陸から分離したのち小型の原始型，島嶼型として残る一方，大陸のカモシカ類はより進化して大型化したと考えられている（相馬 1982；Soma *et al.* 1987)．ニホンカモシカ，タイワンカモシカ，タイリクカモシカがどこで分岐し，どのような歴史をへて現在の姿に至ったのか．また，ニホンカモシカの祖先がいつ，どのようなルートをへて日本に移入したのか，その問いの答えが明らかとなるには，まだ少し時間が必要なようである．

日本に生息する中・大型哺乳類の中では，ニホンカモシカとくらべてニホンジカ，ニホンザル，ツキノワグマのほうが，地域集団間の遺伝的関係および日本列島への移入の歴史についての論議がすすんでいる．その論議はニホンカモシカの歴史を考えるうえで参考となる．日本産ニホンジカについては，北日本系統と南日本系統の 2 系統に大別され，その分布境界は中国地方に存在することが分子系統解析により明らかとなっている（Tamate *et al.* 1998；Nagata *et al.* 1999）．北日本系統，南日本系統，そして大陸産ニホンジカの 3 集団は，約 30 万年前に分岐したと推定される（Nagata *et al.* 1999）．ニホンジカの祖先が日本に移入する前に大陸で分化したと考えた場合，はじめに南日本系統の祖先が朝鮮半島ルートをへて日本に移入し，その後の後期更新世の最終氷期に北日本系統の祖先がサハリンルートをへて日本に移入したという仮説が提示される（永田 2005）．あるいは，大陸の祖先集団からわかれた北日本系統がまず日本に移入し，その後，大陸で新たにわかれた南日本系統が別の時期に日本に移入したとも考えられる（玉手 2013）．

ニホンジカで発見された日本国内の南北 2 系統の存在は，ニホンザル（Kawamoto *et al.* 2007：東日本，西日本の 2 系統）やツキノワグマ（Ohnishi *et al.* 2009；Yasukochi *et al.* 2009：東日本，西日本，南日本の 3 系統）でも確認された．これら 3 種の分子系統解析結果にもとづき，日本への移入と起源に関して多重渡来説と単一渡来説の 2 仮説が提示されている（Tamate 2009）．多重渡来説は，上記のニホンジカについての仮説のように，大陸からの移入が複数回あったと考える説である．一方，単一渡来説では，単一の祖先集団が日本に移入したのち，最終氷期に針葉樹林が本州の大部分を占めた時期に，たとえば南九州，四国，本州南岸部といった地域に残された広葉樹林のレフュジア（退避地）に移入集団の分布が限定されたと推定する．そして，複数のレフュジアへ避難したことで集団隔離と系統分岐がおこり，最終氷期以降の広葉樹林の拡大とともにそれぞれの系統が分布を拡大したと考える．日本の野生哺乳類の分子系統地理については 18 種の解析結果が総括されている（玉手 2013）．この 18 種にカモシカは含まれていない．「生きた化石」とも称されるカモシカの分子系統地理学的研究の進展が待たれる．

第3章　行動

カモシカの行動については多くの報告がある（千葉 1972；米田 1976；浜 1976, 1977；木内ほか 1978, 1979；増井 1978；撫養 1979, 1985a；Berg 1987；Masui 1987；Kishimoto 1989a；落合 1992；Ochiai 1993）．本章ではこれらを参考としつつ，下北半島での観察にもとづきカモシカの諸行動を解説する．本章におけるカモシカの行動の解説は，ある動物種のすべての行動型の意味を整理して記載するエソグラム（ethogram）の作成には至っていないが，その骨子を示す．本章の内容は，次章以降で紹介するカモシカの個体間交渉の理解を助け，また各地の観察記録を比較検討する際の共通基盤となる．カモシカの行動型については，類縁種との比較検討が必ずしも十分におこなわれていない．その中で，ヤギ亜科のシャモア，マウンテンゴート，ゴーラル，ニホンカモシカの行動を比較した論文では，集団社会が未発達なニホンカモシカにおいては行動レパートリーが少ないことが指摘されている（Lovari 1985；Lovari and Apollonio 1994）．

3.1　非社会行動

（1）身体維持行動

採食

カモシカは歩いては採食し，また歩いてというように，ゆっくり歩きながら採食移動をおこなう．1本の木の葉を食べつくすような食べ方はせず，少し採食しては移動するのが普通である．カモシカが採食に利用するのは，地表からおおよそ高さ1.8 mまでの空間とされる（下北半島ニホンカモシカ調査会 1980）．多雪地域では冬の採食可能な高さは積雪深の分だけ嵩上げされる．カモシカはときに前肢を木の幹や枝にかけて後肢だけで立ちあがり，高い位置にある葉や枝先を食する（図3.1）．足かけ採食は積雪期，非積雪期を問わずみられるが，頻度は高くない．移動の中には，ほとんど採食せずに早足で歩行す

図 3.1　足かけ採食するニホンカモシカ．青森県下北半島にて．

る場合がある．このような速い速度の移動はおもにオスでみられる（宮沢 1985）．

飲水

下北半島では 9 例の飲水行動が観察された（成獣，2 年子，1 年子で各 3 例）．沢の水を飲んだのが 6 例，木のうろや一斗缶にたまった水を飲んだのが 3 例であった．観察されたのはいずれも夏で（7 月に 2 例，8 月に 7 例），飲水は 10 秒前後おこなわれた．冬には積雪を食する行動が 10 例観察された（成獣で 7 例，2 年子，1 年子，当年子で各 1 例）．一口から数口食するだけであったが，2 分間ほどくり返し食したこともあった．積雪をなめる行動も成獣で 2 例観察された．飲水および食雪が示される頻度は低く，カモシカでは必要な水分は採食する植物から得ていると考えられた．

食土

下北半島では観察されていないが，カモシカが土を食する行動が報告されている（秋田県仁別：米田 1976；浜 1977；Kishimoto 1989a，長野県木曽：撫養 1979）．食するのは 2-3 口（浜 1977），あるいは数秒から 1 分間程度（Kishimoto 1989a）であるが，木曽では前肢で土をかいては食べる行動が約 30 分間くり返された（撫養 1979）．長野県と高知県では，カモシカが砂防堰堤などのコンクリート人工物をしきりになめる行動が観察されている（桐生

1985；中西 1998)．滋賀県綿向山，名古屋市内，栃木県足尾山地においても，のり面のコンクリートブロックの隙間（目地）からの滲出物（ほとんどが炭酸カルシウム）を，カモシカやニホンジカが熱心になめることが観察されている（名和 2009)．

熱帯アジアで野生動物の研究をおこなった東京工業大学の松林尚志さん（現・東京農業大学）は，哺乳類による塩場の利用実態を明らかにした（Matsubayashi *et al*. 2007；松林 2008, 2009)．松林さんの著作にしたがって説明を加えると，塩場とは湧水や土壌の中に多量のミネラル類を含んだ環境の総称である．ボルネオ島デラマコット商業林にある塩場には，サンバー，ヒゲイノシシ，ヒメマメジカ，オランウータンなど多くの哺乳類が訪れ利用した．塩場の水や土が動物に摂取される理由としては，PH 調整や毒素吸着の可能性もあるが，ナトリウム等のミネラル類の補給が考えられる．ナトリウムは動物体内における体液浸透圧の平衡維持，筋収縮，神経伝達などに欠かせないが，植物体に含まれる量は少ない．そのため，植食動物にとってナトリウムに富んだ塩場の水や土は貴重なミネラル源になっていると推察される．植物体中のナトリウム含有量は，海からのエアロゾル（空気中に浮遊する微粒子）の影響が届きにくい内陸の熱帯雨林でより少ないという．海沿いに位置する下北半島の調査地域で食土やコンクリートなめが観察されないことは，ミネラル補給説を支持しているとも考えられる．

休息

座位休息は体の下に四肢を折り曲げるか，片側あるいは両方の前肢を前方に伸ばした姿勢でおこなわれる．採食から座位休息に移りしばらくすると，正確には 30.3±8.8 分（平均値 ± 標準偏差，$n=20$，すべて 1 歳以上）後に反芻が開始された（図 3.2)．

休息場所としては，尾根上や斜面の途中の平坦な場所が適宜選ばれる．岩の上も好まれる．大きな切り株の残る幼齢人工林では，切り株の上で休息することが多い（米田 1976；浜 1977；中西 1995)．岩穴や倒木の幹・根でできた穴を休息に利用する場合もある（岩瀬 1973；米田 1976；Akasaka and Maruyama 1977；浜 1977；落合 1992)．しかし，巣穴のような特定の休息場所をもつことはない．

下北半島ではカモシカの行動を直接観察することによって，どの個体がどの場所で休息したかが記録された．その結果によれば，個体別の各休息場所の平

図 3.2 座位休息，反芻中のニホンカモシカ．青森県下北半島にて．

均利用回数（確認された休息回数/確認された休息場所の数）は次のとおりであった：7-8 月が 1.2 回（28/24），9-10 月が 1.4 回（69/48），1-2 月が 1.5 回（48/31）（落合 1992）．この結果は，くり返し利用する休息場所が存在するが，くり返し利用の程度はさほど大きくなく，カモシカはそのつど行動圏内のさまざまな場所で休息していることを示す．同じ場所を休息場所としてくり返し利用した例をみると，7-8 月では 28 回の休息のうち同一個体が 3 回使った休息場所があった．9-10 月の 69 回の休息観察では，同じ場所をある成獣メスが 5 回，そのつがい相手の成獣オスが 4 回使った．さらに，1-2 月の 48 回の休息観察では，同一個体によって 6 回使われた場所が 2 か所あった．休息にくり返し利用される場所としては，夏には風通しがよくてアブやカの少ない場所が，冬には北西の季節風が避けられる場所が好まれる．その一方で，とくに特徴が感じられない場所もあった．

私の調査地域から 1.5 km 離れた場所で，東京農工大学の松江正彦さん（現・国土交通省）がカモシカの卒業研究をおこなった．この場所の夏の各休息場所の平均利用回数は 3.6 回（29/8）であり（松江 1983），同じ場所で休息する割合が私の調査地域より高かった（$p<0.001$，フィッシャーの正確確率検定）．この違いは，スギ幼齢人工林が広がる松江さんの調査地域では，夏の日中に日陰となる好適な休息場所が限られるためである．同様の理由で，幼齢人工林内にある倒木の幹・根でできた穴は，夏に休息場所として頻繁に利用される（米田 1976；浜 1977；落合 1992）．

図 3.3　いわゆる「寒立ち」をするニホンカモシカ．青森県下北半島にて．

休息は立位でおこなわれることもある．座位ないし立位での休息が1時間以上つづけられた例をみると，非積雪期（4-11月）の106例はすべて座位であった．一方，積雪期（12-3月）には49例中の6例（12.2%）が立位であり，非積雪期との間で差異が認められた（$p<0.001$，フィッシャーの正確確率検定）．積雪期に立位の休息がふえる理由としては，①落葉によって見通しがよくなり，周囲への警戒を立位でおこなうようになるため，②積雪に腹部が接することを嫌うため，の二つの可能性が考えられた．長時間の立位休息が観察された6例をみると，とくに警戒行動をとることはなく，いずれも通常の休息であった．そのため，後者の可能性が高いと考えられた．カモシカには「寒立（かんだ）ち」といって，冬に見晴らしのよい岩の上に長時間立つ習性があるといわれる．データでは寒立ちと特記するほどの特徴的な行動としては認められなかったが，ときに目撃される寒風吹きすさぶ中に立つカモシカの姿（図3.3）が人々に強い印象を与え，寒立ちという言葉が語り伝えられたと推察された．

休息中にカモシカはときおり睡眠をとる（図3.4）．睡眠が記録された49例のうち47例が座位休息中であり，2例が立位での睡眠であった．座位の睡眠は体を横に寝かせない姿勢でおこなわれる．ただし，1例では前半身を横倒しにして，4例では体全体を横倒しにして四肢を投げ出した姿勢でおこなわれた．睡眠は1分間ほどから20分間程度のことが多かった．断続的にちょうど1時間の睡眠をとった例もあった．夜間の睡眠についてのデータは得られていない．

図 3.4 睡眠中のニホンカモシカ．青森県下北半島にて．

日周行動

カモシカは昼夜行性である．ラジオテレメトリー調査のアクトグラム解析によれば，カモシカは昼夜をとおしてほぼ2-3時間の間隔で活動と休止をくり返した（下北半島ニホンカモシカ調査会 1980）．秋田県仁別の成獣メスのラジオテレメトリー調査では，秋の日中は約80%の，夜間は49%の時間帯が活動に費やされていた．20分間の活動で移動する平均距離は，秋には日中が65 m（$n=88$），夜間が42 m（$n=50$）であり，春には日中が55 m（$n=21$），夜間が65 m（$n=20$）であった（Kishimoto 1989b）．夜間における採食等の活動状況については，浜（1977），降旗（1985），天笠・仲真（1986）によってその一端を知ることができる．

図 3.5 に下北半島での直接観察による日周行動の調査結果を示した（松江 1986a）．この図から読みとると，平均活動時間は1時間34分（$n=16$），平均休息時間は2時間37分（$n=23$）であった（1時間未満の短時間のものは除いて算出）．ただし，活動の16例中6例，休息の23例中14例ではその行動がおこなわれている途中から観察したか，あるいは途中で観察を中止しており，この値は過小評価されている．そのことを勘案すると，直接観察によるこの結果は，2-3時間の間隔で活動と休止をくり返すというアクトグラムの結果とほぼ一致する．図 3.5 で示されている最長の連続観察時間は，活動が3時間36分，休息が5時間9分であった．平均時間，最長時間とも採食より休息のほうがやや長かった．1日のうちで採食時間の占める割合は，その種のエネルギー代謝

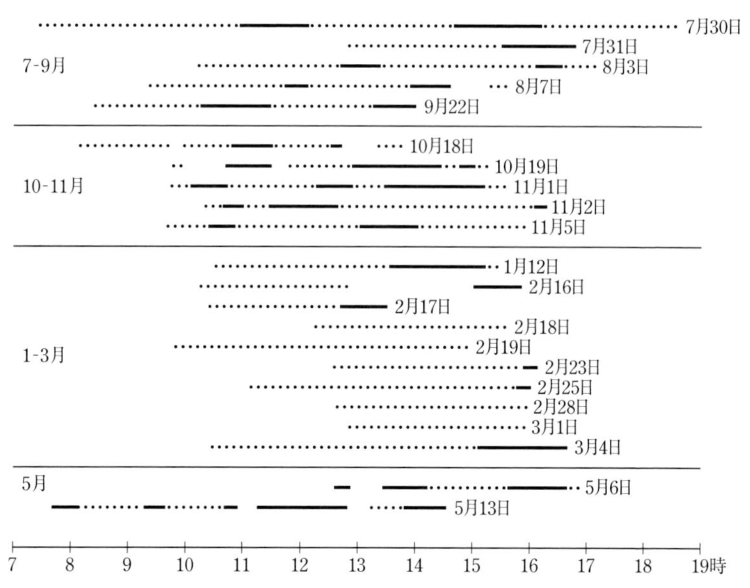

図 3.5　青森県下北半島における直接観察によるニホンカモシカの行動記録．観察個体はすべて同一の成獣メス．実線：活動，点線：休息．松江（1986a）より．

を考える際の指標となる．さらに，採食時間は食物の得やすさによって，また反芻時間は食物の質によって季節的に変化する（土肥・小野 1984）．カモシカにおいてこれらの点を検討できるデータは得られていない．白山山地および大分県における行動の日周性についての結果をみると，白山山地で昼すぎと16時以降に活動がややさかんになる時間帯が認められたが，明確な日周性は両地域とも確認されなかった（桜井 1976；土肥・小野 1984）．

排尿

排尿は採食移動の最中に随時おこなわれる．休息のあとにおこなわれることも多い．第2章2.1節（3）項で記したように，排尿姿勢は雌雄で異なる．オスは腰をわずかに，ないし中腰程度にさげて排尿する．メスは尻が地面に接するほど腰を深くおろして排尿する．ヤギ亜科のシャモア，ターキン，ヒマラヤタール，ヤギ属の各種は尿を自分の体にかける（Schaller 1977）．この行動はカモシカでは観察されない．

図 3.6 ニホンカモシカの排糞姿勢．青森県下北半島にて．

排糞

排糞も採食移動の最中に随時おこなわれる．排尿と同じく，休息のあとにおこなわれることも多い．アフリカに生息する小型アンテロープのキルクディクディクでは，糞場がなわばりの境界部に偏在し，糞場となわばりが関係していると考えられる．キルクディクディクのオスは，排尿・排糞の前にメスの尿や糞のにおいをかいだり，地面を前肢でひっかいたりする（ヘンドリックス・ヘンドリックス 1979）．同様の行動はトムソンガゼルなど数種のアンテロープ類でも示される（Walther 1974）．カモシカでは排尿・排糞にともなう特有な行動が示されることはない．排糞は立ち止まった状態で，尻をやや突き出し，尾をあげておこなう（図 3.6）．雌雄で排糞姿勢に違いはない．糞は粒状である（図 3.7A，B）．糞粒がくっつきあった固まり状の糞もみられる（図 3.7C）．1 回分の排糞の糞塊が普通にみられるが，同じ場所に排糞してため糞状となる場合もある（図 3.7D）．

身体ケア行動

身体の快適さを保つ行動（comfort behavior）として，身ぶるいして水気や雪をはらう行動，腹部，腰，四肢などを口でこする行動，顔や頭，耳，首を木の幹や枝，岩などにこすりつける行動，および吸血虫を追いはらう行動がみられる．下北半島では夏の吸血虫として，体長 2.5 cm ほどのアカウシアブがカモシカにまとわりつく．このアブはカモシカの腰，尻，後肢にとまって吸血す

図 3.7　ニホンカモシカの糞．A：冬（2月）の糞，B：春（5月）の糞，C：固まり状の糞，D：ため糞状の糞．青森県下北半島にて．

る．アブが体にとまると，カモシカは尾をふり動かす，皮膚をふるわす（振戦），頭をふる，片後肢を地面に踏みおろす，鼻先で追いはらうといった行動をとる．このうち，前二者では追いはらいの効果は乏しく感じられる．放牧牛における研究では，アブ類・ハエ類の飛来がウシの安定的な採食と休息を妨げ（更科ほか 1982；敖日格楽［Aorigele］ほか 2003），ストレス刺激の指標である心拍数の増加をまねく（更科ほか 1982；敖日格楽ほか 2009）．同様に，カモシカにとってもアブがストレス刺激になっている可能性が考えられる．たとえば，アブにまとわりつかれた立位の個体は，前半身を5分間に17回後方に曲げて鼻先でアブを追いはらった．また，別の観察では座位休息を始めた個体がアブにたかられ，座って短時間のうちに立つという行動を26分間に4回くり返したのち，その場所での休息をあきらめ移動した．

（2）運動能力

跳躍

カモシカが高く跳躍することはほとんどない．下北半島での確かな記録として，平坦地で幼稚園児に追われたカモシカが高さ90 cmのフェンスを飛びこえた例がある．高さ120 cmまで垂れさがった畑の防護柵をこえようとしたカモシカは，金網に両前肢をかけて乗りこえようとしたが，けっきょくあきらめた．カモシカは畑に侵入する際，防護柵の下側部分の欠損部をくぐりぬける．金網下端と地面の間が40 cmあればくぐりぬけは可能である．

水泳

私の調査地域では，足先を波際の海水に浸けながら歩くカモシカが2回観察されている．海，川，池等で泳ぐ姿をみたことはないが，脇野沢で海辺の岩にいたカモシカが海にはいって泳ぐ姿が撮影されている（朝日新聞2000.6.19）．石川県ではダム湖を泳ぎわたるカモシカが報告されている（池田 1988）．インターネットで検索すると，いくつかのウェブサイトにおいて川や湖を泳ぐカモシカの画像をみることができる．ニホンジカやイノシシでは沖合の海を泳ぎ，ときに島へわたるが，カモシカではそのような事例は報告されていない．

（3）興奮行動

激しく興奮し，地面に落ちている枝や枯葉を角にひっかけてふり回したり，あたりを走り回り，突進や跳躍をくり返したりする．数分程度から30分以上つづく．下北半島で観察された興奮行動は22例であった．当年子メスが2例，1年子が13例（メス4例，オス9例），2年子が4例（メス1例，オス3例），成獣が3例（メス2例，オス1例）であり，若獣，とくに1年子が多かった．成獣メスの2例も4歳および5歳と若い成獣であった．22例のうち8例では，興奮行動が示される直前の状況が観察された．この8例のうち，3例は1年子オスないし2年子オスが母親と接触あるいは母親の角つきをうけたのちに，2例は1年子オスが成獣オスに攻撃行動（角つき，追いかけ）をうけたのちに，1例は成獣オスが1年子オスと角つきあわせをおこなったのちに，1例は2年子メスが1時間30分にわたって成獣オスの追随，性行動をうけたのちに，そして1例は1年子メスがアブに刺されたのちに，それぞれおこなわれた．長野県上伊那でも，興奮行動と思われる同様の行動が4例報告されている（撫養 1979）．マウンテンシープでは同様の行動は頭ふり（head shake）と称され，大きな個体に攪乱された亜成獣やメスで示される（Geist 1971）．アンテロープ類では同様の行動は興奮活動（excitement activity）と称され，ストレス状況下で発現する（Walther 1974）．下北半島での8例をみる限り，カモシカの興奮行動もストレス状況が一因になっていると考えられた.

3.2　社会行動

(1) 親和的行動

親和的行動として，他個体のあとをついて歩く追随，他個体の耳，顔，首，背中をなめたり，他個体の首や顔に顔をこすりつけたりする社会的グルーミング，および鼻つきあわせが観察された．カモシカでは，出生まもない子を母親が頻繁になめるほかは，社会的グルーミングの観察頻度は高くない．下北半島では7月以降になると，母親が当年子をなめる行動は6例が観察されただけであった．他個体をなめる行動は，このほか母親が1年子メスに対して（1例），1年子メスが母親に対して（1例），当年子メスおよび当年子オスが母親に対して（各2例），成獣オスが当年子オスに対して（1例），当年子オスが成獣オスに対して（1例）おこなった.

鼻つきあわせ（naso-nasal contact）は，2頭のカモシカが鼻と鼻をよせあう行動である（図3.8）．別行動をとっていた2頭が接近しておこなう場合もあれば，同一行動の最中におこなわれる場合もある．2頭の性，年齢，血縁関係が明らかな鼻つきあわせの観察例は160例得られた．このうち，行動圏を大きく重複させる家族的集団（第4章4.2節（3）項）の個体同士の組み合わせが138例（86.3%）を占めた．その内訳は，母親-子が43例（当年子メス9例，当年子オス7例，1年子メス17例，1年子オス10例），兄弟姉妹（0-3歳）のさまざまな組み合わせが42例，成獣オス-3歳以下の幼・若獣が37例（当年子メス5例，当年子オス7例，1年子メス6例，1年子オス9例，2年子メス7例，3年子メス3例），成獣メス-成獣オスが16例であった．これら以外の，家族的集団の個体同士でない22例の内訳は，行動圏が隣接する非つがいの成獣メス-成獣オスが2例，非母子の成獣メス-幼・若獣が3例（当年子メス，当年子オス，1年子オスが各1例），成獣オス-非つがい成獣メスの当年子メスが3例，そして非兄弟姉妹（0-2歳）のさまざまな組み合わせが14例であった．親和的行動と考えられる鼻つきあわせは，なわばり関係にある同性成獣間で観察されることはない．また，母親と2年子以上の雌雄の子の間，および成獣オスと2年子以上のオスの子の間でも観察されていない.

図 3.8 鼻つきあわせをするニホンカモシカ．成獣メス（左）と，その娘（3 歳）が出産した当年子オス（右）．青森県下北半島にて．

（2）母子の行動

子は生後 1 年間，母親とほぼ行動をともにする．母子の同一行動は，基本的に子が母親に追随することによって保たれる．授乳は立位でおこなわれる．生後約 3 か月をすぎる 9 月以降になると，子が両前肢の手首にあたる部分（手根関節）を折り曲げて乳を飲むことが多くなる．授乳は 12 月まで観察され，授乳期間は生後 6-7 か月である．母子の同一行動率の変化，および授乳に関する観察結果は第 5 章 5.1 節（2）項にて記す．

（3）性行動

雌雄間の性的交渉は，オスがメスに接近することによって，稀に雌雄双方が接近しあって始まる．メスに接近するオスは，ときに首から鼻先までを肩の高さほどにさげて前方に伸ばす姿勢をとる．この前屈姿勢（low-stretch）はオスが武器である角を目立たなくさせ，メスに対して攻撃的意思のないことを示すためと考えられる（Leuthold 1977；Schaller 1977）．カモシカの性行動は，ウシ科のヤギ亜科やアンテロープ類の性行動（Walther 1974；Leuthold 1977；Schaller 1977）と類似点が多い．成獣雌雄間の個体間交渉において，各性行動が観察された割合を表 3.1 に示した．性行動は非交尾期においても観察されるが，観察頻度は交尾期（9-11 月）のほうが 2-3 倍高い．とくに交尾（腰の

表 3.1　青森県下北半島のニホンカモシカなわばり成獣雌雄間の個体間交渉における性行動の観察頻度（%）.

		観察交渉数	においかぎ	フレーメン	角おし	前足げり	追いかけ	あごのせ	マウンティング[a]	交尾[b]	平均
つがい	交尾期[c]	103	50.5	25.2	53.4	59.2	22.3	5.8	24.3	13.6	31.8
	非交尾期[d]	87	18.4	9.2	21.8	28.7	8.0	0.0	6.9	1.1	11.8
非つがい[e]	交尾期[c]	6	33.3	33.3	16.7	50.0	33.3	16.7	33.3	16.7	29.2
	非交尾期[d]	5	0.0	0.0	0.0	0.0	0.0	0.0	0.0	0.0	0.0

[a] 不完全なマウンティングを含む.
[b] 腰のスラストをともなうマウンティング.
[c] 9–11月.
[d] 12–8月.
[e] いずれも隣接してなわばりをもつ個体.

スラストをともなうマウンティング）が非交尾期（12–8月）に観察されることは少ない.

においかぎ（sniffing, naso-genital contact）

オスはメスの外性器のにおいをしばしばかぐ（図3.9）. これはメスの発情状態をしらべるためと考えられる. においかぎののち, オスがメスの外性器や尾をなめる, あるいは舌を何度もすばやく出し入れさせることがある. ヤギ亜科やアンテロープ類ではにおいかぎがメスの排尿をうながし, その尿のにおいをオスがかぐことが多い（Geist 1971；Leuthold 1977；Schaller 1977）. しかし, カモシカではにおいかぎによってメスの排尿が誘発されることは稀である. 外性器・肛門周辺のにおいかぎは, 成獣の雌雄間のほか, 性別を問わず成獣が幼・若獣に対して, あるいは幼・若獣が成獣に対してもおこなう.

フレーメン（flehmen, lip curl）

多くはメスの外性器の, ときに地面のメスの尿のにおいをかいだのち, オスが首を斜め上方に伸ばし, 数秒間やや口を開いて上唇をひきあげる（図3.10）. フレーメンは, 嗅覚器官（ヤコブソン器官）の口蓋における導管の開口をもたらすと考えられる（Estes 1972）. この行動は有蹄類やネコ科動物等でみられる. 成獣メスに対する成獣オスのにおいかぎは101例観察され, そのうち44例（43.6%）でフレーメンがおこなわれた. このほか, フレーメンは当年子メスににおいかぎをおこなった成獣オスで, 妹の1年子メスににおいかぎをおこ

図 3.9　メスににおいかぎをおこなうオスのニホンカモシカ．青森県下北半島にて．

図 3.10　においかぎののち，フレーメンをおこなうオスのニホンカモシカ．青森県下北半島にて．

なった2年子オスで各1例観察された．さらに，地面の成獣オスの尿のにおいをかいだ1年子メス，非兄弟姉妹の1年子メスが休息していた場所のにおいをかいだ1年子メス，落葉を前肢でかいて地面のにおいをかいだ2年子オス，木の葉のにおいをかいだ1年子オスでもフレーメンが各1例観察された．地面や枝葉のにおいをかいだ個体によるフレーメンは，長野県上伊那や秋田県仁別でも観察されている（撫養 1979；Kishimoto 1989a）．

図 3.11　うずくまったメスに角おしをおこなうオスのニホンカモシカ．青森県下北半島にて．

角おし（courtship butt）

立位ないし座位のメスに対し，オスが頭をさげ，メスの腹部，尻，太腿等を角の根元・額で押す（図 3.11）．角の先で軽く突くこともある．角おしは成獣オスによって2歳以上のメスに対しておこなわれる．それ以外では，2年子オスが非兄弟姉妹の2年子メスおよび当年子メスに，1年子オスが姉の3年子メス，姉の2年子メス，母親でない成獣メスに対しておこなった例が各1例観察されている．

前足げり（foreleg kick）

立位のメスの側方ないし後方から，オスは伸ばした片前肢でメスの腹部や尻をける（図 3.12）．ときに座位のメスに対してもおこなわれる．メスに追随するオスは前足げりと角おしをくり返しおこなう．前足げりは成獣オスによって2歳以上のメスに対しておこなわれる．それ以外では，2年子オスが非兄弟姉妹の2年子メスに，1年子オスが母親でない成獣メスにおこなった例が各1例観察されている．前足げりはウシ科およびキリン科のオカピでみられる性行動であり，古い攻撃行動に由来すると考えられる（Walther 1974）．マウンテンシープでは，主として優位のオスが劣位個体に対しておこなう威嚇ディスプレイとされる（Geist 1971）．カモシカの前足げりは，下北半島と長野県（撫養 1979）では，メスに対するオスの性行動と考えられる場合でしか観察されてい

図 3.12 メスに前足げりをおこなうオスのニホンカモシカ．青森県下北半島にて．

ない．秋田県仁別では，性行動の場合のほか，母親が前足げりで 2 歳および 3 歳の娘に攻撃を加えた例が各 1 例観察されている（Kishimoto 1989a）．

追いかけ（courtship chase）

角おしや前足げりをうけたメスが走って移動し，それをオスが追いかける．通常，数 m から 30 m 程度で終わる．性的交渉時の追いかけは，成獣オスによって 2 歳以上のメスに対しておこなわれる．このほか，1 年子オスが母親でない成獣メスにおこなった例が 1 例観察されている．

あごのせ（head over rump）

立位のメスの背中や腰にオスがあごをのせ，しばらくじっとしている（図 3.13）．成獣オスが 2 歳以上のメスに対しておこなう．1 年子オスが母親に対して 3 回くり返した例も観察されている．ほかの性行動にくらべて観察頻度は低いが（表 3.1），秋田県仁別や長野県上伊那でも観察されている（米田 1976；浜 1977；撫養 1979）．

マウンティングおよび交尾（mounting and mating）

典型的なマウンティングでは成獣オスが後方から成獣メスに乗りかかり，両前足でメスの横腹をおさえつける（図 3.14）．1 回のマウンティングの持続時間は数秒である．マウンティングは連続的ないし断続的に，多いときは数十回

図 3.13　メスにあごのせをおこなうオスのニホンカモシカ．青森県下北半島にて．

図 3.14　交尾をおこなうニホンカモシカ．青森県下北半島にて．

くり返される．典型的なマウンティングでは腰のスラストがともなわれ，交尾がおこなわれたと推定された．1回のマウンティングにおけるスラストの回数は1-6回（平均4.3回）である（撫養 1979）．マウンティングの観察において，ペニスの挿入や射精の確認ができたことはない．相手個体に乗りかかろうとしても相手が動いてしまい，前肢を相手の腰にかける程度で終わる場合も少なくない．1・2年子オスがおこなったマウンティングは，すべてこのような不完全なマウンティングであった．2年子オスがおこなった例は，妹の1年子メスに対して（3例），および妹ではない当年子メスに対して（1例）であった．1年子オスがおこなった例は，母親に対して（3例），姉の3年子メスに対して（1例），姉の2年子メスに対して（4例），妹の当年子メスに対して（1例），そして成獣オスに対して（1例）であった．このうち，母親に対する乗りかかりの1例と成獣オスに対する乗りかかりでは，相手個体の攻撃行動（角つき）を誘発した．

（4）抗争的行動

間接的な抗争的行動として逃避，服従，威嚇が，直接的な抗争的行動（攻撃行動）として角つきあわせ，角つき，追いかけが観察された．各攻撃行動がどのような個体間で観察されたかを表3.2に示した．ヤギ亜科各種の抗争的行動をくらべると，ニホンカモシカおよびゴーラルでは行動レパートリーが乏しい（表3.3）．この表において，ニホンカモシカとゴーラル以外は開放的環境で群居生活をおくる種である．これらの種では，個体間の頻繁な出会いや個体間交渉ゆえ，優位性をめぐる争いには深刻な受傷につながる激しい闘争でなく，さまざまな優位ディスプレイや力くらべ的な行動が発達している．

逃避

相手個体から歩いて，あるいは走って遠ざかる．

服従

立位で頭と首を低く伸ばした姿勢で，あるいは後肢は立てて両前肢を手首にあたる部分（手根関節）で折り曲げた姿勢で，あるいはうずくまった姿勢で，それぞれ鼻先を相手個体にさしのべる．成獣オスの接近をうけた1年子オスや成獣メスでみられる．攻撃行動（角つき，追いかけ）をうけた個体は，＜ヴェー＞といった音声を発する．音声については本章3.3節にて記す．

威嚇

相手個体に対する威嚇として以下の行動が示される．＜フシュッ＞という音

表 3.2　青森県下北半島におけるニホンカモシカの攻撃行動の観察例数．個体間交渉中に観察された各攻撃行動の総数を示す．

家族的集団[a]	行動主体	行動客体	角つきあわせ[b]	角つき	弱い追いかけ	激しい追いかけ
同一家族的集団	成獣メス	3年子メス	1			
	(母親)	2年子メス			1	
		1年子メス	2	10	3	
		1年子オス		27	5	
	成獣オス	3年子オス				2
		2年子オス	1	2	6	4
		1年子オス	19	17	7	
		当年子オス	1			
		2年子メス	1			
		1年子メス	2			
	3年子メス	2年子オス	1			
		1年子オス		3		
	2年子メス	1年子オス		3		
	2年子オス	1年子オス	2	5	6	
		1年子メス	2	4	5	
	1年子メス	当年子メス			1	
		当年子オス	1	2		
	1年子オス	成獣オス		2	1	
	小計		33	75	35	6
非同一家族的集団	成獣メス	成獣メス				4
		2年子メス				1
		1年子メス		2		
		1年子オス		6	1	
		当年子オス		3		
	成獣オス	成獣オス	1	1		12[c]
		1年子オス				1
		当年子オス			1	
	2年子オス	1年子オス	3			
		当年子オス		2		
	1年子オス	当年子オス		2		
	小計		4	16	2	18
計			37	91	37	24

[a] 母子関係およびつがい関係にもとづいて行動圏を大きく重複させているカモシカ．

[b] 行動の主体・客体を問わない．

[c] 追いかけの最中に優劣の逆転が生じた2例の個体間交渉について，4例の激しい追いかけとして計数．

表 3.3 ヤギ亜科におけるオス間の抗争的行動．＋：存在する，(＋)：稀に，あるいは若獣のみで存在する，？：おそらく存在するが，明確でない，空欄：観察されていない，あるいは存在しない．Schaller (1977), Lovari and Apollonio (1994) より作成．

	ヒマラヤタール	バーラル	アウダッド	カシミールマーコール	アジアアイベックス	パンジャブウリアル	ムフロン	マウンテンシープ	ニルギリタール	シャモア	マウンテンゴート	ジャコウウシ	ゴーラル	ニホンカモシカ
直接的														
角つきあわせ	＋	＋	＋	＋	＋	＋	＋	＋	＋	(＋)	(＋)	＋	＋	＋
角つき	＋	＋	＋	＋	＋	＋	＋	＋	＋	＋	＋	＋	？	＋
追いかけ	＋	＋	＋	＋	＋	＋	＋	＋		＋	＋	＋	＋	＋
頭部 vs 腰部おしあい	＋		＋	(＋)				(＋)	＋	(＋)	＋			
肩おしあい		(＋)	＋	(＋)	(＋)	(＋)	＋	＋						
ネックファイト	(＋)		＋				＋	(＋)		(＋)	(＋)			
角かけ・角ひき			＋			(＋)	＋	(＋)						
かみつき[a]		(＋)												
前足げり		＋				＋	＋	＋						
威嚇行動														
威嚇（頭さげ）	＋	＋	＋	＋	＋	＋	＋	＋	＋	＋	＋	＋	＋	＋
威嚇（突進）	＋	＋	＋	＋	＋	＋	＋	＋	＋	＋	＋	＋	＋	＋
威嚇（後肢立ち）	(＋)	＋		＋	＋	＋	＋	＋	(＋)	(＋)	？	＋		
優位行動														
側面ディスプレイ（頭あげ）		＋		＋		＋	＋	＋		＋		＋		
側面ディスプレイ（頭さげ）	＋	＋		？		＋		？	＋	＋	＋	＋		
側面ディスプレイ（直立）	＋			＋							＋			
側面ディスプレイ（併行歩行）		＋		(＋)	＋	＋		＋	(＋)	＋		＋		
尿散布	＋			＋	＋					＋				
マウンティング		＋	＋	(＋)		＋	＋	＋						
頸ひねり	(＋)	(＋)		(＋)		＋	＋	＋						
頭横ふり		？			＋		＋	(＋)				＋		

[a] 名和（2009）において，ニホンカモシカの成獣がほかの成獣にかみついた 1 例が報告されている．

声を発する，片前肢あるいは両前肢を踏みおろして地面をたたく，相手に向かって 2-5 m ほど突進する，肩程度に低くした首と頭を数回ゆっくり上下させる，頭を低くさげて相手を睨みつける．これらの威嚇行動は人に対しても示される．

角つきあわせ（mutual butt）

2頭のカモシカが頭をさげあい，角の根元・額をあわせて押しあう．双方ないし一方の個体が2，3歩の助走をつけてぶつかりあう場合もある．37例のうちの33例（89.2%）が行動圏の大きく重複する家族的集団の個体間でおこなわれ，成獣オス-1年子オス間でもっとも多くみられた（表3.2）．なわばり争いの最中にみられた1例では，激しく追われた成獣オスが頭をさげて身構えたところに，追ってきた成獣オスがたがいの角の根元・額を激突させ，さらに追いかけがつづけられた．

角つき（butt）

頭をさげ，相手個体の頭，腹部，尻などを角の先で突く．91例のうち75例（82.4%）が家族的集団の個体間でおこなわれ，母親が雌雄の1年子に，あるいは成獣オスが1年子オスに対しておこなう例が多かった（表3.2）．観察された角つきは，なわばり争い時の1例を除き，すべて相手個体を軽く突く程度であった．なわばり争い時の1例（前述の角つきあわせがみられたなわばり争いとは別事例）では，激しく追われてうずくまった成獣オスに対し，追っていた成獣オスが角つきによる激しい攻撃を数回加え，さらに追いかけがつづけられた．なわばり争いによって実際に受傷する場面は観察されていないが，角つきによると思われる流血傷を肩，腹部，頭に負った個体を8例観察している（成獣オス6例，2年子オス1例，成獣メス1例）．このうち2例では，角によると思われる丸い形状の傷口が確認された．このほか，脇野沢村教育委員会のK氏と村人は，2頭の成獣が角の突きあいを激しくつづけ，やがて一方の個体が角で腹部を刺されて出血して座りこみ，もう一方の個体が歩き去る場面を目撃している．秋田県では間隔が11.8-12.8 cm（角先の幅に相当する）の二つの刺し傷をもつ成獣オスの死体3例が（米田 1976），滋賀県では横腹に10 cmほどの間隔で二つの丸い傷をもつ死体2例（名和 2009）がみつかっている．これらは，闘争中に角に刺されて死亡したものと推察されている．長野県の大町山岳博物館でも，胸部や腹部に角による刺し傷をうけ，死亡したり瀕死の重傷を負ったカモシカが収容されている（千葉 1981）．これら各地の事例は，カモシカでは同種個体間の闘争によって致命傷となる傷を負う場合があることを示している．

同種個体間の社会行動ではないが，私の調査地域のある下北半島脇野沢の九艘泊の隣の集落（芋田）で，自宅前につないでいた飼いイヌ（中型の雑種犬）

がカモシカの角に刺され死亡した（東奥日報 2007.10.24）．九艘泊でも，つながれている飼いイヌがカモシカに刺されて傷を負ったことが少なくとも2回あった（いずれも中型の雑種犬）．同様の事例は山形県天童市でも生じている（河北新報 2002.5.23）．近くを通るたびに吠え立てるイヌをカモシカが攻撃するわけであるが，つながれているイヌにわざわざ向かっていって攻撃を加える一面をカモシカはもつ．脇野沢の芋田の事例では，イヌを助けようとした女性（78歳）も腕を刺され，怪我をしている．この例のほかにも，人家近くにあらわれたカモシカが興奮したり，あるいはカモシカを追いはらおうとして，人が角で刺される人身被害が複数発生している（岩手県前沢町：岩手日報 2002.10.11，福島県喜多方市：河北新報 2010.2.3，岩手県花巻市：岩手日報 2015.4.13）．のみならず，山中で山菜採りや渓流釣りをしていた人が近づいてきたカモシカに角で刺されるといった事例も，稀であるが生じている（山形県米沢市：毎日新聞［山形］2001.5.13，青森県むつ市：毎日新聞［青森］2004.4.18）．

追いかけ（chase）

抗争的行動として2タイプの追いかけがある．一つは，数mから数十mほどの“弱い追いかけ”（mild chase）である．弱い追いかけでは，追いかけの前後に当該2頭が近接した場所に親和的・許容的にいるのが観察される．37例のうちの35例（94.6%）が家族的集団の個体間でおこなわれ，母親が雌雄の1年子に，成獣オスが1年子オスおよび2年子オスに，2年子オスが弟妹の1年子におこなう例が多かった．非同一家族的集団の個体間で観察された2例の弱い追いかけは，成獣メスが隣接1年子オスにおこなった例と，成獣オスが隣接当年子オスにおこなった例であった（表3.2）．

もう一つの追いかけのタイプは，成獣オス間，あるいは成獣メス間で典型的にみられるなわばり行動としての“激しい追いかけ”（severe chase）である．激しい追いかけは，数十mから100m以上の距離を必死に走り，相手を自分の行動圏から追い出す形でおこなわれる．追いかけの前後に当該2頭が親和的・許容的に近接した場所にいることはない．激しい追いかけは22例の抗争的交渉において24例が観察され，すべて同性個体間でおこなわれた．24例のうち，18例（75.0%）が非同一家族的集団の個体間で，6例（25.0%）が家族的集団の個体間でみられた．家族的集団の個体間で観察された激しい追いかけは，成獣オスが2年子オスにおこなった4例と，成獣オスが3年子オスにおこなった2例であった（表3.2）．

（5）眼下腺こすり

有蹄類はさまざまな特殊皮膚腺を有する．眼下腺（眼窩下洞腺）はその一つで，カモシカも両目の下によく目立つ眼下腺を有する（図3.15）．大きさはクルミ大で，重さは片側で8-16 g程度である．オスのほうがメスよりやや大きいが，外見的に性差が感じられる場合は限られる．カモシカの体重増加は2歳で停止するが，眼下腺の重量は2歳以降でも増加がつづく（Kodera *et al.* 1982）．

カモシカは歩きながら，眼下腺の分泌物（液）を樹木の葉の裏，幹，枝などに頻繁にこすりつける（図3.16）．飼育個体の観察によれば，分泌直後の眼下腺の分泌物は透明で，甘酢っぱいにおいがして多少粘る．時間がたつにつれ白濁し，固くなる（千葉 1972）．発情した飼育メスでは眼下腺の分泌物の量が平常時より多くなり，甘酸っぱい香りが周囲にただよう．なめると餅のような粘性があり，松やにのような味がしたという（鹿股・伊沢 1982）．野外で眼下腺の分泌物のにおいを感じることはほとんどないが，こすりつけられた直後にスイカのにおいを薄くしたようなにおいを感じたことがある．

カモシカの典型的な眼下腺こすりつけ行動は，①対象物に鼻を近づけてにおいをかぐ，②その対象物に額を2，3回軽くこする，③対象物に片側ないし両側の眼下腺を2-6回ほど軽くこすりつける，という一連の動作からなる．下北

図3.15　眼下腺が目立つ高齢のオスのニホンカモシカ．両方の角が中ほどで折れている．青森県下北半島にて．

図 3.16　木の葉の裏に眼下腺をこすりつけるオスのニホンカモシカ．青森県下北半島にて．

半島では，記録された1903例の眼下腺こすりのうち53.4%が葉の裏に，44.0%が樹幹・枝におこなわれた．そのほかの対象物は，岩，木の杭・手すり，草本の茎，切り株，倒木の根，墓石，廃船，成獣メスの耳・首・尾，当年子の耳であった（落合 1992）．成獣メスに対する眼下腺こすりは12例観察され，すべて成獣オスがおこなった．当年子に対する眼下腺こすりは3例観察され，母親が2例，成獣オスが1例おこなった．カモシカ個体間における眼下腺こすりは，秋田県仁別や山形県朝日山地でも観察されている（浜 1976；木内ほか 1978；Kishimoto 1989a）．

下北半島では，成獣メスより成獣オスのほうが眼下腺こすりを高頻度におこない，雌雄とも交尾期である秋にもっとも多くおこなった（図 3.17）．メスよりオスのほうが高頻度におこなうことは，長野県上伊那や秋田県仁別でも観察されている（撫養 1984；岸元 1986）．長野県上伊那では，オスは7-11月に頻度が高まると報告されている（撫養 1984）．

特殊皮膚腺として，カモシカは眼下腺のほか蹄間腺（指間洞腺）と包皮腺を有する（杉村 1991）．蹄間腺は四肢の指骨の間にあり，長径2.5-4 cmの胃袋

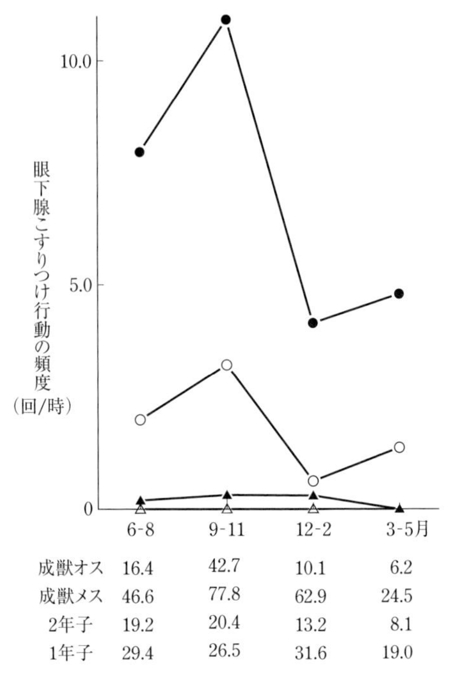

図 3.17　青森県下北半島におけるニホンカモシカの眼下腺こすりつけ行動の頻度の季節変化．●：成獣オス，○：成獣メス，▲：2 年子，△：1 年子．観察時間のうち，休息を除いた活動観察時間（図の下の数値）に対する頻度を示す．落合（1992）より．

型の嚢である．嚢の開口部は蹄からやや上方の前面に位置する．蹄間腺の腺組織の発達は乏しい．嚢内での分泌物の貯留が確認されないため，当初は蹄の運動を円滑にする機能が推察された（塙ほか 1985 ; Sugimura *et al.* 1987）．その後，蹄間腺内の汗腺が皮膚の汗腺とは異なる糖成分を含むことが明らかになり，特有の皮膚腺として発達したものと考えられるようになった（Atoji *et al.* 1988, 1989 ; 杉村 1991）．有蹄類の蹄間腺の機能としては歩行跡のにおいづけが考えられる（Quay and Müller-Schwarze 1970 ; Langguth and Jackson 1980）．カモシカを観察していると，オスがメスの歩いたあとをたどってメスと合流する例，あるいは母親が当年子の歩いたあとをたどって，または子が母親のあとをたどって合流する例がみられる．このような他個体の臭跡をたどる行動に蹄間腺が関係しているかは不明である．

包皮腺は，メスでは陰核包皮に付随して，オスでは陰茎包皮の内側に分布する脂腺である．メスの陰核包皮腺は，卵胞の大型化にともなって分泌活動が高まる．そのため，性ホルモンのエストロゲンの影響をうけ，発情期にオスを誘引する機能を有すると推察される（宇野ほか 1984）．雌雄の包皮腺は相同腺である．具体的な役割は明らかでないが，オスの包皮腺も繁殖に関係すると考えられる（沢田ほか 1987）．

（6）角こすり

頭をさげて樹幹に角をあて，くり返し強くこすりつける（図 3.18）．額，顔面，首，肩，耳もこする．角こすりは平均して 1 分 31 秒（範囲：2 秒–15 分 17 秒）つづけられる（Kishimoto 1989a）．角こすりがなされた幹は樹皮が剝離したり，木質部が露出したりして角こすり跡として残る（図 3.19）．角こすり跡が確認された木本の種数は，北アルプス白沢天狗岳で 25 種（北原 1979），下北半島で 48 種（下北半島ニホンカモシカ調査会 1980）であり，対象樹種は多岐にわたる．

角こすりがおこなわれた幹の直径（角こすり跡の中央部の直径）は，平均 2.6 cm（範囲：1.0–10.0 cm；北原 1979），ないし 2.7 cm（範囲：0.8–8.0 cm；

図 3.18　角こすりをおこなうニホンカモシカの母子．成獣メス（右）とその 1 年子メス（左）．青森県下北半島にて．

図 3.19　ガマズミの幹に残されたニホンカモシカの角こすり跡．青森県下北半島にて．

松本ほか 1984）であり，比較的細い木が選ばれる．角こすり跡の長さは，平均 21.1 cm（範囲：6.0–34.0 cm；北原 1979），21.9 cm（範囲：4.5–66.5 cm；下北半島ニホンカモシカ調査会 1980），ないし 20.1 cm（範囲：7.0–40.0 cm；松本ほか 1984）であった．角こすり跡中央部の地上高は，平均 48.2 cm（範囲：20–250 cm；北原 1979），ないし 41.3 cm（松本ほか 1984）であった．

カモシカの角が折れた場合，折れた当初はぎざぎざにみえた折れ口がやがて鈍いながらもとがった角先となる．同様のことは飼育カモシカでも観察されている（千葉 1981）．角こすりは折れた角を実際に研ぐ意味があるようである．しかし，折れていない通常の角の場合，角こすりで樹幹にこすられるのは角の基部や中ほどがほとんどであり，角先を研いでいるとは必ずしもみえない．人にある程度慣れた個体でも，比較的近い距離での観察がつづくと観察者の存在を気にすることがある．そのようなストレスや緊張が高まったときに角こすりがおこなわれる印象がある．類似の状況として，人に出会った際や，救護された個体が示威的に角こすりをおこなうとされる（木内ほか 1978；千葉 1981）．カモシカ間の交渉が角こすりをひきおこす場合もある．一例では，隣接して行動圏をもち，つがい関係にない成獣メスに成獣オスが接近し，2 頭が 5 分間並んで立ったのちメスが歩き去った．オスはそこで 5 分間にわたり角こすりをおこなった．

角こすりの社会的機能を裏づける観察は得られていない．社会行動を解説する本節で，角こすりについて記述するのは便宜的なものである．角こすりの最中には，眼下腺を含む顔面がしばしばこすりつけられる．角こすりをしては，こすったところのにおいをかぐことも多い．角こすり跡が眼下腺のにおいを発散させているとしたら，嗅覚コミュニケーションに関係する可能性がある．しかし，痕跡となっている角こすり跡のにおいを，カモシカがかぐ行動はとくに観察されない．また，角こすり跡は視覚的に目立つ痕跡であるが，カモシカが角こすり跡をみて注意を向けるといった観察例は得られていない．さらに，行動圏の周辺部に角こすり地点が偏在するといった分布パターンも認められない（第4章4.2節（4）項）．

3.3　音声

カモシカの音声に関して，ソナグラフを用いた分析はおこなわれていない．ここでは，音質的および意味的に区別しうる6種類の音声について解説する．ニホンジカでは5グループ13種類の音声が認められている（Minami and Kawamichi 1992）．科が異なるため比較しがたいが，集団を形成するニホンジカとくらべ，単独性のカモシカの音声レパートリーは少ない．カモシカは雌雄ともになわばり性を有するが，なわばりの誇示や異性の誘引にかかわる音声は認められない．

威嚇・興奮の音声

＜フシュッ＞という鼻息のような鋭い音声が相手個体や人に対して発せられる．＜フシャッ＞＜シュッ＞＜フュッ＞＜ファッ＞などと聞こえる場合もある．相手個体や人に対峙して発する場合もあれば，走り去りながら発する場合もある．発せられる状況やカモシカの様子から，この音声は興奮，緊張，警戒といったカモシカの内的状況と関係すると考えられる．とくに，相手個体や人に対峙して発する場合は，威嚇の意味合いが強く感じられる．カモシカ同士の例では，なわばり関係にある2頭の成獣オスが出会ったときに，激しく追われることになるほうの個体が20-30 m の距離からこの音声を18回連続して発した．成獣オスの性行動をうけた成獣メスがくり返し発した例，成獣メスに前足げりをおこなった成獣オスが発した例，接近した1年子オスに母親が角つきをおこない，2-3 m 離れた1年子に母親が発した例などもある．ある程度人に慣れた個体の場合，接近する人に対して＜フシュッ＞がよく発せられる．興奮行動を示す1年子メスやアブに刺された当年子オスでも＜フシュッ＞が発せられた．

驚き・警戒の音声

人に慣れていないカモシカが人に出会ったとき，＜ビャッ＞という音声を1回ないし数回つづけて発しながら走り去る．＜ブヒャッ＞と聞こえる場合もある．発せられる状況やカモシカの様子から，＜ビャッ＞は驚き，警戒，興奮，緊張といった要素を含む，どちらかというと防御的な音声と考えられる．典型的なこの音声はカモシカ間の交渉ではほとんど聞くことがない．わずかに，成獣オス同士でおこなわれたなわばり争いの激しい追いかけの最中に2例だけ記録された．人に対する＜ビャッ＞のほか，雪崩ないし落石が発生したときに，近くにいたカモシカがそれぞれ＜ビャッ＞と聞こえる大きな音声を発したことが報告されている（伊沢 1998）．

人に出会って＜ビャッ＞を発しつつ逃走したカモシカが数十m走った先で立ち止まり，この音声を発しつづける場合がある．その場合，＜ヒャッ＞と聞こえることが多い．＜ビャッ＞と＜ヒャッ＞の違いは距離によって聞こえ方が異なる可能性とともに，警戒すべき相手から遠ざかったことでカモシカの切迫感が薄まり，それが音質の違いとなっている可能性がある．警戒すべき相手（私）から遠ざかり，なおかつ警戒心，不安感が消えないような状況で，山中に響きわたる大きな声の＜ヒャッ＞が30回以上つづけられたこともある．

威嚇・興奮等の要素が強いと感じられる前項目の＜フシュッ＞と，驚き・警戒等の要素が強いと感じられる本項目の＜ビャッ＞は，典型例では区別が可能である．しかし，音質的にも意味的にも区別がつきかねる場合が少なからず存在する．前項目の＜フシュッ＞と本項目の＜ビャッ＞の2種類の音声は明確に別の音声ではなく，威嚇的な情動と驚きや警戒的な情動の両者の強弱の程度にもとづいて連続的に変異する興奮時の音声ととらえるのが妥当かもしれない．＜フシュッ＞と＜ビャッ＞の2種類の音声について，藤田（1978）における＜sya＞は＜フシュッ＞と同等の，同じく＜gya＞は＜ビャッ＞と同等の音声と考えられる．この報告では音質的に＜sya＞と＜gya＞を区別しているが，意味的にはこの2種類の音声を威嚇あるいは警戒の意味をもつものとして同じ範疇の音声として扱っている．秋田県仁別では，＜shu＞という音声が警報信号（alarm signal）として報告されている．また，警戒の状況のほか，成獣メスとの性的交渉時に成獣オスが発することから興奮と関係すると述べられている（Kishimoto 1989a）．

劣位の音声

<ヴェー>という劣位の音声が，攻撃行動をうけた個体や性行動をうけたメスによって発せられる．<ヴォエー><ブベェー>と聞こえる場合もある．<ヴェ><ヴィ>と短く発する場合もある．つぶやく程度の小さな声から，100 m 以上離れても聞こえる大きな声の場合まである．頻繁に耳にする音声ではないが，比較的よく聞くのは，成獣オスに攻撃された 1・2 年子のオスが，あるいは母親に攻撃された 1・2 年子のメスや 1 年子オスが，そして成獣オスの性行動をうけた成獣メスが発する例である．このほか，なわばり争い時に激しい角つきをうけた成獣オスが<ヴェーヴェー>と大きく発した．また，隣接して行動圏をもつ成獣オスに接近された 1 年子メスが，母親でない成獣メスに接近された 1 年子オスが，姉の 3 年子メスに角つきされた 1 年子オスが，姉の 3 年子メスに接近された当年子メスが，兄でない 2 年子オスに角おしされた当年子メスが，それぞれこの音声を発した．

<ヴェー>は，<me><ve><bi>という音声（藤田 1978）と，あるいは<behee>という音声（Kishimoto 1989a）と同等と考えられる．オスの前足げりをうけたメスがメエとベエの中間の音声を発した例（浜 1976）や，成獣メス同士の激しい追いかけの際にどちらかの個体が<meee…>を発した例（Akasaka and Maruyama 1977）も報告されている．これらも<ヴェー>と同等の音声と考えられた．

母子間の音声

母親と当年子が離れている状況において，<プィ>という音声がつぶやくように小さく発せられる．<プキュ><クピュ>と聞こえる場合もある．この音声は当年子がまだ幼い 6-9 月に 9 例記録された．母親が発した例が 6 例，当年子が発した例が 3 例である．この音声は母子間の探索音声，あるいは離ればなれになった母子が一緒になることを求める音声と考えられた．7 月の例では，母子の観察中に私がたてた音に驚いて当年子が走り去り，7 分後に母親がこの音声を 4 回発した．その 3 分後に母親は子の走った方向へ移動し，母子が合流した．9 月の観察では，母子が約 50 m 離れているときに母親がこの音声を 1 回発し，3 分後にさらにくり返し発しながら子のほうへ移動し合流した．1 例だけは，母子がおたがいの姿を視認できている状況で発せられた．6 月のこの例では，母親と当年子が 5 m の距離で畑の防護柵をはさんだ状態となり，母親のもとに行くことのできない当年子がこの音声を 10 回ほど発した．

下北半島の別の調査では，出産翌日の観察において，母親が移動を始めると新生子も5mほど追随したが，新生子はそこからもとの位置にもどり，＜プィ＞と同等と思われる＜ピテュ＞という音声をくり返し発した（松江 1983）．秋田県仁別では，当年子（生後半年以内）と離れた母親が子を探しながら発する＜geh＞という音声が接触音声（contact call）として報告されている．また，母親が当年子の歩いたあとをたどりながら，あるいはその逆の場合に発せられる＜meh-meh＞という音声も報告されている（Kishimoto 1989a）．音声の表記は似ていないが，＜プィ＞と＜geh＞＜meh-meh＞は同様の状況で発せられている．

子カモシカの音声

飼育している子カモシカが発する音声として，＜エエエーン＞という高い声，および＜エエエエ＞という軽い声が報告されている（千葉 1972）．前者は助けを求めるときに，後者は餌を求めるときに発せられるという．飼育子カモシカの＜エーエー＞という音声も報告されている（米田 1976）．野生個体では，下北半島で母親と一緒にいる生後1日の新生子が，＜メエーメエー＞という音声を何度も発したことが報告されている（松江 1983）．

発情したメスの音声

発情したメスが＜メエ　メエ＞＜メエーメエー＞という音声を発することが，飼育個体において報告されている（伊藤 1971；鹿股・伊沢 1982）．私は聞いたことがなく，野生個体で同等の音声を報告した文献はみあたらなかった．

第 4 章　なわばり性とつがい関係

本章と次章では同性個体間のなわばり性を基盤とするカモシカ社会の様相を，私が観察した下北半島と，大阪市立大学の岸元良輔さん（のちに飯田市美術博物館，長野県環境保全研究所）が観察した秋田県仁別（にべつ）の研究成果を中心に紹介する．岸元さんの調査地域は，出羽山地の一角である太平山（標高 1171 m）のふもとに位置する．秋田市街地から車で 20 分ほどのところにあり，標高は 150-574 m である．調査地域の植生は，天然スギとブナ等の混交自然林（43%），スギ人工林（28%），伐採地（19%）などからなる（Kishimoto 1989a）．岸元さんは，ここで私と同様に個体識別と行動の直接観察という方法にもとづき，1979 年から 1985 年まで研究を推進した．岸元さんの調査日数は 7 年間で 1057 日（年平均調査日数 151 日）であった．私の脇野沢九艘泊における調査日数は 1976 年からの 40 年間で 1263 日（同 32 日）であり，岸元さんの調査の濃密さが際立つ．社会構造をはじめとするカモシカの基本的な生態については，コンパクトに紹介したものがある（岸元 1992, 1996 ; Ochiai 2015）．

4.1　グルーピング

カモシカは単独生活者であり，ときに 2-4 頭の小グループを形成する．各地の報告によれば，単独でいた割合が 68-79%，2 頭づれが 18-26%，3 頭づれが 2-5%，4 頭づれが 0.1-2% であった（表 4.1）．各地のグループサイズの平均は 1.2-1.4 頭であり，カモシカのグループサイズの地域変異は小さい（赤坂 1979）．

季節的にもグループサイズの変異は小さい（表 4.2）．ただし，単独個体の観察頻度は，6-11 月（66-69%）より 12-5 月（75-78%）のほうが高い．これは当年子の成長にともない，冬以降に母親と当年子が別行動をとる頻度が高まることと関係している．また，交尾期にあたる 9-11 月に 3 頭づれの観察頻度が 8.0% と高まる．これは，母親-当年子の 2 頭づれに成獣オスが同一行動をとる機会がふえるためである．

表 4.1　各地のニホンカモシカのグループサイズ別の観察頻度.

地域	観察例数	グループサイズ (%)				平均 (頭)	文献
		1頭	2頭	3頭	4頭		
秋田県仁別	501	67.7	25.9	5.4	1.0	1.4	赤坂 (1979)
青森県下北半島	305	76.1	22.0	1.6	0.3	1.3	花輪ほか (1980)
白山山地	523	71.7	22.0	4.6	1.7	1.4	Sakurai (1981)
秋田県仁別	3259	79.3	17.6	3.0	0.1	1.2	Kishimoto (1989a)
青森県下北半島	2397	71.8	23.2	4.8	0.2	1.3	Ochiai (1993)
鈴鹿山地	不明[a]	73.4	21.1	5.1	0.4	1.3	名和 (2009)

[a] 名和 (1991) では952.

表 4.2　青森県下北半島におけるニホンカモシカのグループサイズの季節別の観察頻度 (%). Ochiai (1993) より.

グループサイズ	6-8月 ($n=569$)	9-11月 ($n=666$)	12-2月 ($n=507$)	3-5月 ($n=655$)	通年 ($n=2397$)
1	65.6	68.5	75.3	78.0	71.8
2	29.3	23.4	22.7	18.0	23.2
3	4.4	8.0	2.0	4.0	4.8
4	0.7	0.2	0.0	0.0	0.2

下北半島と秋田県仁別におけるグループ構成を表4.3に示す．2頭づれの多くは母親-当年子の組み合わせである（下北半島16.2%，秋田県仁別12.0%）．ついで成獣メス-成獣オス（下北半島2.5%，秋田県仁別3.5%）や，母親-1年子（下北半島2.2%）からなる2頭づれが多い．3頭づれと4頭づれのほとんどは母親-当年子を核とし，それに1年子，2年子，成獣オスのいずれかが加わって形成される．第1章で紹介した吹雪の中の4頭づれは，あとになって考えると成獣メス（チャ），当年子（コ），1年子（ウスチャ），成獣オス（コゲ）のグループであった可能性が高い．下北半島の観察によれば，2-4頭のグループのうち母親-当年子を含むグループが占める割合は74.5%，同じく母親とその子（0-2歳のいずれか）を含むグループが占める割合は83.0%であった．また，成獣メス-成獣オスを含むグループの割合は，2-4頭のグループのうちの18.1%であった．これら母子群ないし成獣メス-成獣オスを含むグループが，2-4頭のグループのうちの92.0%を占めた．このようにカモシカの社会では単独行動を基本としつつ，母子関係とつがい関係にもとづく2-4頭のグループが形成される．このグループは，母親-当年子を除けば，数分から数時間で解消される一時的な集団である．母子関係とつがい関係にもとづくカモシカのグル

表 4.3　青森県下北半島と秋田県仁別におけるニホンカモシカのグループ構成. Kishimoto (1989a), Ochiai (1993) より作成.

グループサイズ	グループ構成	青森県下北半島 観察例数	青森県下北半島 観察頻度(%)	秋田県仁別 観察例数	秋田県仁別 観察頻度(%)
1		1722	71.8	2583	79.3
2	成獣メス＋成獣オス	61	2.5	113	3.5
	成獣メス＋当年子（母子）	389	16.2	391	12.0
	その他 1[a]	101	4.2	69	2.1
	（成獣メス＋1 年子）（母子）	(52)			
	（1 年子＋当年子）	(13)			
	（2 年子＋1 年子）	(7)			
	（成獣オス＋1 年子）	(12)			
	（成獣オス＋当年子）	(10)			
	（不明）	(7)			
	その他 2[b]	5	0.2	0	0.0
	（成獣メス＋当年子）	(1)			
	（成獣メス＋1 年子）	(1)			
	（1 年子＋当年子）	(2)			
	（当年子＋当年子）	(1)			
3	成獣メス＋当年子（母子）＋成獣オス	53	2.2	65	2.0
	成獣メス＋当年子＋1 年子（母子）	51	2.1	26[c]	0.8
	その他 1[a]	6	0.3	8	0.2
	（成獣メス＋当年子＋2 年子）（母子）	(1)			
	（成獣メス＋1 年子＋2 年子）（母子）	(1)			
	（成獣メス＋1 年子（母子）＋成獣オス）	(4)			
	その他 2[b]	4	0.2	0	0.0
	（成獣メス＋当年子（母子）＋1 年子[d]）	(4)			
4	成獣メス＋当年子＋1 年子（母子）＋成獣オス	4	0.2	1	0.0
	成獣メス＋当年子＋2 年子（母子）＋成獣オス	0	0.0	1	0.0
	成獣メス＋当年子＋1 年子＋2 年子（母子）	1	0.0	0	0.0
	成獣メス＋当年子（母子）＋3 年子＋当年子（母子）[e]	0	0.0	2	0.1
計		2397	100.0	3259	100.0

[a] 母子関係およびつがい関係にもとづく家族的集団の個体からなるグループ.

[b] 異なる家族的集団の個体からなるグループ（非母子, 非兄弟姉妹).

[c] 成獣メス＋当年子＋2 年子（母子）を含む.

[d] 成獣メスと 1 年子は非母子.

[e] 3 年子は成獣メスの娘.

表4.4　各地のニホンカモシカの行動圏サイズ．括弧内の数値は例数を示す．

地域	標高（m）	行動圏サイズ（平均値±標準偏差，ha）	
		メス	オス
秋田県仁別	150-574	10.4±0.6[c]（62）	15.2±1.1[c]（53）
青森県下北半島	0-240	10.5±3.6（22）	16.6±6.2（16）
長野県上伊那	1000-2127	11.9±2.5（7）	18.4±9.1（6）
長野県木曽	640-1540	16.0（2）	22.9±4.0（3）
秋田県河辺町	20-120	16.0（1）	—
山形県朝日山地	500-1100	29.8±13.7（5）	45.0±15.6（5）
山形県山形市	200-400	40.2（1）	53.5±3.2（3）
長野県上高地	1500-2000	51.7±43.4（18）	86.8±43.6（4）
		39.5±35.5（18）	58.4±35.9（4）
栃木県足尾山地	600-1500	77（5）	27（7）
山形県山形市	200-1000	87（15）	99（16）
大分県	400-800	126.2（2）	65.8（2）
南アルプス北沢峠	1830-2600	135.0（2）	153.2（2）
		162.1（2）	157.2（2）
		33.5（2）	33.8（2）

[a] 直接：直接観察，テレメ：ラジオテレメトリー調査，GPS：GPS テレメトリー調査．
[b] MCP：最外郭法，HM：調和平均法，FK：固定カーネル法．
[c] 標準誤差．
[d] 木内ほか（1979），日本ナチュラリスト協会カモシカ調査グループ（1986）より算出．
[e] 田野ほか（1994），望月敬史氏の未発表資料より算出．

ーピングは各地で報告されている（白山山地：桜井 1976；Sakurai 1981，新潟県笠堀：Akasaka and Maruyama 1977，山形県朝日山地：木内ほか 1978, 1979，秋田県仁別：赤坂 1979，長野県上伊那：撫養 1979，鈴鹿山地：名和 2009）．

同一行動をとるグループは4頭が最大であったが，5頭以上のカモシカが近接して行動することもある．2月の下北半島の例では，数十m四方の範囲に成獣メスとその当年子，1年子，2年子，3年子，3年子の当年子，それに成獣オスの7頭が同時に観察されたことがある．

4.2　行動圏

（1）行動圏サイズ

カモシカの行動圏は，直接観察，ラジオテレメトリー調査，GPS テレメト

調査方法[a]	算出方法[b]	期間	文献
直接	100%MCP	年間	Kishimoto and Kawamichi (1996)
直接	100%MCP	年間	Ochiai and Susaki (2002)
直接	100%MCP	不明	撫養 (1979)
直接	100%MCP	不明	撫養 (1979)
直接	100%MCP	2年間	長岐 (2000)
直接	100%MCP	2年間	Ochiai *et al.* (2010)[d]
テレメ	100%MCP	2-4季節の平均	大槻・伊藤 (1996)
テレメ	100%MCP	年間	Ochiai *et al.* (2010)[e]
テレメ	95%MCP	年間	Ochiai *et al.* (2010)[e]
テレメ	95%HM	不明	小金沢 (1994)
テレメ	90%MCP	年間	奥村ほか (1996)
テレメ	100%MCP	8-20か月	大分県教育庁文化課 (1996)
GPS	100%MCP	1-5か月	山田・關 (2016)
GPS	95%FK	1-5か月	山田・關 (2016)
GPS	50%FK	1-5か月	山田・關 (2016)

リー調査によって調査されている．直接観察では，目撃した地点および移動経路を地図上に記録していく．ラジオテレメトリー調査では，VHF 発信器を装着した対象個体に対して通常 3 方向から発信器への方向探索をおこない，地図上にひいた 3 本の方位線の交点から対象個体の位置点を特定する．GPS テレメトリー調査では，人工衛星による測位システムである全地球測位システム（global positioning system）を利用し，GPS 首輪を装着した対象個体の位置情報を GPS 首輪のメモリーに蓄積する．

行動圏の表示法としては最外郭法（minimum convex polygon）がもっとも古くから，また現在でも広く利用されている．最外郭法は，得られた位置情報のうち，もっとも外側の確認位置を直線で結んだ多角形で行動圏を表す方法である．行動圏の解析にあたっては，すべての確認位置を用いる“100% 行動圏”の場合と，確認位置の外れ点を除外するために，あるいは集中利用域を示すために，すべての確認位置の位置座標値の算術平均から行動圏の中心点を求め，その中心点からの距離が大きい一定割合の確認位置を除外して行動圏を表示する場合（たとえば“95% 行動圏”“50% 行動圏”）とがある．各地で報告されている行動圏サイズは，調査方法，算出方法，調査期間，得られた位置情報の量等に違いがあり，比較する際には注意を要する．

これまで各地でしらべられたカモシカの行動圏サイズは十数 ha から数十 ha であり，ときに 100ha を超える（表 4.4）．行動圏サイズは，メスよりオスのほうが大きい傾向が認められる．行動圏サイズの性差は，下北半島および秋田県仁別で有意であった（下北半島：$p=0.002$, Ochiai and Susaki 2002；秋田県仁別：$p<0.001$, Kishimoto and Kawamichi 1996，いずれもマン・ホイットニーの U 検定）．各地の行動圏サイズをみると，直接観察による場合は小さく，ラジオテレメトリー調査による場合は大きい．これには次の四つの要因が考えられた．①直接観察で観察の行き届かない場所がある場合，行動圏サイズが過小評価される，②ラジオテレメトリー調査では，位置点探査に測定誤差が存在する．それは位置点探査に熟達していない調査員のデータが多く含まれるほど増大し，行動圏サイズが過大評価される，③直接観察では個体間の社会関係が明らかにされている場合が多く，通常，安定した行動圏をもつなわばり成獣の行動圏サイズが示される．これに対し，ラジオテレメトリー調査ではなわばり個体のほかに，行動圏の安定性を欠く分散個体や非なわばり成獣が含まれる場合がある，④行動圏サイズが大きく低密度の地域では，直接観察による調査が困難であるためラジオテレメトリー法が採用される．このうち①，②，③の影響は若干あるかもしれないが，おもな理由は④によると推察された．行動圏サイズの地域変異は，生息環境の違いによってもたらされるところが大きい（第7章 7.3 節）．

（2）季節移動の有無

ニホンジカでは積雪等の影響によって季節移動する個体の存在が，日光山地，南アルプス，北海道東部，奥秩父などで報告されている（丸山 1981；泉山・望月 2008；Igota *et al.* 2009；Takii *et al.* 2012）．これに対し，カモシカは年間をとおしてほぼ同じ場所を利用するのが普通であり，ほとんどの場合は各季節の行動圏が重なる（図 4.1）．季節ごとの行動圏が重複する状況は，下北半島のほか，大分県や山形県などでも示されている（大分県教育庁文化課 1996；大槻・伊藤 1996）．カモシカでは，年間の行動圏の中でよく利用する場所が季節的に変わること（第7章 7.1 節（2）項）や，あるいは成獣の行動圏がときに移動することはあっても（図 5.4 参照），定例的な季節移動，すなわち行動圏

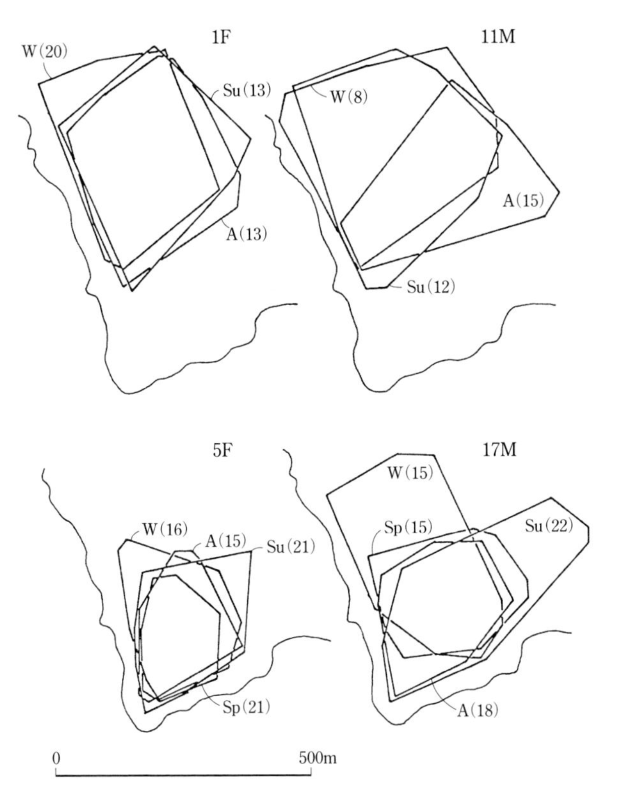

図 4.1　ニホンカモシカ成獣 4 頭の季節別の行動圏．各図上部の番号および F，M は個体名を示す（F：メス，M：オス）．1F（カイコ）と 11M（シュリガイ），および 5F（タマサブロウ）と 17M（マカナ）はそれぞれつがい関係にある．Su：夏（1979 年 7-8 月），A：秋（1979 年 10-11 月），W：冬（1980 年 1-2 月），Sp：春（1980 年 4-6 月）．括弧内の数値は観察日数を示す．落合（1981）より．

の位置が季節によって分離し，しかもその分離・移動のパターンが年ごとにくり返されるという季節移動が確認された事例はない．カモシカで季節移動がみられない理由は，①雌雄とも資源なわばりを通年もつカモシカは，なわばりとした場所との間に強い結びつきを有する，②生息地の多くの場所は各個体がなわばりとして利用しており，季節ごとに行動圏・なわばりの位置を変えることが困難である，③カモシカが積雪に強い，の 3 点によって理解される．

3000 m 級の高山において夏に目撃されるカモシカが冬にはみられなくなる

ことから，高山帯ではカモシカが季節移動しているのではないかという話を耳にすることがある．その実態は不明であるが，同性個体間のなわばり性にもとづく行動圏の空間構造を，カモシカが季節ごとに構築しなおしているとは考えにくい．その個体がなわばり個体であれば，年間行動圏の中でよく利用する場所を季節的に変えているのではないかと想像される．ただし，長野県上高地では，生息密度が低く行動圏として利用されていない空白地が少なからず存在すること，および厳しい気象条件のため冬に利用できる場所が限定されるといった理由により，利用場所の季節的な変化が生じやすいようである（望月敬史氏の私信による）．

（3）行動圏の分布構造

カモシカの行動圏の分布構造について，下北半島と秋田県仁別では同様の結果が得られている．両地域では，成獣の行動圏によって生息地のほとんどが占められる．そして，同性の成獣の行動圏は境界部分を除けばほとんど重複せず，

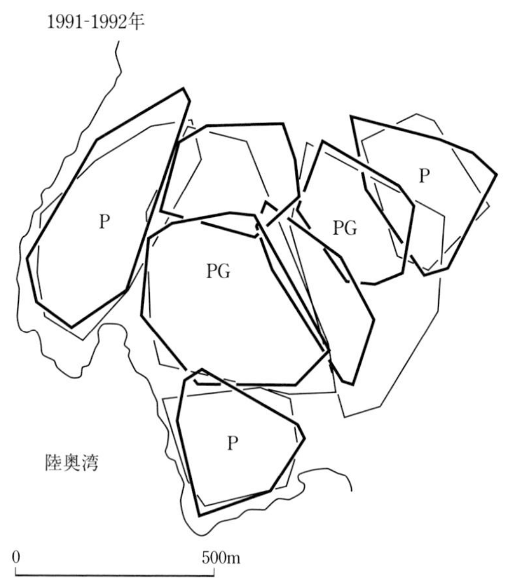

図 4.2　ニホンカモシカの成獣の行動圏の分布（青森県下北半島）．太線：成獣メス，細線：成獣オス．P：一夫一妻（ペア），PG：一夫二妻（1オス2メスユニット）．落合（1997）より．

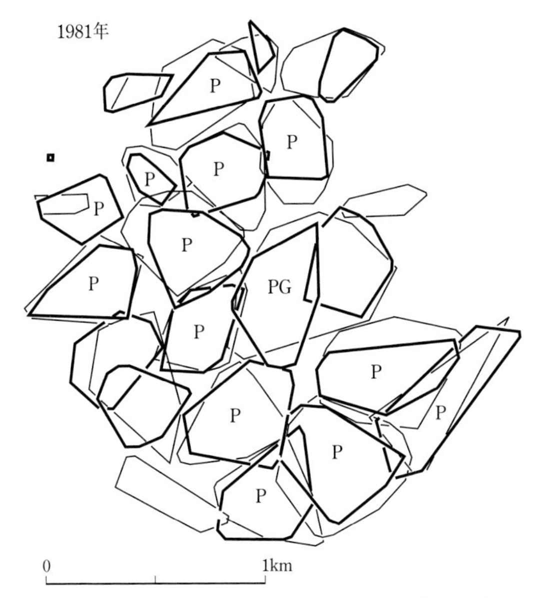

図 4.3 ニホンカモシカの成獣の行動圏の分布（秋田県仁別）．太線：成獣メス，細線：成獣オス．P：一夫一妻（ペア），PG：一夫二妻（1 オス 2 メスユニット）．Kishimoto and Kawamichi（1996）より．

隣接しあって分布する（図 4.2，図 4.3）．秋田県仁別の結果によれば，各成獣が行動圏を重複させている同性成獣の平均頭数は，メスで 1.5 頭（範囲：0-4 頭，$n=62$），オスで 2.1 頭（範囲：0-5 頭，$n=53$）であった．この性差は有意であった（$p<0.02$，マン・ホイットニーの U 検定）．また，各成獣が隣接同性成獣と行動圏を重複させている部分の平均面積割合は，メスで 8.8%（範囲：0.4-76.3%, $n=92$），オスで 8.2%（範囲：0.3-69.9%, $n=110$）であった．この性差は有意でなかった（$p>0.70$，マン・ホイットニーの U 検定；Kishimoto and Kawamichi 1996）．下北半島における同性成獣間の行動圏の重複率は，メスで 15.1%（範囲：0.0-30.8%, $n=22$），オスで 16.4%（範囲：0.0-64.1%, $n=16$）であり，秋田県仁別と同じく性差は有意でなかった（$p=0.49$，マン・ホイットニーの U 検定；Ochiai and Susaki 2002 およびその元データによる）．

成獣のメスとオスでは行動圏が大きく重複する．さらに，行動圏の分布構造をみると，特定の雌雄間で行動圏が大きく重複して対応することがわかる．カモシカのように単独行動をとりつつ，行動圏の一致によって特定の雌雄がつが

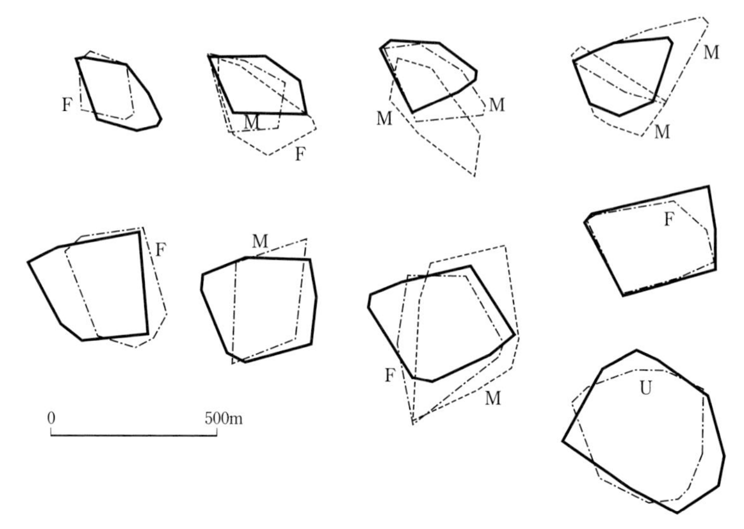

図 4.4　青森県下北半島におけるニホンカモシカの母親とその子（1年子，2年子）の行動圏の重複．太線：成獣メス（母親），一点鎖線：1年子，破線：2年子．F：メスの子，M：オスの子，U：性別不明の子．Ochiai（1993）より．

いと認められるタイプは，“単独行動のペア型”（solitary-ranging pair）と称される（Kawamichi and Kawamichi 1979）．カモシカでは，多くの場合は1頭の成獣メスと1頭の成獣オスの行動圏が対となるが，1頭の成獣オスが2頭ないし3頭の成獣メスと行動圏を大きく重複させる場合もある（4.4節（1）項）．1オス-2メスや1オス-3メスの場合が認められることから，雌雄の行動圏を一致させているのはオスであることが示唆される．

成獣メスの行動圏には，その子たちが行動圏を重複させている（図4.4）．下北半島の1976-1999年のデータによれば，毎年12月時点で1頭の成獣メスあたり平均0.80頭の子（当年子：0.38頭，1年子：0.29頭，2年子：0.11頭，3年子：0.02頭）が母親と行動圏を重複させていた（Ochiai and Susaki 2002より算出）．カモシカの社会では，1頭の成獣メスとその子，および1頭の成獣オスの各行動圏が大きく重複し，まとまって位置する．このような行動圏の空間的なまとまりは，オス，メス，子からなる家族を想わせる．実際，家族ないし家族群という用語が用いられる場合も少なくない．しかし，カモシカでは子育てにオスが関係することはない．オスと当年子の間には，メスを仲立ちとした親和性ないし許容性はあっても，密接な社会的結びつきは認められない．また，外敵に対する防御およびなわばり防衛に関しても，つがいの雌雄が協力したり依存したりすることはない．これらは，雌雄それぞれが独力でおこなっている．そのため，カモシカでは家族のようにみえたとしても，それは母子の結びつきと雌雄の結びつきが，空間的にもグルーピングの面でもいわば重なりあったものにすぎない．本書では，行動圏が大きく重複しあっている，母子関係およびつがい関係の結びつきにもとづくメス，子，オスからなる集団を“家族的集団”と称する．

（4）行動圏の内部構造

カモシカは行動圏の中をどのように利用しているのであろうか．秋田県仁別におけるラジオテレメトリー調査では，3頭（メス1頭，オス2頭）のなわばり個体は，24時間で行動圏の40-50%の範囲を利用し，72時間で80%以上の範囲を利用した（Kishimoto 2003）．長野県上伊那と下北半島では，1組のつがいの雌雄を対象として，眼下腺のこすりつけ，角こすり，排尿，排糞の各行動がおこなわれた地点の分布が，行動の直接観察によってしらべられている（撫養 1979；落合 1983b）．両地域とも，これらの各行動がおこなわれた地点は行動圏の周辺部に偏在することなく，行動圏内に散在した（図4.5，図4.6）．

哺乳類のにおいづけには，分泌物の生産，においづけに要する時間やエネルギー，捕食リスクの増大といったコストがかかる．これらのコストが，においづけの分布パターンに制約をもたらすと考えられる（Gosling 1981；Roberts and Lowen 1997；Gosling and Roberts 2001a, 2001b）．ハイエナ科4種においては，なわばり防衛に関する二つのにおいづけ分布戦略の存在が示されている．一つはにおいづけ地点をなわばりの境界部に集中させる“境界においづけ”（border marking），もう一つはなわばり全体やよく利用する中心部に多くにおいづけする“内部においづけ”（hinterland marking）である．4種のハイエナのうち，3種は種ごとにどちらかのにおいづけ戦略を示した．さらに，ブチハイエナでは個体群によって双方のにおいづけ戦略が認められた．この二つのにおいづけ戦略については，食物条件が悪く，小集団が広いなわばりをもつ環境では，長距離のにおいづけが必要な境界においづけより内部においづけが選択される．一方，境界部が短くなる逆の環境では，境界においづけが選択されると考察されている（Gorman and Mills 1984；Gorman 1990）．

ウシ科においては，キルクディクディク（ヘンドリックス・ヘンドリックス 1979），オリビ（Brashares and Arcese 1999a, 1999b）で眼下腺のこすりつけ

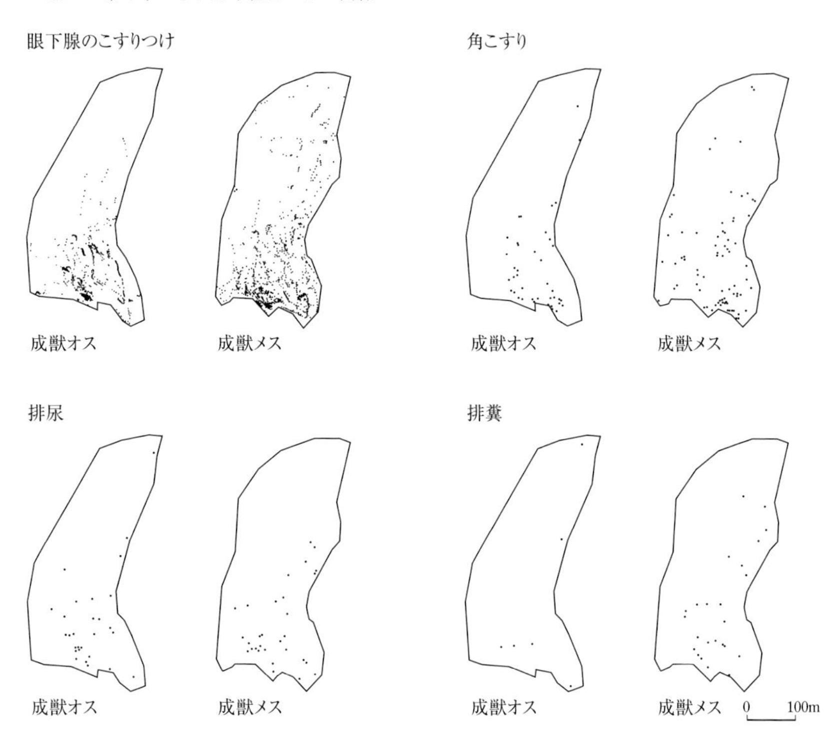

図 4.5　ニホンカモシカの眼下腺のこすりつけ，角こすり，排尿，排糞の各行動が観察された地点（長野県上伊那）．実線で囲われた範囲が行動圏．つがい関係にある1組の雌雄について示す．撫養（1979）より．

地点および糞場の双方が，トムソンガゼル（Walther 1978），トピ（Gosling 1987），ギュンターディクディク（Ono *et al.* 1988）で糞場が境界においづけと考えられる分布パターンを示す．一方，カモシカの眼下腺こすりの分布は，内部においづけに該当すると考えられる．クリップスプリンガーのにおいづけの分布については，においづけ地点を侵入者が感知する可能性の最大化と，侵入者がにおいづけ地点を感知するまでの侵入距離の最小化の間に生じるトレードオフの産物として解析された．その結果，においづけ地点が，なわばり境界から若干内側で粗く環状的に分布することがモデル的に示されている（Roberts and Lowen 1997）．カモシカの眼下腺こすりつけ地点の分布パターンとなわばり性の関係は，興味深い課題である．しかし，4.3節（4）項で述べるように，カモシカの眼下腺こすりには，なわばり防衛のほかに，異性間の情報伝達や土

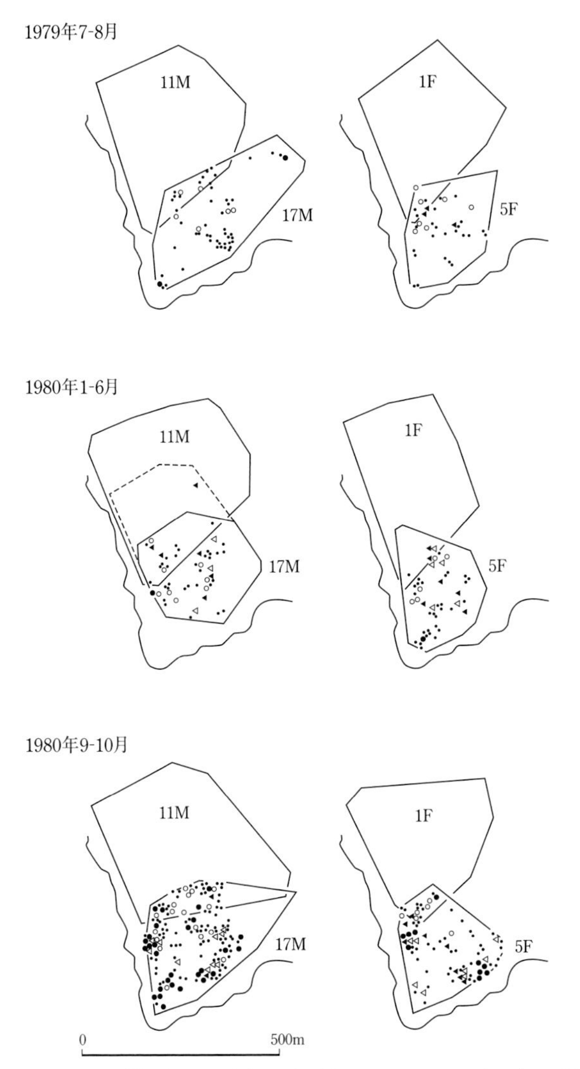

図 4.6　ニホンカモシカの眼下腺のこすりつけ（●：5 回，・：1 回），角こすり（○），排尿（△），排糞（▲）の各行動が観察された地点（青森県下北半島）．実線で囲われた範囲が行動圏．破線で示した部分は一時的な遠出を含む行動圏．つがい関係にある 1 組のなわばり雌雄について，隣接なわばり雌雄の行動圏とともに示す．図中の番号および F，M は個体名を示す（F：メス，M：オス）．各個体の愛称は次のとおり：1F カイコ，5F タマサブロウ，11M シュリガイ，17M マカナ．落合（1983b）より．

地との結びつきの強化といった複数の機能が含まれる可能性がある．カモシカの眼下腺こすりつけ地点の分布パターンを解析する場合には，眼下腺こすりの機能が複合的である可能性を勘案しておこなう必要があろう．

4.3　なわばり性

（1）同性間のなわばり性

なわばり個体が隣接個体と行動圏の境界部で出会ったときの個体間交渉，あるいはなわばり個体が非なわばり成獣と出会ったときの個体間交渉の観察は，観察機会は少ないが，カモシカのなわばり性を解明する鍵となる．この点に関する下北半島と秋田県仁別の観察結果を表4.5に示す．下北半島では，同性同士が出会ったこのような個体間交渉は25例観察された．そのうち，16例（オス同士11例，メス同士5例）で激しい追いかけが，9例（オス同士5例，メス同士4例）でどちらか一方あるいは双方の個体による逃避が生じた（Ochiai and Susaki 2002）．秋田県仁別では同様の同性間の交渉が26例観察され，25

表4.5　青森県下北半島および秋田県仁別におけるニホンカモシカのなわばり個体と隣接個体ないし非なわばり成獣との間で観察された行動・個体間交渉の例数．下北半島はOchiai and Susaki（2002）より，秋田県仁別はKishimoto（1989a），Kishimoto and Kawamichi（1996），Kishimoto（2003）より作成．

		同性間				異性間		
		オス同士		メス同士				
		成獣 vs 成獣	成獣 vs 若獣[a]	成獣 vs 成獣	成獣 vs 若獣[a]	成獣オス vs 成獣メス	成獣オス vs 若獣メス[a]	若獣オス[a] vs 成獣メス
激しい追いかけ[b]	青森県下北半島	10	1	4	1	0	0	0
	秋田県仁別	18	4	2	1	0	0	1
逃避[c]	青森県下北半島	3	2	2	2	0	2	0
	秋田県仁別	1	0	0	0	2	0	0
激しい追いかけ，逃避を含まない個体間交渉	青森県下北半島	0	0	0	0	6	2	6
	秋田県仁別	0	0	0	0	6	6	0

[a] 1-3歳の個体．
[b] 成獣vs若獣ではすべて成獣が追いかけた．
[c] 成獣vs若獣ではすべて若獣が逃避した．成獣異性間ではすべてメスが逃避した．

例（オス同士 22 例，メス同士 3 例）で激しい追いかけが，1 例（オス同士）で双方の個体による逃避が生じた（Kishimoto and Kawamichi 1996）．

このように，下北半島でも秋田県仁別でも，なわばり個体と 1 歳以上の隣接個体の出会い，あるいはなわばり個体と非なわばり成獣の出会いは，同性同士の場合，すべて激しい追いかけないし逃避行動をまねいた．激しい追いかけは，下北半島，秋田県仁別とも，メス同士よりオス同士で多く観察された．激しい追いかけは 30 m 程度から 100 m 以上にわたってつづけられる．同性の成獣が 20–30 m 程度の距離で出会った際，激しい追いかけが瞬間的に勃発する．このことから，このような場面での個体認識は，もっぱら視覚によっていると考えられた．激しい追いかけは，相手個体を自分の行動圏から追いだすようにおこなわれるため，なわばりの防衛行動と考えて間違いない．さらに，下北半島では，隣接成獣オス間において，相手の行動圏の奥深くまで追いかけた個体が逆に相手に追い返されるという例が 2 例観察されている（落合 1992）．このような優位の逆転現象は，激しい追いかけの際の優劣関係がなわばりという場所と結びついたものであることを示している．激しい追いかけは行動圏の外縁近くの境界部でおこなわれるため，カモシカではなわばり個体の行動圏のほぼ全域が同性個体に対するなわばりと認識される．激しい追いかけによる直接的な防衛行動と，眼下腺のにおいづけによる避けあいにもとづき，同性成獣間で行動圏が間置き分布するカモシカ社会の空間構造が成立していると推察される．

異性間においては，行動圏が大きく重複するつがいはもとより，行動圏が隣接する，つまりは隣接同性なわばり個体のつがい相手である異性個体と出会ってもなわばりの防衛行動は生じない（表 4.5）．なわばり個体と 1 歳以上の隣接異性間の個体間交渉は，下北半島で 16 例観察された．非親和的な個体間交渉として，1 年子オスに対して成獣メスが角つきをおこなった例が 2 例，成獣オスに対して 1 年子メスが逃走した例が 2 例あるだけで，激しい追いかけは 1 例も生じていない．さらに，隣接異性成獣間の個体間交渉 6 例のうち 3 例において，メスに対するオスの性行動（においかぎ，フレーメン，前足げり，追いかけ，不完全なマウンティング）が示された．秋田県仁別でも，隣接異性成獣間の個体間交渉 8 例のうち 4 例において，また隣接の成獣オス–若齢メス（1–2 歳）間の個体間交渉 6 例のうち 5 例においてオスの性行動が示されている（Kishimoto 1989a；Kishimoto and Kawamichi 1996）．唯一，異性間の激しい追いかけとして，秋田県仁別でなわばり成獣メスが隣接 3 年子オスを追いかけた例がある（Kishimoto 1989a）．以上の下北半島，秋田県仁別の両地域における行動および行動圏の分布構造から，カモシカの成獣は年間をとおして同性間でなわばりをもちあい，異性間ではなわばり性は発揮されないと結論された（落合 1983b；Kishimoto 1989a, 2003；Ochiai 1993；Kishimoto and Kawamichi 1996；Ochiai and Susaki 2002）.

（2）非なわばり成獣

下北半島と秋田県仁別で得られた同性間のなわばり性という結論は，成獣メス間の追いかけが2例観察された新潟県笠堀（Akasaka and Maruyama 1977），および成獣オス間の追いかけが3例観察された山形県朝日山地（木内ほか 1979）の結果によっても支持される．一方，長野県や白山山地ではオス間で行動圏が大きく重複したり，定住雌雄の行動圏の中に劣位の定住者が存在したりすることが報告されている（撫養 1979；Sakurai 1981）．これらの事例が，どのような個体間関係を背景として観察されたのかは判然としない．ただし，下北半島と秋田県仁別の観察結果にもとづけば，次の三つの可能性が指摘される．①4.2節（3）項で記したように，同性なわばり個体同士であっても行動圏はときに大きく重複する（最大重複の例：下北半島でメス30.8%，オス64.1%；秋田県仁別でメス76.3%，オス69.9%），②同性成獣間の行動圏の大きな重複は，なわばり個体と非なわばり成獣との間でときに観察される（Kishimoto 1989a；落合 1992），③同性間の行動圏の大きな重複および親和的・許容的交渉は，なわばり個体と分散前の若獣との間で観察される（第5章）．下北半島，秋田県仁別とも，なわばり個体の行動圏内には雌雄とも最高で4歳の子が生息した．長野県上伊那で個体識別された46頭の記録（撫養 1979）をみると，成獣が32頭，2年子が2頭，1年子が7頭，当年子が5頭であり，3歳と4歳の個体が区別されていない．その一方で，成獣とされている個体の中に，角の太輪の数が4-7本で2-4歳程度と推定される若齢個体が少なくとも5頭含まれる．劣位の成獣とされる個体の中に，2-4歳の分散前の若い個体が含まれている可能性があるのではないだろうか．

下北半島では，なわばりをもつことのできない非なわばり成獣が，なわばり成獣1頭に対し0.02頭の割合で存在した（Ochiai and Susaki 2002）．非なわばり成獣には，調査地域外から調査地域内に移入してきた個体，および調査地域内でなわばりを保持したのちになわばりを失った高齢個体が存在した．前者の移入してきた非なわばり成獣の例としては，オスではマカナ，サスケが，メスではベーダがいる．このうちマカナは移入時に3歳前後と推定された個体で，先住なわばりオスとのなわばり争いをへて数か月後に自らのなわばりを確立した（落合 1992）．サスケとベータはどちらも壮齢以上の個体であった．サスケは先住なわばりオスから激しい追いかけをうけ，3か月後に白骨化がすすんだ死体となって確認された．ベータは調査地域内に約1か月滞在し，姿を消した．後者，すなわちなわばりを失った高齢個体の例では，メスのカイコが13年間，オスのシュリガイとマカナがそれぞれ7年間，18年間なわばりを保持したのちになわばりを失い，死亡（消失を含む）するまでの半年から1年の間，かつてのなわばりの一部ないし近接地域で非なわばり成獣として生息した．なわばりを失ったこれらの高齢個体は，狭い行動圏を同性なわばり個体の行動圏と重複させ，なわばり個体と出会うと激しい追いかけをうけた（落合 1992）．

非なわばり成獣の存在は秋田県仁別でも報告されている（Kishimoto 1989a）．秋田県仁別では，4頭のオス（成獣3頭，2-3歳の若獣1頭）が非なわばり定住個体として観察されている．非なわばり成獣は，なわばり個体と行動圏を大きく重複させながらもなわばり個体の行動圏の中心部を避け，道路や谷沿いの場所をよく利用した．1頭は2年間なわばり個体でいたのち，かつての自身のなわばりから約1km離れた場所で，3年間にわたって非なわばり成獣として生息した．別の成獣は7年間にわたって非なわばり成獣として生息した．もう1頭の成獣は，2年間非なわばり成獣でいたのちに自身のなわばりを確立した．若獣は2年間非なわばり個体でいたのちに調査地域から消失した．これら下北半島および秋田県仁別の観察結果は，カモシカの社会には少数ではあるが，なわばりをもてない非なわばり成獣が存在することを示す．

（3）なわばりの保持期間

なわばりをもった成獣の定住性は強い．下北半島におけるなわばりの分布の変遷を図4.7に，個体別のなわばり保持の状況を図4.8に示す．1976-2000年の24年間に観察したなわばり個体は，メス15頭とオス11頭であった．新たななわばりの確立は16例確認された．そのうちの10例（メス7例，オス3例）は調査地域内で生まれ育った個体によって，5例（メス2例，オス3例）は調査地域外から移入してきた個体によって，1例（メス）は調査地域内で行動圏を移したなわばり個体によっておこなわれた．一方，保持していたなわばりを失った例は17例確認された．そのうちの12例（メス7例，オス5例）は個体の消失，3例（メス1例，オス2例）は死亡，2例（メス）は近接地域（調査地域の中と外が各1例）への行動圏の移動であった．野外で観察個体の

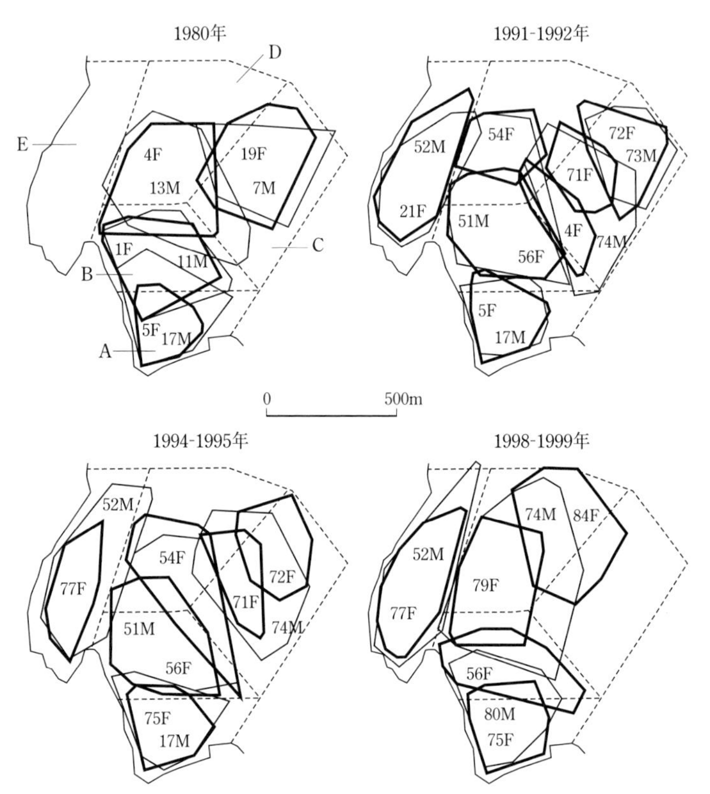

図 4.7　青森県下北半島におけるニホンカモシカなわばり個体の行動圏の分布変遷．太線：成獣メス，細線：成獣オス．図中の番号およびF，Mは個体名を示す（F：メス，M：オス）．各個体の愛称は図4.8を参照．調査地域は，メスの行動圏の位置にもとづき，破線を境界とするA-Eの5地区に区分した．Ochiai and Susaki（2002）より．

死体を発見することはむずかしく，なわばり個体の消失のほとんどは死亡と考えられた．なわばりメスでは，のべ117年の観察年数の中で10回のなわばり喪失が記録された（なわばり喪失率/年：8.5%，平均なわばり保持期間：11.7年）．なわばりオスでは，のべ87年に7回のなわばり喪失が記録された（なわばり喪失率/年：8.0%，平均なわばり保持期間：12.4年；Ochiai and Susaki 2002）．もっとも長くなわばりを保持した例は，メスではタマサブロウの17年間，オスではマカナの18年間であった．

上述した下北半島では，なわばり保持期間に性差は認められなかった

性	地区	個体名
メス	A	3F マロ
		5F タマサブロウ
		75F キヌコ
	B	1F カイコ
		21F ヒデ
		56F スズ
	C	19F スミコ
		71F ピイコ
		72F キリコ
	C-D	4F ポン
	D	12F イブ
		54F マツ
		79F ハナ
		84F ホシ
	E	21F ヒデ
		77F ユキ
オス	A-B	11M シュリガイ
		17M マカナ
		80M タロウ
	B-D	7M ミミキレ
		13M コータ
		34M エーサ
		51M リョウノスケ
		73M イワオ
		74M ウリ
	E	50M カイオ
		52M アツ
		99M サバ

図 4.8 青森県下北半島におけるニホンカモシカ各個体のなわばり保持期間．個体名を個体番号および性別（F：メス，M：オス）と愛称で示す．太線：なわばりの保持期間，点線：なわばりを失ったあとの生息期間．M：なわばりの移動，DI：個体の消失，DE：死亡，E：調査地域内で生まれ育った個体によるなわばりの確立，I：調査地域外からの移入．地区（A-E）はメスの行動圏の位置をもとに調査地域内での場所を示す（図 4.7 参照）．斜線部は調査を実施していない時期．落合（2008）より．

（$p=0.88$，マン・ホイットニーの U 検定；Ochiai and Susaki 2002）．これに対し，秋田県仁別では，なわばり保持期間がオスよりメスで長い傾向が認められた．秋田県仁別では，4 年以上なわばりを保持した個体の割合が，オスでは 32 頭のなわばり個体のうちの 21.9% であったのに対し，メスでは 24 頭のうちの 54.2% であった（$p<0.02$，カイ二乗検定；Kishimoto and Kawamichi 1996）．なわばり保持期間の性差が下北半島で認められず，秋田県仁別で認められたのは，両地域の性比の違いが関係していそうである．成獣性比（メス：オス）は，下北半島で 1：0.70（Ochiai and Susaki 2002），秋田県仁別で 1：1.05 であった（Kishimoto and Kawamichi 1996）．オスの数が多い秋田県仁別では，オス間の競争が下北半島より激しく，そのことが 2 地域間におけるなわばり保持期間の性差の違いとなってあらわれた可能性が考えられた．

ところで，野外で角の折れたカモシカをみかけることはめずらしくない．なわばりとからめて「角が折れたら，なわばりも失うのでしょうか？」という質問をうけたことがある．確かに角はカモシカにとって武器そのものである．角が折れることでなわばり防衛に影響があってもおかしくない．実際のところはどうなのだろうか．カモシカの角折れは，角の先や中ほどで折れることが多い．

図 4.9　片方の角が根元から折れたオスのニホンカモシカ．青森県下北半島にて．両方の角が中ほどから折れた個体は図 3.15 でみることができる．

しかし，なかには根元から折れる場合もある（図 4.9）．根元から折れる場合は，頭骨の角突起（角芯）の根元ごと折れるわけであるから，折れる際の衝撃は相当のものと思われる．角が折れる現場をみたことはないが，野生ではなわばり争い以外で角が折れる場面は想像できない．

下北半島で 1976-2000 年に観察した 26 頭のなわばり個体は，いずれも観察当初ないしなわばりの確立時に角は折れていなかった．その後，なわばりを保持している間に，メスでは 15 頭のうちの 1 頭で角折れが生じた．オスでは 11 頭のうちの 5 頭で角折れが生じた．このうち，1 頭は時期を違えて両方の角が折れた．別の 1 頭では，時期を違えて右角（先端部分），左角，再び右角（中ほど部分）が折れた．したがって，オスでは 5 頭で 8 回の角折れが生じた．角折れが生じる頻度は，メスで 0.01 回/年（のべ 117 年の観察年数），オスで 0.09 回/年（のべ 87 年の観察年数）であり，オスのほうが有意に高かった（$p<0.01$，フィッシャーの正確確率検定）．先に記したとおり，なわばり防衛行動である激しい追いかけの観察頻度は，下北半島，秋田県仁別ともにメス同士よりオス同士で多い．オスの角折れの多さは，オスのなわばり争いの発生頻度の多さによっていると考えられた．

と，この結果について納得していたところ，秋田県仁別では 7 年間に観察されたなわばりオス 30 頭のうちの 1 頭が，なわばりメス 24 頭のうちの 2 頭がそれぞれ角折れ個体であり，下北半島と違って角折れ個体の割合に性差が認められない（$p=0.58$，フィッシャーの正確確率検定，岸元良輔氏の私信による）

ことを知った．また，下北半島と秋田県仁別では，前述のとおり秋田県仁別のほうがオスの数が多く，オス間の競争がより激しいと考えられた．そのため，角折れ個体は下北半島より秋田県仁別で多い可能性が考えられたが，その予想もはずれた．1歳以上の識別個体について角折れ個体の割合をくらべると，下北半島では80頭中の14頭（17.5%，しかもそのうち両角折れが5頭），秋田県仁別では159頭中の8頭（5.0%，同0頭）であり（岸元良輔氏の私信による），予想とは逆に下北半島のほうが角折れ個体の割合が高かった（$p<0.005$，カイ二乗検定）．角折れ個体が下北半島ではメスよりオスに多く，秋田県仁別ではそうでない理由，および秋田県仁別にくらべて下北半島のほうが角折れ個体が多い理由は定かでない．自然は往々にして研究者が思うとおりの結果を与えてくれないものである．

下北半島でくわしく観察された6頭の角折れなわばり個体では，いずれも先端ないし中ほど部分で角が折れ，根元から折れた個体はいなかった．角折れの6頭は，片方の角が折れたのち平均5.2年（値の範囲：1–10年）の間なわばりを保持した．また，両方の角が折れた2頭では，両方の角が折れたのち，1頭は直後になわばりを失い，もう1頭は8年間なわばりを保持した．角が折れたのちになわばりを失う場合があるが，両角が折れた直後になわばりを失ったオスはそのとき19歳前後と高齢であった．なわばり喪失の要因となる高齢化が，角折れの時期と重なっただけとも考えられる．むしろ観察結果からは，角が折れてもなわばりを保持しつづける例が多く，両角が折れた場合でも8年と長い間なわばりを保持した個体がいることがわかった．秋田県仁別においても，中ほどで角が折れたなわばりオス1頭は少なくとも3年間，根元から角が折れたメス2頭は少なくとも2年間と6年間なわばりを保持しており，角折れとなわばりの保持はとくに関係ないと考えられている（岸元良輔氏の私信による）．

なわばり保持に影響を与える事態としては，角折れでなく，四肢の骨折等の怪我がある．秋田県仁別では前肢を怪我したオス6頭のうち4頭が，また後肢を怪我したオス2頭ともが，怪我がなおる前にほかのオスの侵入によってなわばりを失っている．一方，メスでは2頭が前肢を怪我したが，なわばりを失うことはなかった（Kishimoto 1989a）．下北半島でも，1頭のなわばりメスがおそらく骨折により右後肢を地面につけられない状態となった．ほぼ通常どおりに歩けるまで数か月を要したが，このメスもなわばりを失うことはなかった．怪我を契機としたなわばり個体の入れ替わり状況の性差，および下北半島だけの結果であるが角折れの発生頻度の性差，それになわばり行動である激しい追いかけがメスよりオスで高頻度に観察されるという結果は，カモシカのなわばりをめぐる競争がメス間よりオス間で激しいことを示唆している．カモシカのメスは，資源防衛なわばりとして自身のなわばりを保守的に保持する傾向がある．一方，オスのなわばりは資源防衛なわばりのみならず配偶者防衛なわばりでもあり，そのことがなわばりをめぐるオス間のより強い競争をまねいていると推察された．

（4）においづけの機能

ラルスの論文（Ralls 1971）は，哺乳類のにおいづけに関する古典的な文献である．それによれば，においづけの機能として次の8項目があげられている：道しるべ，警戒信号，個体認識，グループ認識，種・亜種認識，性的誘因，繁殖過程に影響を与えるフェロモン，なわばり防衛．また，においづけは，血縁認識と社会的学習，繁殖状態の告示，捕食者-被食者間交渉，分散と分布様式，採食，繁殖抑制，順位の維持，なわばりの占有といった行動や状況と関係するともされる（Brashares and Arcese 1999a）．においづけの機能や意味については幅広い見解が存在するが，においづけが社会的な情報伝達と関係していることは間違いない．カモシカの眼下腺こすりも，個体間のにおいコミュニケーションとして機能しているはずである．

新潟県笠堀ではカモシカの眼下腺こすりが，①追いかけのあとに，②他個体が行動圏を通過していったあとに，③行動圏の周辺部で比較的多くおこなわれたことにより，においという間接的な手段で土地の占有が伝達・誇示されている可能性が指摘されている（赤坂 1978）．これに対し，下北半島での観察結果は赤坂さんが示した三つの根拠を必ずしも裏づけない．たとえば4.2節（4）項で紹介したように，眼下腺こすりのおこなわれた地点は行動圏の周辺部に偏在することはなかった．また，なわばり個体が隣接同性なわばり個体との行動圏の重複部にはいったときの眼下腺こすりの頻度も検討してみた．下北半島の10例の重複部での眼下腺こすり頻度（休息時間を除いた活動観察時間あたりのこすりつけ回数；平均値 ± 標準偏差）は0.18±0.14回/分であった．これに対し，観察個体の同時期の通常の頻度は0.18±0.10回/分であり，行動圏の重複部で眼下腺こすりの頻度が高まるという傾向はみいだせなかった．

下北半島では，なわばり争いの激しい追いかけのあとに，成獣オスが12分間に14回の眼下腺こすりをおこなった例がある．この頻度（1.17回/分）は，同個体の同時期の通常頻度（0.29回/分）とくらべて高かった．しかし，激しい追いかけのあとに眼下腺こすりがおこなわれなかった例も3例ある．また，眼下腺こすりに注目して成獣雌雄間の性的交渉を観察したところ，12例のうちの3例で雌雄いずれかが高頻度にこすりつけをおこなった（性的交渉時0.23回/分に対し同個体同時期の通常頻度0.12回/分，同0.71回/分に対し同0.29回/分，同0.58回/分に対し同0.13回/分）．このように，眼下腺こすりは，なわばり争い時におこなわれる場合もあれば，おこなわれない場合もある．なわばり性と結びつかない性的交渉の場面で頻繁におこなわれもする．これらの観察例からは，興奮や緊張といったカモシカの内的状況が，眼下腺こすりを頻繁にひきおこす動機づけになっている可能性が指摘される（撫養 1984；落合 1992）．

下北半島では，眼下腺こすりとなわばり性との関係を示すデータを得ることができなかった．そのデータが秋田県仁別で得られている．岸元さんによると，なわばり個体は雌雄とも頻繁に眼下腺こすりをおこなうが，非なわばり個体はほとんど，あるいはまったくおこなわない．そして，非なわばり個体だった若齢個体や非定住個体がなわばりを確立すると，頻繁に眼下腺こすりをおこなうようになる．そのため，眼下腺こすりによるにおいづけはなわばり性と密接に関係していると推察された（岸元 1986；Kishimoto 2005）．この報告は学会発表の要旨であり，詳細なデータは示されていない．しかし，岸元さんが説明してくれたデータは，上記のことを明確に示していた．

カモシカの眼下腺こすりは，岸元さんのデータが示すようになわばり性と関係している可能性が高い．カモシカのみならず哺乳類のにおいづけに関しては，なわばり防衛や社会的地位の保持といった同性間の競争という観点から論じられることが多い（Gosling 1982；Gosling and Roberts 2001a, 2001b；Roberts 2012）．しかし，においづけの機能がなわばり防衛という単一のことに限られるかどうかは議論の余地が大きい．たとえば，なわばりとの関係を重視する立場からの反論（Gosling and Roberts 2001b；Roberts 2012）をまねいてはいるが，オマキザル科のクチヒゲタマリンやセマダラタマリンでは，においづけはなわばり防衛でなく，異性間や隣接グループ間の繁殖情報の交換のためにおこなわれるとされる（Heymann 2000；Lledo-Ferrer *et al.* 2011）．においづけの八つの機能をあげたラルスも，一つの分泌物が複数の機能を有する可能性に言及している（Ralls 1971）．

カモシカの眼下腺についても，なわばり性との関係のほか，異性間の情報伝達の可能性を示す知見が得られている．カモシカの眼下腺には，直径2–3 mm

の開口部とそれにつづく内腔がある．その周囲は内層の脂腺域と外層の汗腺（アポクリン腺）域からなる．脂腺にはⅠ型とⅡ型の2種類があり，その腺構成には性差が認められる．すなわち，小型のⅠ型脂腺は雌雄ともにみられるが，大型のⅡ型脂腺（ヘパトイド様脂腺）はメスおよび当年子オスに特有で，成獣メスにおいてよく発達する．さらに，眼下腺の脂質の分析結果によると，汗腺域とくらべて脂腺域で，炭化水素とステロイド化合物関連物質（ステロールエステル）が多く検出された．ステロイド化合物は哺乳類のにおい物質として知られる物質で，その多くは性フェロモンの役割をになうと考えられている．事実，ヘパトイド様脂腺の分泌が，卵巣周期における卵胞の成長にともなって活性化することや，その分泌物質の脂質組成が黄体形成や妊娠などによって変化することが確認されている．これらの知見は，眼下腺分泌物がメスの性的状態に関する雌雄間の情報伝達に関係することを強く示唆する（Kodera *et al.* 1982；横畑ほか 1985；Yokohata *et al.* 1987；杉村 1991）．くわえて，汗腺域の組織学的・組織化学的研究もすすめられている．カモシカの眼下腺は，汗腺域が大部分を占める．眼下腺の分泌物のほとんどは汗腺域から生じているとされるが（Atoji *et al.* 1987, 1993, 1995；Atoji and Suzuki 1990），なお不明な点は多い．

長野県上伊那で，眼下腺のこすりつけについて興味深い観察がなされている．それは，営林署によって行動圏内の各所に赤テープがつけられたときに，ある成獣メスが次々とテープのにおいをかいでは眼下腺こすりをおこなったというものである．この行動について，行動圏内の目新しいものに自分のにおいをつけ，そのにおいによって安心できるという役割が考察されている（撫養 1984, 1985b）．このようなにおいづけによる自身の空間的順応の促進もまた，においづけの機能の一つとしてありうるであろう．思うに，カモシカの場合，なわばり個体が行動圏内の各所につける眼下腺のにおいは，ほかの同性個体にとっては先住のなわばり個体が存在することを示し，避けあいをもたらしているのではないか．また，異性の個体にとっては，繁殖相手となる個体の存在や性的状態を知ることができるのではないか．さらに，においづけをした当の個体にとっては，自分自身のにおいがあたりに満ちていることによって，安心感とその場所との結びつきが強められているのではないか．推測の域を出ないが，眼下腺こすりによるにおいづけについては，なわばり防衛および性的情報等に関係するカモシカ個体間の情報伝達，さらにはその個体と土地との結びつきの強化といった幅広い機能の可能性を考えたい．カモシカは視覚のききにくい林内で単独生活をおくり，音声による情報交換の手段も発達させていない．においコミュニケーションの重要性は大きいものと想像される．

1か所に多量の糞粒が残るカモシカのため糞は目立つ痕跡である．そのため，眼下腺こすりと並んで，カモシカの糞場についてもなわばり防衛等の社会的機能を有する可能性がときに述べられる（Masui 1987）．しかし，カモシカでは行動圏の周辺部に糞場が偏在する分布パターンは認められない（4.2節（4）項）．また，糞場の社会的機能の存在を示唆する排糞時の特有な行動も観察されない（第3章3.1節（1）項）．これまでのところ，カモシカの糞場がなわばり防衛などの社会的機能を有することを示す観察事実は得られていない．

カモシカの糞場の社会的機能について懐疑的な私であるが，もしかしてという気持ちもないではない．なにしろ糞は最小のエネルギーコストですむ理想的なにおいづけ物質といわれる（Brashares and Arcese 1999b）．そのため，1996年11月に野外試験をおこなった．まずはなわばり個体を観察しつづけ，その個体が排泄した糞と場所をおぼえた（この糞を「なわばり糞」とする）．併行して，なわばり個体が排糞したらその新鮮な糞すべてを回収した（この糞を「移動糞」とする）．そして，移動糞を隣接同性なわばり個体のなわばり糞のところに運び，なわばり糞から5mの場所に置いた．つまり，排泄まもないなわばり個体の糞のそばに，なわばりのライバル個体の糞を突如出現させてみたのである．糞がなんらかの社会的機能をもつならば，移動糞に反応してなわばり個体の糞が新たに加えられるかもしれない．この試験はキルクディクディクでおこなわれた同様の野外試験に触発されておこなった．キルクディクディクはカモシカと同じく一夫一妻のなわばり社会をもつ．なわばりの境界部に糞場が偏在し，糞場となわばりとの関係が認められる種である．キルクディクディクの場合，人為的に移動させた隣接個体および未知の個体の糞に対してなわばりオスが反応し，移動糞のにおいをかぎ回ってから移動糞を覆いかくすように排糞がおこなわれた（ヘンドリックス・ヘンドリックス 1979）．カモシカのなわばり糞と移動糞のセットは，なわばりメス同士で6セット，なわばりオス同士で4セット設定した．結果は空振りであった．設定した10セットすべてを1週間，毎日見回ったが，移動糞となわばり糞の近辺になんの変化も認められなかった．自動撮影カメラを使って不審な糞を警戒するなわばり個体の様子が撮影できたらと皮算用していたが，その意欲は高まることなく目論見は終了とした．

4.4　つがい関係

（1）つがい関係のタイプ

カモシカでは異性間で行動圏が大きく重複する．さらに，行動圏の大きな重複が特定の雌雄間で認められることから雌雄間の結びつき，すなわちつがい関係が認識される．つがい関係は，1頭の成獣オスが1頭の成獣メスと行動圏を重複させる1オス1メスのペアが多い．ただし，1頭の成獣オスが複数の成獣メスと行動圏を重複させる1オス複メスのユニットも存在する（図4.2，図4.3参照）．下北半島で観察された各つがいタイプの割合は，1オス1メスが71.3%，1オス2メスが25.0%，1オス3メスが3.8%であった（$n=80$，交尾期ごとののべ観察例数，Ochiai and Susaki 2002）．秋田県仁別では，1オス1メスが81.3%，1オス2メスが18.8%，1オス3メスが0%であった（$n=48$，つがい関係ごとの観察例数，Kishimoto and Kawamichi 1996）．このつがいタイプ別の割合は，両地域ともなわばり個体だけに限って求めた値である．成獣メスの行動圏では分散前の若獣メス（娘）がいて，母親のつがいオスと実質的につがい関係をもつ場合があるが，それらは含めていない．

1オス3メスのつがい関係は稀であり，下北半島でのみ観察された．この事例は，なわばりメス（タマサブロウ）の娘（ヒデ）がタマサブロウとその隣接なわばりメス（カイコ）の間に割り込む形でなわばりを確立したことと，タマサブロウのつがいオス（マカナ）が隣接なわばりオス（シュリガイ）を追いだす形で行動圏を拡大したことによって生じた．マカナは，メス間の行動圏の重複が大きいタマサブロウ，ヒデ，カイコの3メスと3年間にわたりつがい関係をもった（図4.10）．その後，ヒデが行動圏を500 m離れた近接地域に移したことにより，この1オス3メスユニットは1オス2メスユニットへ移行した．

つがいの組み合わせは同じ雌雄の間で何年間も継続される．同時に，個体の入れ替わりにともなう組み合わせの変化も比較的頻繁に生じる．下北半島では，同じ雌雄がつがい関係を維持した期間は4.6±2.9年（平均値 ± 標準偏差，$n=25$）であった（Ochiai and Susaki 2002）．もっとも長くつがい関係を維持したのは，成獣メスのタマサブロウと成獣オスのマカナであった．この2頭は年によって1オス1メスのペアないし1オス複メスユニットを形成しながら，つがい関係を15年間維持した．鈴鹿山地においても，チャコとダンナと名づけられた雌雄が12年間にわたってつがい関係を維持した（名和 2009）．下北

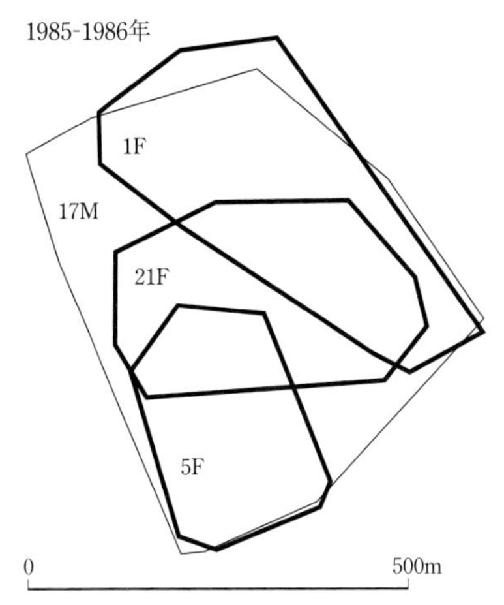

図 4.10　青森県下北半島で観察された1オス3メスユニットの行動圏．太線：成獣メス，細線：成獣オス．図中の番号およびF，Mは個体名を示す（F：メス，M：オス）．各個体の愛称は次のとおり：1F カイコ，5F タマサブロウ，21F ヒデ，17M マカナ．ヒデはタマサブロウの娘（5歳から6歳の1年間）．

半島では1オス1メスのペアは3.3±1.4年間（$n=15$），1オス複メスユニットは2.6±1.9年間（$n=8$）つづいた．両者の維持期間に差異は認められなかった（$p=0.16$，マン・ホイットニーのU検定；Ochiai and Susaki 2002）．一方，秋田県仁別では，3年以上維持されたペアおよび1オス2メスユニットの割合は20.5%（$n=39$）と0%（$n=9$）であり，1オス2メスユニットは長期間は維持されにくいことが示された（Kishimoto and Kawamichi 1996）．下北半島では差異は有意でなかったが，両地域ともペアより1オス複メスユニットの維持期間のほうが短い．秋田県仁別では，1オス2メスユニットのオスの平均行動圏面積（25.4 ha, $n=9$）は，ペア型のオスのそれ（13.1 ha, $n=43$）のほぼ2倍であった（Kishimoto and Kawamichi 1996）．1オス2メスユニットのオスは，間置き分布している2頭のメスと行動圏を重複させるため，ペア型のオスの2倍の面積をなわばりとして防衛しなければならない．その負担ゆえ，つがい関係が安定的でないと考えられた．

つがい関係の個体の入れ替わりは，下北半島で19例，秋田県仁別で29例観察された（表4.6，図4.11）．つがいの組み合わせの変化は，次の①-④の状況が契機となって生じた．①調査地域内で出生・成長した若獣が新たになわばり個体となる（下北半島：47.4%，秋田県仁別：20.7%），②新たな成獣が移入し

表 4.6　青森県下北半島および秋田県仁別におけるニホンカモシカのつがい個体の入れ替
は調査地域内で出生・成長した個体を示す．Kishimoto and Kawamichi (1996)，落合

つがいタイプ	状　況
ペア→新ペア	新参オスとの入 成長若オスとの 成長若メスとの
1オス2メスユニット→1オス2メス新ユニット	新参オスとの入
ペア→1オス2メスユニット	ペアオスが隣接 ペアオスが隣接 ペアオスが成長 ペアオスが2頭 ペアオスが成長
ペア→1オス3メスユニット	1オス2メスユ
1オス3メスユニット→1オス2メスユニット	1メスが行動圏
1オス2メスユニット→ペア	新参オスが1オ 隣接ペアオスが 1オス2メスユ
2組のペア→新ペア	おたがいのペア

[a] 同時に生じた事例.

てきて，なわばり個体として定着する（下北半島：26.3%，秋田県仁別：55.2%），③なわばり個体が死亡・消失・移動する（下北半島：21.1%，秋田県仁別：6.9%），④なわばりオスが行動圏を拡大ないし縮小する（下北半島：5.3%，秋田県仁別：17.2%）．同じ雌雄によるペアは，下北半島では平均3.3年間つづいた（Ochiai and Susaki 2002）．秋田県仁別では，3年間以上つづいたペアの割合は20.5%であった（Kishimoto and Kawamichi 1996）．値の算出法が異なるため直接の比較はできないが，下北半島にくらべて秋田県仁別のほうがつがいの個体の入れ替わりが頻繁である．これは，先に述べたように，秋田県仁別のほうがオスの割合が高く，より激しいオス間の競争が，より頻繁なつがいの個体の入れ替わりをもたらしていると考えられた．

（2）つがいと非つがいの行動

異性のなわばり個体間の個体間交渉は，ほとんどがつがい関係にある雌雄間で観察される．これはつがい雌雄の行動圏が大きく重複することによる．これ

わり．新参オスとは調査地域外から新たに移入してきた個体を，成長若オス（メス）と
(2008) より作成.

	観察例数	
	青森県 下北半島	秋田県 仁別
れ替わり	3	11
入れ替わり	3	0
入れ替わり	3	3
れ替わり	1	0
ペアメスともつがいに	1	3
1オス2メスユニットの1メスともつがいに	0	1[a]
若メスともつがいに	1	3
の成長若メスと新たにつがいに	1	0
若メスと隣接メスの2頭と新たにつがいに	1	0
ニットのオスが消失後，隣接ペアオスがその2メスともつがいに	1	0
を移動	1	0
ス2メスユニットの1メスとつがいに	1	5
1オス2メスユニットの1メスとつがいに	0	1[a]
ニットの1メスが死亡・消失	2	1
相手の消失後，残った雌雄がペアを形成	0	1

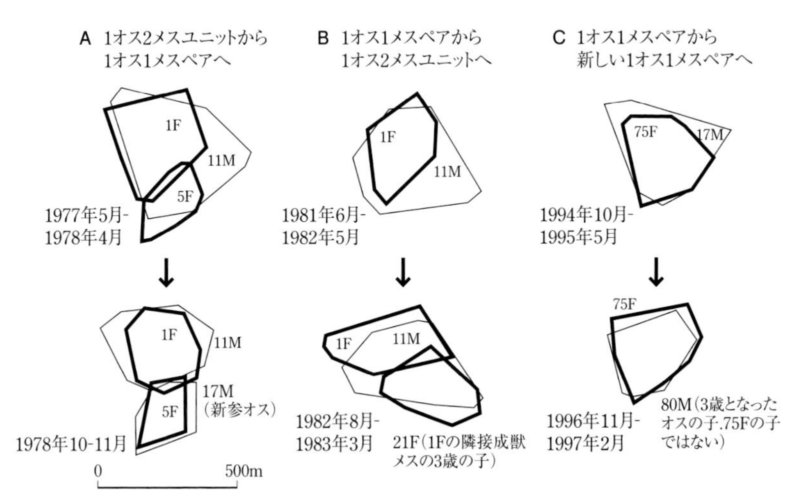

図 4.11　青森県下北半島におけるニホンカモシカのつがい関係の変化の例．太線は成獣メスの，細線は成獣オスの行動圏．図中の番号およびF，Mは個体名を示す（F：メス，M：オス）．各個体の愛称は図 4.8 を参照.

に対し，行動圏が隣接する非つがいの成獣雌雄の個体間交渉の観察例は少ない．下北半島では，成獣異性間の個体間交渉は201例観察された．そのうちの190例（94.5%）がつがい雌雄間の，11例（5.5%）が隣接非つがい雌雄間の個体間交渉であった．秋田県仁別では178例が観察され，そのうちの170例（95.5%）がつがい雌雄間の，8例（4.5%）が隣接非つがい雌雄間の個体間交渉であった（Kishimoto and Kawamichi 1996）．

つがい雌雄間と，隣接して行動圏をもつ非つがいの成獣雌雄間との間で，行動の違いはあるのであろうか．このことは，前に示した性行動および攻撃行動の観察結果（表3.1，表3.2，表4.5参照）によって検討できる．まず，攻撃行動はつがい雌雄間，隣接非つがい雌雄間のどちらにおいても観察されず，違いはみいだせない．性行動をくらべてみると，下北半島の交尾期（9-11月）では，観察された個体間交渉の中で8種類の性行動が観察された各頻度は，つがい雌雄（$n=103$）で平均31.8%，非つがい雌雄（$n=6$）で平均29.2%であり，差異は認められなかった（$p=0.92$，マン・ホイットニーのU検定）．一方，非交尾期（12-8月）では，つがい雌雄（$n=87$）の平均観察頻度11.8%に対し，隣接非つがい雌雄（$n=5$）ではどの性行動も示されず，差異が認められた（$p<0.01$，マン・ホイットニーのU検定）．秋田県仁別では，性行動が観察された個体間交渉の割合は，つがい雌雄（$n=170$）で57%，隣接非つがい雌雄（$n=8$）で50%であり，ほぼ同等であった（Kishimoto and Kawamichi 1996）．両地域の結果によれば，非交尾期の隣接非つがい雌雄間の性行動は低頻度である可能性があるものの，つがい雌雄と隣接非つがい雌雄の間で行動上の顕著な差異は認めがたい．そのため，つがい関係の認識はもっぱら行動圏の合致状況によっておこなうこととなる．

（3）一夫一妻の進化要因

動物の配偶システムには，一夫一妻（単雄単雌配偶システム），一夫多妻（単雄複雌配偶システム），一妻多夫（単雌複雄配偶システム），乱婚（複雄複雌配偶システム）がある．それぞれの種がどの配偶システムを採用するかは，系統，生息環境，生態的特性，雌雄それぞれの利害などの影響をうけて進化的に決まる．鳥類では90%以上の種が一夫一妻である．哺乳類では3%以下（Kleiman 1977），あるいは9%（Lukas and Clutton-Brock 2013）しかいない．哺乳類の中で一夫一妻の種の割合は，霊長目（29%，361種のうちの106種），食肉目（16%，201種のうちの33種）で高く，偶蹄目（3%，187種のうちの6

種）で低い（Lukas and Clutton-Brock 2013）．そのため，一夫一妻の社会をもつカモシカは，配偶システムに関して哺乳類の中でも偶蹄目の中でも少数派に属する．なお，遺伝子研究の進展にともない，雌雄の社会関係としては一夫一妻でも，子の遺伝子からはつがい相手以外の異性とも繁殖している場合が多いことがわかってきた．そのため，近年では1頭のオスと1頭のメスがつがい関係を保って生活している場合に社会的一夫一妻（social monogamy）という用語が使われ，子の遺伝子の点からも一夫一妻といえる場合には遺伝的一夫一妻（genetic monogamy）という用語が使われる（Reichard 2003）．以下で用いる一夫一妻は社会的一夫一妻のことである．

オスにとってみれば，通常はできるだけ多くのメスと配偶関係をもつことが繁殖成功度を高めることにつながる．それなのに，少数派とはいえ，なぜ哺乳類で一夫一妻の社会が生じるのだろうか．哺乳類の一夫一妻については，二つのタイプが存在することがまず指摘された（Kleiman 1977）．一つは随意的な一夫一妻（facultative monogamy）である．このタイプの一夫一妻ではつがいの絆は弱く，オスによる子の世話はみられない．このタイプのつがい関係は，各個体が散在的に生息し，2頭以上の異性をつがい相手とすることが困難な種でみられると考えられた．もう一つのタイプは義務的な一夫一妻（obligate monogamy）である．このタイプのつがいの絆は強く，子育てにおいてメスはオスの助力を必要とする．

哺乳類で一夫一妻の社会が形成される進化要因（究極要因）としては，おもに次の三つの仮説があげられる．①メスの散在分布，②つがいによる子育て，③子殺しの防止．一つめのメスの散在分布仮説は，メスが集団をつくらず，生息地の中で散在した個体分布を示す場合，オスが複数のメスを独占することができずに一夫一妻が発達するという考えである（Emien and Oring 1977；Kleiman 1977；Komers and Brotherton 1997）．有蹄類では森林性の種で一夫一妻が多く，そのことは食物分布とメスの分布様式の面から説明されている（Estes 1974；Jarman 1974；Leuthold 1977）．二つめのつがいによる子育て仮説は，オス親が子育てにかかわることにより子の生存率が高まる場合に一夫一妻が発達するという考えである（Kleiman 1977；Wittenberger and Tilson 1980；Gubernick *et al.* 1993；Gubernick and Teferi 2000）．三つめの子殺し防止仮説は，おもに霊長類の一夫一妻に関して提示されてきた（van Schaik and Dunbar 1990；van Schaik and Kappeler 2003；Borries *et al.* 2011）．オスによる子殺しは，グループ内に移入した新参オスが先住オスの子を除いて母親を繁殖状態へ早くもどし，自分の遺伝子をもつ子孫をなるべく多く残すためにおこなわれる（Hrdy 1979）．子殺し防止仮説は，自分の子をほかのオスによる子殺しから守るために，オスが母子の近くにとどまるようになって一夫一妻が発達したと考える．

近年，哺乳類の一夫一妻の進化要因を解明するため，一夫一妻の種の特性およびその進化的な発生時系列を網羅的に検証する試みがなされている．まず霊長類については，230種を対象として諸行動の発生時系列が推定され，子殺しの防止が霊長類の一夫一妻の成り立ちをもっともよく説明すると推察された（Opie *et al.* 2013）．一方，哺乳類の7目184種について，配偶システム，社会性，行動圏，オスによる子の世話の有無等の各特性を検討した結果では，メスの空間分布が哺乳類の一夫一妻のもっともよい指標であると考えられた（Komers and Brotherton 1997）．同著者によるその後の論文では，メスが小面積の排他的ななわばりをもつ条件下では，オスは複数のメスをめぐるオス同士の争いを避け，1頭のメスとの繁殖を確実にすることによって自身の繁殖成功度を最大化する，すなわち配偶者防衛が哺乳類の一夫一妻の進化要因であると論じた（Brotherton and Komers 2003）．この配偶者防衛仮説は，一夫一妻の有蹄類であるキルクディクディクの研究にもとづいて提唱された（Brotherton and Manser 1997）．配偶者防衛仮説は哺乳類2545種の種特性を検証した研究によって補強された．この研究では，オスの子殺しは一夫一妻の進化との間で関係性を有しておらず，またオスによる子の世話は一夫一妻の原因でなく結果であると推察した．そのうえで，一夫一妻が進化するのはメス間の食物競争が強く，メス同士が不寛容で低密度である場合であるとし，メスの散在分布によってオスが複数のメスとつがいになれない条件下では，1頭のメスを配偶者防衛することがオスにとって最適な繁殖戦略であると論じた（Lukas and Clutton-Brock 2013）．

以上のように一夫一妻の進化要因については，霊長類では子殺し防止仮説が，ほかの哺乳類ではメスの散在分布仮説が現在のところ優勢である．メスの散在分布仮説については，メスが散在している場合にオスは複数のメスを確保できないというとらえ方に加え，近年は配偶者防衛仮説と一体となり，メスが散在している条件下におけるオスの最適繁殖戦略が一夫一妻であるというとらえ方に移行している．

（4）カモシカにおける一夫一妻

一夫一妻の進化要因には複数の仮説が存在するが，要因を単一のものに求める態度はおそらく正しくない．さまざまな動物でみられる一夫一妻は，異なる進化的な選択圧と系統ごとの異なる道すじを介して独立的に生じたと考えられる（Reichard 2003; Dobson *et al.* 2010）．カモシカについてみれば，カモシカは随意的な一夫一妻と認められ，その進化要因としてはメスの散在分布仮説がよくあてはまる（Kishimoto and Kawamichi 1996）．このことをまずオスの側から考えてみよう．カモシカのオスは，1オス1メスのつがい形態を積極的に維持しようとしているとはいいがたい．なぜなら，オスはつがい相手以外のメスにも性行動を示し，機会があればつがいメス以外のメスとも新たにつがい関係を形成するからである．単純に考えると，2頭のメスとつがい関係をもつことができれば，1オス1メスのペアでいるときの2倍の繁殖成功度をオスは得ることができる．実際，秋田県仁別では，ペアのメスの出産率（78.5%, $n=65$）と1オス2メスユニットのメスの出産率（72.2%, $n=22$）に差異はなく（$p>0.5$，カイ二乗検定），つがいメスの数が多いほどオスにとって高い繁殖成功度が得られると考えられた（Kishimoto and Kawamichi 1996）．

それにもかかわらず，カモシカでは多くのオスが1頭のメスとだけつがいになっている．その理由は，複数のメスとつがいになることをほかのオスが許さないからである．カモシカではメスもなわばり性をもち，メス同士が散在して生活している．そのため，1オス2メスユニットのオスは，ペア型のオスの2倍の面積をなわばりとして防衛しなければならない．前述したとおり，ペアと1オス複メスユニットの維持期間をくらべた結果では，下北半島，秋田県仁別ともに1オス複メスユニットのほうが短い傾向が認められた．これは，広面積のなわばり防衛をおこなう1オス複メスユニットのオスは，ペア型のオスにくらべて負担が大きいことを示唆している．なお，ここではつがいメスの数が多いほどオスの繁殖成功度が高くなると考えた．けれども，複数メスとつがいになると配偶者防衛に隙が生じ，つがいメスがほかのオスと交尾，繁殖する可能性が高まることも考えられる．その場合，2メスとつがいになってもオスの繁殖成功度はペア型オスの2倍とまではならないが，実際のところは明らかでない．

次にメスの側から考えてみよう．カモシカのメスは子育て，なわばりの防衛，外敵からの防御を自力でおこなっており，これらのことでオスの助力を必要とすることはない．また，行動圏の位置の変化やなわばりの喪失の観察例でも，これらはすべてつがい関係にある雌雄のどちらかの個体のみで生じ，つがいが単位となっておこることはない．このようにカモシカのつがいの絆は強いものではなく，義務的な一夫一妻にあてはまらないことは明らかである．

カモシカのメスにとって，1オス1メスのつがい形態を積極的に維持する理由は，オスと同様にみあたらない．メスにとってみれば，毎年，受胎する機会を確実に与えてくれるオスの存在が不可欠である．それに応えてくれるのは，第1につがい相手のオスである．ただし，受胎の可能性を高めるという点では，ほかのオスとも交尾の機会をもつことは悪いことではないはずである．実際，メスは隣接なわばりオスの接近や性行動を許容しており，行動観察上ではつがいオスと隣接なわばりオスとの間におけるメスの行動の差異は認められない．一般的に動物のメスにとっては繁殖相手の質が問題であり，配偶者選択が重要な意味をもつ．この点については，もしメスがつがいオスと隣接なわばりオスを等しくうけ入れているとしたら，カモシカではなわばりをもつということがオスの質の保証になっているのかもしれない．カモシカのメスは，自分の行動圏に行動圏を重複させるなわばりオスをいわば自動的につがい相手としているわけであり，この推測はあながち的外れでないように思う．このことに関し，秋田県仁別では，非なわばり成獣オスはなわばりメスを含め他個体を避けることが観察されている（Kishimoto 1989a）．カモシカのオスにとっては，なわばりをもつことが繁殖に参加できる条件となっている可能性が考えられる．メスの立場で考えると，複数のなわばりオスとつがい関係をもってよいと思われるが，そのようなことはオス同士の激しい争いをまねき，オスにとってリスクが高い．そのため，通常はおこらないし，おこったとしても一過性である．秋田県仁別では，1頭の成獣メスに3頭の成獣オスが行動圏を大きく重複させることがあったが，翌年には3頭のオスの中の1頭のみがそのメスとつがいになった（Kishimoto and Kawamichi 1996）．

上記のとおり，カモシカのオスは一夫多妻指向を有する．一方，メスもなわばりをもつオスであれば，複数のオスとの配偶を積極的に回避しない．したがって，カモシカは一夫多妻性あるいは乱婚性の資質を潜在的にもっているといえる．そのような資質は，メス間のなわばり性にもとづくメスの散在分布，およびメスをめぐるオス間のなわばり性によって打ち消され，結果的に1オス1メスのペアが多く形成される．ただし，隣接なわばりオスの弱体化や消失，あるいは成長した若メスのなわばり確立を契機として，オスの一夫多妻指向がときに1オス複メスユニットを生じさせる.

つがい関係に関して，キルクディクディクではカモシカと若干異なる様相が報告されている．カモシカと同じく，キルクディクディクもメスが子育て，なわばりの防衛，外敵からの防御を自力でおこなう（Brotherton and Rhodes 1996）．しかし，キルクディクディクのメスはつがい相手以外との交尾を求めないという．その理由は，つがい相手以外のオスのハラスメントによる不利益を避けるためと考えられている（Brotherton and Komers 2003）．さらに，キルクディクディクのオスは，つがい相手以外のメスと積極的につがい関係をもとうとしないようである（Komers 1996；Brotherton and Komers 2003）．これらの観察結果からは，キルクディクディクの雌雄はカモシカよりも積極的に一夫一妻を維持しようとしている印象をうける.

一夫一妻におけるオスの配偶者防衛の効果は，婚外交尾（extra-pair copulation；EPC）や婚外受精（extra-pair fertilization；EPF）の発生率が評価の指標となる．一夫一妻の社会における婚外父性（extra-pair paternity；EPP）は鳥類で数多く確認されている（Akçay and Roughgarden 2007）．哺乳類では一夫一妻の社会をもつ種自体が少ないが，婚外交尾が少なからず確認されている．父性に関する遺伝子解析は一夫一妻の哺乳類22種で実施され，うち17種で婚外子の存在が確認されている．この22種における婚外子の割合は平均31.1%であり，婚外子が確認された17種に限ると平均40.0%（値の範囲：4-92%）であった（Cohas and Allainé 2009）．この22種のうち有蹄類はキルクディクディクだけである．キルクディクディクでは，遺伝子解析した12頭の子すべてが遺伝的に母親のつがいオスを父親としており，婚外子は確認されなかった（Brotherton *et al.* 1997）.

カモシカにおける遺伝子研究では，糞DNAを用いた性判定（Nishimura *et al.* 2010）や，個体識別のためのマイクロサテライトマーカーの選別（Nishimura *et al.* 2011）がすすめられている．しかし，子の父性の検証はおこなわれていない．そのため，一夫一妻による配偶者防衛の実効性は明らかでない．行動の面からみると，メスは隣接なわばりオスによる性行動をつがいオスと変わりなくうけることから，婚外交尾が生じる可能性はあると考えられる．しかし，なわばりオスがつがい相手のメスと行動圏をほぼ一致させることによって，メスがつがい相手以外のオスと出会う機会は著しく少ない．先に紹介したとおり，成獣雌雄間で観察された個体間干渉のうち，つがい以外の雌雄の個体間交渉が占める割合は，下北半島で5.5%，秋田県仁別で4.5%である．つがい以外の雌雄の出会い発生率の低さが，カモシカにおけるなわばりオスの配偶者防衛の効果といえる．さらに，オスがメスとの間で繁殖を成功させるためには，メスの発情のピークにタイミングをあわせた交尾行動が必要である．この点，なわばりオスはにおいかぎ行動によってつがいメスの発情状態を頻繁に確認しており，その機会がほとんどないほかのオスとくらべ，そのメスに関して高い繁殖優位性を保持していると考えられる．そのため，カモシカにおける婚外繁殖の発生率はおそらく高くないと予測された．

第5章　子の独立

カモシカの子は，基本的に雌雄とも性成熟前後に出生地から分散する．出生地からの分散（natal dispersal；以下，分散）とは，出生地から最初の，あるいは潜在的な繁殖場所へ個体が移動することである（Howard 1960；Greenwood 1980）．カモシカの子の独立は，成長にともなう母子の別行動と，その後の分散という過程をへて完了する．本章では，母子間ならびに成獣オス-子間の行動・個体間交渉，および分散の観察にもとづき，なわばり社会への参画につながる子の独立過程を明らかにする．

5.1　母子関係

（1）出産直後の行動

カモシカは出産場所として平坦な場所を好むようである．秋田県仁別でラジオテレメトリー調査をおこなったあるメスは，40 m×80 m ほどの範囲のほぼ平坦地で出産した．出産当日および翌日には平坦地付近の 1 ha の範囲にとどまり，その後通常の行動圏の範囲を利用するようになった．そのメスは，それ以前の 2 回の出産期にもその平坦地の近くで新生子をつれていた（Kishimoto 1989b）．下北半島の調査地域には広い平坦地は存在しないが，出生後 20 時間以内の新生子と母親が尾根上の平坦な場所で観察されている．この新生子の体毛はすでに乾いていたが，15 cm ほど垂れさがったへその緒はまだ乾いていなかった．この新生子は，座位休息している母親のかたわらで，足元がおぼつかない様子で立ったり座ったりの動作を短い間隔でくり返した．35 分 30 秒の観察中に各 15 回の起立と座りこみが記録された．立位は平均 44 秒，座位は平均 100 秒であった（落合 1992）．秋田県仁別でも，出生当日の新生子による起立と座りこみのくり返しが報告されている．2 時間 8 分間のその観察では，23 回の座りこみと 24 回の起立が観察された．座位，立位とも平均 3.0 分であった（Kishimoto 1989b）．母親は出生直後の新生子の体を頻繁になめる．秋田県仁別では，2時間8分間の観察中に59回，子をなめる行動が観察された（Kishimoto 1989b）．

下北半島では，前年生まれの1年子（メス）が出産直前（出産前日ないし当日）に母親と2時間15分間，また出産直後（出産当日ないし翌日）に母親-新生子と10分間同一行動をとった．その際，母親による攻撃行動は観察されなかった．秋田県仁別では，5-6月に新生子をつれた母親が年長の子に追随される例が12例観察された（1年子：9例，2年子：3例）．そのうち7例では年長の子に対して母親は許容的であったが，5例では攻撃行動（追いかけ，角つき）が示された．ある母親は，1年子（メス）に対して出産前日まで許容的であったが，出産当日と翌日はくり返し角つきや突進を示し，接近する娘を追いはらった（Kishimoto 1989b）．

有蹄類では，出生まもない時期の母子行動に関して2タイプの存在が知られている（Lent 1974）．一つは“隠し型”（hider type）ないし“離れ型”（lying-out type）であり，もう一つは“追随型”（follower type）である．アフリカの有蹄類では，追随型はシマウマ，サイ，アフリカスイギュウ，ヌーなどでみられ，ほかのウシ科のほとんどは隠し型である（Leuthold 1977）．両タイプとも出産直後に母子の間で接触と相互刺激がなされ，個体認識がすすめられる．その後，隠し型では新生子が1頭だけで座りこむ．母親は子から離れた場所で採食と休息をおこない，授乳のときのみ子のもとにもどる．隠し行動がみられる期間は種によって異なり，2-3日から2-4か月である（Lent 1974）．

一方，追随型では出生直後から新生子は母親のあとについて移動をおこなう．カモシカは追随型に該当する（Kishimoto 1989b）．ただし，カモシカでも母親と新生子が一時的に離れて別々になることがある．この行動は“一時的隠し”（short hiding）と称される．下北半島の出産当日ないし翌日の観察では，3時間5分の母子の同一行動ののち，座位の新生子を残して母親が離れ，2時間9分後にもどってきてただちに授乳した（落合 1992）．秋田県仁別では，5-7月に4例の一時的隠しが観察された．これらでは50分から3時間近くの間，母親は座位の子から30-100 m離れて採食と休息をおこなった．4例のうち3例では，子のもとにもどった母親が授乳をおこなった（Kishimoto 1989b）．春先に山菜採りなどの人間のあとをカモシカの子がついて歩き，「迷子」として扱われることがある．このような事態は，新生子の一時的隠しの最中に生じると想像された．隠し型の行動は，新生子が同種他個体との社会生活をうまく送れるようになるまで，子を同種集団から遠ざける意味があると推測される

(Kishimoto 1989b). そう考えた場合，単独性で同種他個体との個体間交渉が少ないカモシカでは，隠し型が発達する理由は乏しいと理解される.

(2) 母子の絆の変化

下北半島では，1例（後述）を除き，授乳は12月まで観察された（12月23日がもっとも遅い観察）. 授乳行動が観察される割合は，出産まもない春から夏に高く，秋以降に減少した（図5.1）. 子が母親の腹の下に口先をいれて授乳を求めても，母親が動いて授乳を拒む場合がある. 母親による授乳の拒否が示される割合は5-6月は0%であり，その後7月（33%）から12月（86%）にかけて増加した（図5.1）.

秋田県仁別では，1回の授乳時間は平均164.3秒（$n=38$）であった（Kishimoto 1989b）. 下北半島における平均授乳時間は，5-7月が251秒（$n=20$），8-9月が123秒（$n=13$），10-12月が87秒（$n=13$）であり，子の成長とともに短くなった. 下北半島では，9月に母親が死亡したときに当年子（生後約3か月）だったオスの子（ヘイ）が，2歳で分散するまで無事に育った例がある. 当年子のときにヘイは，母親のつがい相手だった成獣オスや近接して行動圏をもつ成獣メスのあとをときに追随したが，栄養的には生後約3か月以降は母乳がなくとも生存可能であることを示した. 別の例においても，当年子だったオスの子（タロウ）が12月以前に母親を失ったが，無事に成獣まで成長した.

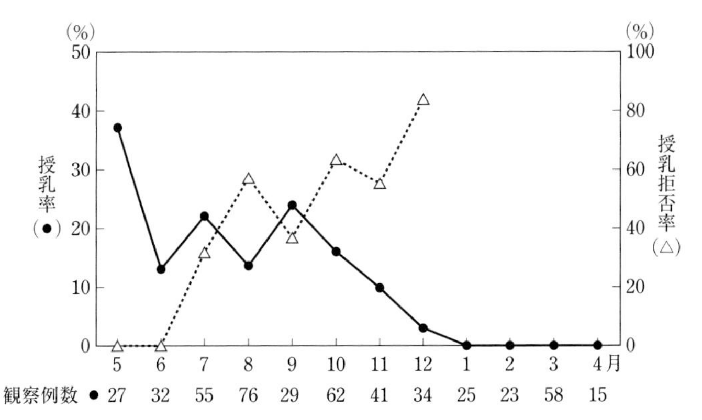

図5.1 青森県下北半島におけるニホンカモシカの子の成長にともなう授乳率（●）と授乳拒否率（△）の変化. 授乳率（%）は，授乳がおこなわれた母親-当年子の観察回数/母親-当年子の観察回数. 授乳拒否率（%）は，母親が授乳を拒否した回数/子が授乳を求めた回数. Ochiai (1993) より.

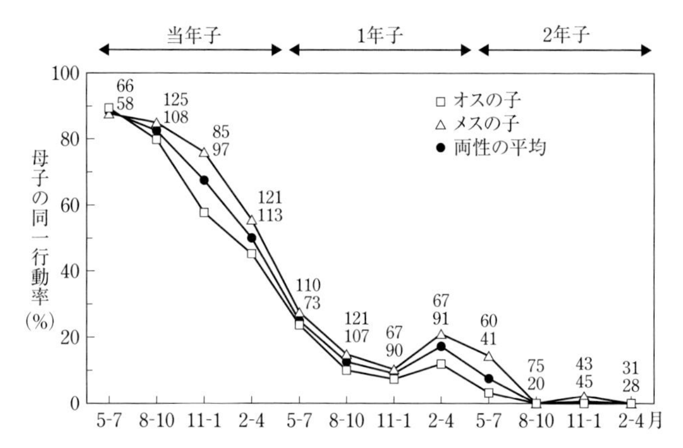

図 5.2　青森県下北半島におけるニホンカモシカの子の成長にともなう母子の同一行動率の変化．同一行動率（%）は，母子の同一行動が観察された日数/母子のうち少なくともどちらか1頭が観察された日数．図中の数字は観察例数（上：オスの子，下：メスの子）．Ochiai and Susaki（2007）より．

授乳の例外的な事例として，下北半島では5月19日に生後1年たった1年子が母乳を飲むのが観察された．この例では，出産直前（出産前日ないし当日）の母親に対し，前年生まれの娘が断続的に母乳を6分間飲んだ．その間，母親は1年子が乳を飲むにまかせていた．

子の成長にともなう母子の同一行動率の変化を図5.2に示した．カモシカの子は生後1年まで基本的に母親と行動をともにする（図5.3A）．ただし，秋以降は母親と一時的に別行動をとることも少なくない．別行動がふえる時期は離乳時期と一致する．生後1年をすぎると子は母親と別行動をとるようになるが，ときに母親と行動をともにする（図5.3B）．母親-1年子の各月の同一行動率は，下北半島で9-25%（Ochiai and Susaki 2007），秋田県仁別で4-20%（Kishimoto 1989a）であった．下北半島では，5-6月に母親-2年子の同一行動がまだ観察されたが，7月以降は個体間交渉がみられることはあっても，母親と2年子の間で同一行動とみなせる行動は観察されなくなった．秋田県仁別でも，5月には母親-2年子の同一行動率が5.5%（$n=73$）あったが，2年子の1年間では平均1.1%にすぎなかった（Kishimoto 1989a）．下北半島では，母子の同一行動率は，当年子から2年子になるまで一貫してオスの子（息子）よりメスの子（娘）のほうが高かった．しかし，有意な性差は当年子の11-1月にのみ認められた（$p=0.01$，ほかの時期はすべて$p \geqq 0.1$，カイ二乗検定；

図 5.3 ニホンカモシカの母子．A：11 月の母親（左）と当年子メス（右），B：10 月の母親（左）と 1 年子メス（右）．青森県下北半島にて．

Ochiai and Susaki 2007）．

カモシカ母子の同一行動率は，少なくとも二つの要因に影響をうける．一つは外敵の存在である．この要因は母親-当年子の同一行動率に影響をおよぼす．根拠となる観察例として，2 月の下北半島で母親から 40 m 離れていた当年子が 100 m ほどのところにあらわれた 2 頭のイヌに気づき，母親のところに急ぎ移動して行動をともにした例がある．外敵による危険が日常的に感じられるような地域では，当年子が単独行動をとる割合は低くなると予測された．もう一つは当年子の有無である．この要因は母親-1 年子の同一行動率に影響をおよぼす．秋田県仁別では，当年子をもたない母親と 1 年子の同一行動率は

19.7%（$n=213$）であり，これは当年子をもつ母親と1年子の同一行動率9.8%（$n=153$）とくらべて高かった（$p<0.05$，カイ二乗検定）．この差異は当年子がまだ幼い5–8月に顕著であり，幼い当年子をもつ母親は1年子に対してより不寛容であると考えられた（Kishimoto 1989a）．

子の成長にともなう母子の絆の弱化は，同一行動率の変化のほか，空間利用の面でもあらわれる．秋田県仁別では，母子の行動圏の重複率が子の加齢とともに減少する状況が数値で明らかにされている．メスの子の場合，母子の行動圏の平均重複率は，当年子で100.0%（$n=8$），1年子で66.8%（$n=11$），2年子で50.7%（$n=8$），3年子で48.7%（$n=4$）であった．オスの子の場合では，当年子で99.3%（$n=21$），1年子で89.0%（$n=16$），2年子で81.5%（$n=4$），3年子で11.7%（$n=1$）であった（Kishimoto 1989a）．

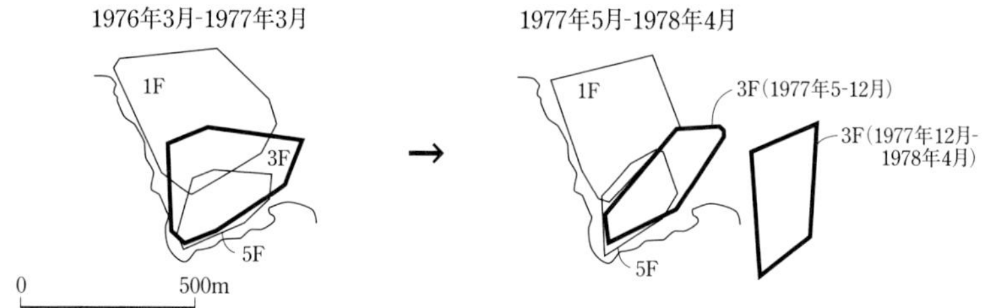

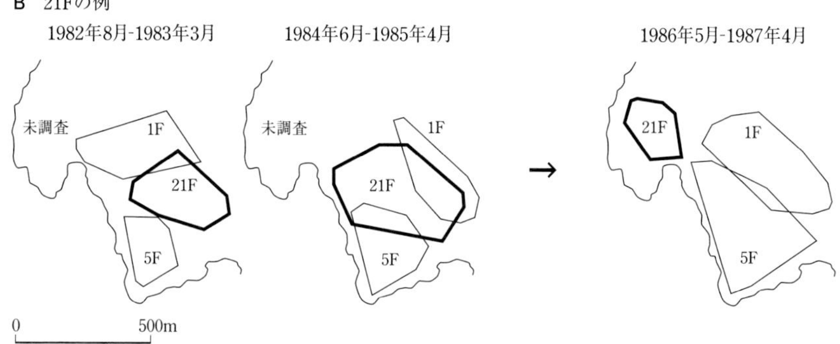

図5.4　青森県下北半島におけるなわばり成獣メスの行動圏移動の2例．太線：移動の前と後の行動圏，細線：ほかのなわばりメスの行動圏．図中の番号およびFは個体名を示す（F：メス）．各個体の愛称は次のとおり：1F カイコ，3F マロ，5F タマサブロウ，21F ヒデ．タマサブロウは1977年3月時点で3歳と推定された．ヒデはタマサブロウの娘であり，1982年8月時点で3歳．

下北半島では，子をもつ成獣メスがほかの場所に行動圏を移動させた例が3例記録された．うち2例はなわばりを確立していた成獣メスの移動であり（図5.4），ほか1例は4歳のときに分散した例である．なわばりメスのマロの場合，12月前後に500 m離れた近接地域に移動した．その際，当年子（メス）は母親のマロとともに移動したのに対し，1年子（メス）は母親とともに移動することはなかった．マロの行動圏の移動は，推定3歳の若い成獣メスのタマサブロウとの行動圏の重複によってひきおこされた可能性が高い．マロとタマサブロウの関係は不明である．なわばりメスのヒデの場合は，冬から早春に500 m離れた近接地域に移動した．当年子はおらず，1年子（オス）は母親とともに移動することはなかった．ヒデの行動圏の移動は，3歳のときに母親とその隣接なわばりメスとの間に確立したなわばりが安定しなかったことで生じた．3例めのフクは7-8月に消失した．当時4歳のフクは母親と行動圏を重複させており，この消失は分散と考えられた．当年子はおらず，1年子（オス）がいたが，母親であるフクとともに移動することはなかった．これら3例は，行動圏の移動をともにおこなうほどの母子間の強い絆は，秋から冬の当年子には存在しているが，1年子では消失していることを示した．

（3）母親-息子の個体間交渉

本項および次項において，下北半島の結果はOchiai and Susaki（2007）に，秋田県仁別の結果はKishimoto（1989a）にもとづく．

表5.1に分散前の子に対する母親の攻撃行動の観察頻度を示した．下北半島

表5.1　青森県下北半島におけるニホンカモシカの子に対する母親および母親のつがい相手である成獣オスの攻撃行動の観察頻度．母子間および成獣オス-子間で観察された個体間交渉のうち，抗争的行動（追いかけ，角つき，角つきあわせ，子の逃走）が示された交渉の割合（%）を示す．括弧内の数値は個体間交渉の観察例数．Ochiai and Susaki（2007）より作成．

	子の年齢			
	0	1	2	3
母親-子オス	0.0（267）	41.3（46）	11.1（9）	0.0（0）
母親-子メス	0.0（285）	18.4（76）	20.0（5）	20.0（10）
成獣オス-子オス	2.2（45）	52.4（42）	57.1（21）	100.0（3）
成獣オス-子メス	0.0（27）	11.8（17）	7.1（14）	0.0（18）

では，母親と当年子オスの間で267例の個体間交渉が観察され，母親の攻撃行動は1例も示されなかった．母親と1年子オスの間では46例の個体間交渉が観察され，うち19例（41.3%）で弱い攻撃行動（角つき，弱い追いかけ）が観察された．秋田県仁別でも，母親-1年子オスの個体間交渉33例のうち8例（24.2%）で同様の攻撃行動が観察された．両地域とも，1年子オスの性行動が母親の攻撃行動を誘発する場合があった．秋田県仁別では，母親に対する1年子オスのマウンティングが5例観察され，うち2例で母親の攻撃行動が誘発された．下北半島でも，母親に対する1年子オスのマウンティングが3例観察され，うち1例で母親の攻撃行動が誘発された．

下北半島では，母親-息子の抗争的交渉の割合は，1年子（41.3%）とくらべて2年子で11.1%（$n=9$，抗争的交渉の1例は子の逃避）と低下した．これは2歳になると，息子が母親にしつこく接近，追随することが少なくなるためである．秋田県仁別では，母親-2年子オスの個体間交渉は3例観察され，うち1例（33.3%）で角つきが観察された．母親-3年子オスの個体間交渉は，下北半島，秋田県仁別とも観察されなかった．親和的行動である鼻つきあわせの観察頻度は，下北半島では母親-1年子オスの21.7%（$n=46$）から，母親-2年子オスの0%（$n=9$）へと低下した．

（4）母親-娘の個体間交渉

下北半島では，母親と当年子メスの間で285例の個体間交渉が観察され，母親の攻撃行動は1例も示されなかった．母親と1年子メスの間では76例の個体間交渉が観察され，うち14例（18.4%）で弱い攻撃行動（角つき，角つきあわせ，弱い追いかけ）が観察された．母親-1年子メスのこの値とくらべると，抗争的交渉の割合は母親-1年子オス（41.3%）のほうが高かった．その理由は，1年子オスは母親に性行動を示すゆえ，それを嫌う母親が息子に拒絶的な行動をとることが多いためと考えられた．ただし，1年子メスが母親の外性器のにおいかぎをおこなうことがあり，そのような3例で母親の攻撃行動が誘発された．秋田県仁別では，母親と1年子メスの間で27例の個体間交渉が観察され，うち6例（22.2%）で攻撃行動が観察された．攻撃行動をともなう母親-1年子の個体間交渉の観察頻度は，下北半島では性差が認められたが（オス：41.3%，メス：18.4%；$p<0.01$，カイ二乗検定），秋田県仁別では認められなかった（オス：24.2%，メス：22.2%；$p=0.85$，カイ二乗検定）．

下北半島では，母親-2年子メス，母親-3年子メスの抗争的交渉の観察頻度はそれぞれ20.0%であり，同性である娘が1歳から2・3歳に成長しても母親の攻撃性が増すことはなかった．母親-2年子メスの抗争的交渉（1例）では，娘が接近して母娘が頭をさげてみあい，母親が娘を5mほど追いかけた．母親-3年子メスの抗争的交渉（2例）では，母娘間で角つきあわせがおこなわれた例と，母親と出会った娘が走って逃避した例が観察された．秋田県仁別では，母親による角つきが観察された母娘の個体間交渉の割合は，1年子で11.1%（$n=27$），2年子で14.3%（$n=7$），3年子で33.3%（$n=3$），また追いかけが観察された母娘の個体間交渉の割合は，1年子で11.1%（$n=27$），2年子で42.9%（$n=7$），3年子で33.3%（$n=3$）であった．母親の攻撃性は，娘が成長してやや高まるが，顕著ではない．実際，下北半島，秋田県仁別ともに，それぞれ当年子をつれた母親と分散前の3歳の娘の2組の母子が，一時的に一緒になる例が観察されている．親和的行動である鼻つきあわせの観察頻度は，下北半島では母親-1年子メスの22.4%（$n=76$）から，母親-2・3年子メスの0%（$n=15$）へと低下した．

下北半島と秋田県仁別の結果は，カモシカの母親と分散前の子の関係について同様の様相を明らかにした．まとめると，以下のとおりである．

1. 母親と当年子は基本的に同一行動をとる．また，行動圏の移動をともにおこなうほどの強い絆を有する．1年子になると母子は別行動をとるようになり，行動圏の移動をともにおこなうほどの強い絆も消失する．
2. 基本的に別行動をとるようになっても，母親と1年子，2年子はときに同一行動をとる．その際，子は雌雄ともに母親の攻撃行動をうけがちである．攻撃行動は，子を遠ざける程度の角つきあわせ，角つき，弱い追いかけである．1歳から3歳へと子が成長しても，雌雄ともに母親の攻撃行動が激化することはない．
3. 子に対する母親の攻撃行動は，なわばり争いのように激しいものではないが，子の母親への依存性を弱化させる役割をもつと考えられる．1歳から3歳へと子が成長するにつれ，親和的行動である鼻つきあわせが母子間で観察されなくなることで示されるように，母子間の親和性は希薄となる．

5.2　成獣オスと子の関係

（1）成獣オス–子オスの個体間交渉

本項および次項では，行動圏を大きく重複させる同一家族的集団の成獣オスと子の関係について紹介する．本項および次項においても，下北半島の結果（Ochiai and Susaki 2007）および秋田県仁別の結果（Kishimoto 1989a）にもとづく．

表5.1に分散前の子に対する成獣オスの攻撃行動の観察頻度を示した．下北半島では，成獣オスと当年子オスの間で45例の個体間交渉が観察された．そのうち1例で，成獣オスによる攻撃行動が示された．3月のこの例では，接近した子の額に成獣オスが角の根元を押しあてた．成獣オスと当年子オスの間では，親和的行動である鼻つきあわせが7例観察された．成獣オスに対して，当年子オスは接近（9例），追随（3例），体・顔のにおいかぎ（4例），体をなめる（1例）といった行動を示した．成獣オスは当年子に関心を示さない場合が多いが，接近（1例），体のにおいかぎ（1例），体をなめる（1例）といった行動を示した．

下北半島では，成獣オスと1年子オスの間で42例の個体間交渉が観察され，うち22例（52.4%）が抗争的交渉であった．抗争的交渉は，1年子オスの一方的な逃避4例と，成獣オスの弱い攻撃行動（角つき，角つきあわせ，弱い追いかけ）18例からなる．成獣オスと2年子オスの間では21例の個体間交渉が観察され，うち12例（57.1%）が抗争的交渉であった．内訳は，2年子オスの一方的な逃避が1例，弱い攻撃行動（角つき，角つきあわせ，弱い追いかけ）が7例，激しい追いかけが4例であった．成獣オスと3年子オスの間では3例の個体間交渉が観察され，成獣オスによる激しい追いかけ（2例）と3年子オスによる逃走（1例）が示された．このように，オスの子に対する成獣オスの攻撃行動は，子の成長にともない激化する傾向が認められた．

秋田県仁別でも同様の結果が得られている．秋田県仁別では，成獣オスの追いかけの観察頻度が，成獣オス–1年子オスの個体間交渉の40.0%（$n=10$）から，成獣オス–2年子オス（$n=4$）および成獣オス–3年子オス（$n=2$）の各100%へと増加した．秋田県仁別で観察されたこれらの追いかけは，いずれもなわばり争いの追いかけに匹敵する激しさであった．親和的行動である鼻つきあわせの観察頻度は，下北半島では成獣オス–1年子オスで21.4%（$n=42$），成獣オス-2・3年子オスで0%（$n=24$）と，子が成長するにつれ低下した．

（2）成獣オス-子メスの個体間交渉

下北半島では，成獣オスと当年子メスの間で27例の個体間交渉が観察され，成獣オスの攻撃行動は1例も示されなかった．成獣オスと当年子メスの間では，鼻つきあわせが5例，首のこすりつけあいが1例観察された．成獣オスに対して，当年子メスは体のにおいかぎ（1例）を示した．当年子オスでみられた成獣オスへの接近，追随は，当年子メスでは観察されなかった．成獣オスは当年子に関心を示さない場合が多かったが，外性器のにおいかぎとそれにつづくフレーメン（各1例），および当年子メスの耳への眼下腺こすりつけ（1例）をおこなった．

下北半島では，成獣オスと1年子メスの間で17例の個体間交渉が観察され，うち2例（11.8%）で角つきあわせが各1回観察された．成獣オスと2年子メスの間では14例の個体間交渉が観察され，うち1例（7.1%）で角つきあわせが1回観察された．成獣オスと3年子メスの間では18例の個体間交渉が観察され，抗争的交渉は1例も観察されなかった．このように成獣オスとメスの子の間では，攻撃行動は角つきあわせが散発的におこなわれるだけであった．この角つきあわせは，接近したり性行動を示す成獣オスに対し，1・2年子メスが威嚇的に頭をさげることで誘発されており，成獣オスのほうから攻撃行動をしかけることはなかった．秋田県仁別でもほぼ同様で，成獣オスは1年子メスに対して角つきと追いかけを各1回（9.1%, $n=11$），2年子メスに対して角つきを1回（10.0%, $n=10$）示しただけであった．3年子メスに対して攻撃行動を示すことはなかった（$n=8$）．

成獣オスは，メスの子に攻撃行動より性行動を示す．成獣オス-子メスの個体間交渉における性行動の観察頻度は，下北半島では1年子メスが11.8%（$n=17$），2年子メスが57.1%（$n=14$），3年子メスが72.2%（$n=18$）であった．同じく，秋田県仁別では1年子メスが36.4%（$n=11$），2年子メスが50.0%（$n=10$），3年子メスが87.5%（$n=8$）であり，両地域ともメスの子の成長にともない成獣オスの性行動が増加した．親和的行動である鼻つきあわせの観察頻度をみても，下北半島では成獣オス-1年子メスで35.3%（$n=17$），成獣オス-2・3年子メスで31.3%（$n=32$）であり，子の年齢による違いは顕著でない．このような成獣オス-子メスの関係は，子の成長とともに鼻つきあわせの観察頻度が低下する母親と雌雄の子の関係ならびに成獣オス-子オスの関係とは異なっている．

以上のとおり，成獣オスと子の関係についても，下北半島と秋田県仁別の結果は同様の様相を明らかにした．母子関係も含めてまとめると，それは以下のとおりである．

1. オスの子の場合，1年子は母親および成獣オスから弱い攻撃行動をうける．2-3歳に成長するにつれ，母親とは親和性が希薄となり，成獣オスにはなわばり争いと同等の激しさで追われるようになる．

2. メスの子の場合，1年子は母親および成獣オスの攻撃行動をうけるが，2-3歳に成長しても母親，成獣オスいずれの攻撃性も激化することはない．2-3歳に成長するにつれ，母親との親和性は希薄となる一方，成獣オスの性行動をうけるようになる．

5.3　子の分散

（1）分散の性差

性成熟前後の若獣が出生地から消失したときに分散が生じたと判断した．厳密にいえば，これらの消失には分散だけでなく死亡した場合も含まれる可能性がある．しかし，私の調査地域では，生後1年未満に消失した18頭の当年子のうち7頭（38.9%）が死体で発見されたのに対し，1年子の消失例はなく，また2-4歳で消失した個体の中で死体が発見された例は皆無であった（Ochiai and Susaki 2007）．このことより，性成熟前後の若獣の消失を分散とみなすことに大きな問題はないと考えられた．

下北半島では，1976-2005年の間にメス16頭，オス17頭，計33頭の子カモシカの独立過程を観察した（Ochiai and Susaki 2007；図5.5）．33頭のうち3頭（メス2頭，オス1頭）のみが出生地に居残り，自身のなわばりを確立した．このうちメス2例（キヌコ，ユキ）は，どちらも分散する前に母親が消失（おそらく死亡）し，なわばりをひきつぐ形となった．キヌコの場合，1年子だった11月に母親が消失した．ユキの場合，1年子になった春ころに母親が消失した．2例とも母親消失時に1歳と若かったが，ほかの成獣メスがその場所を行動圏・なわばりとすることはなかった．オス（タロウ）の例では，3歳のときに先住なわばりオスを追いだす形でなわばりを確立した．タロウは当年

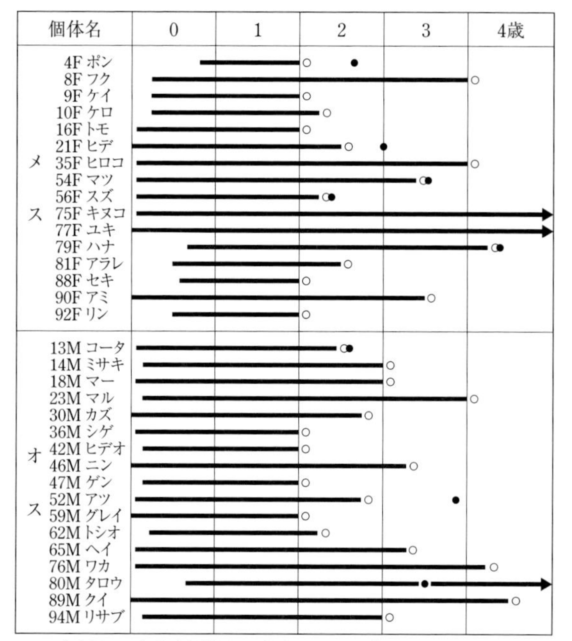

図 5.5　青森県下北半島におけるニホンカモシカ若齢個体の分散・居残り状況．個体名を個体番号および性別（F：メス，M：オス）と愛称で示す．1 年子のときに母親が消失したキヌコとユキのなわばり確立時期は明確でないため図示していない．落合（2008）より作図．

子だった 12 月以前に母親を失った個体であるが，3 歳になるまで出生地付近で父親と推定されるなわばりオス（マカナ）と行動圏を重複させていた．タロウが 3 歳の交尾期になると，この 2 頭が利用していた場所はオスではタロウだけが使うようになった．一方，マカナはそれまでの行動圏の端のほうの狭い場所のみで暮らすようになり，なわばり保持個体の入れ替わりが生じた．マカナはなわばり喪失時に 21 歳前後と高齢で，なわばりを失って半年後の翌年 2 月に死体で発見された．

上記 3 頭以外の 30 頭（メス 14 頭，オス 16 頭）は，性成熟前後の 2-4 歳のときに出生地から分散した．分散個体の割合（分散率）はメスが 87.5%（$n=16$），オスが 94.1%（$n=17$）であり，性差は認められなかった（$p=0.60$，フィッシャーの正確確率検定）．分散時の子の年齢（平均値 ± 標準偏差）は，メスが2.8±0.9歳（n＝14），オスが2.9±0.8歳（n＝16）であり，こちらも性差は認められなかった（p＝0.77，マン・ホイットニーのU検定）．メスの分散時の年齢は，2歳が9例，3歳が2例，4歳が3例であった．もっとも早い分散は2歳の春で，もっとも遅い分散は4歳の夏であった．オスの分散時の年齢は，2歳が8例，3歳が5例，4歳が3例であった．もっとも早い分散は2歳の春で，もっとも遅い分散は4歳の秋ないし冬であった（Ochiai and Susaki 2007；落合 2008）．ただし，2歳の春の分散例の中には4-6月の間に分散した例が含まれる．これらの中で4月に分散した例があったとすると，もっとも早い分散は1歳11か月の1年子のときとなる．

秋田県仁別では，メス12頭，オス20頭，計32頭の子カモシカの独立過程が観察された．32頭のうち，6頭（すべてメス）が出生地に居残って自身のなわばりを確立した．この6例は，消失した母親のなわばりをひきついだ例と，母親の行動圏の一部を分割する形で居残った例が各3例であった．この6頭以外の26頭（メス6頭，オス20頭）は出生地から分散した．分散率はメスが50.0%（n＝12），オスが100%（n＝20）であり，下北半島と異なり性差が認められた（p<0.01，フィッシャーの正確確率検定）．秋田県仁別の分散時の年齢は雌雄とも1-4歳であった（Kishimoto 1987, 1989a, 2003）．

分散の性差について，居残り，近距離分散，長距離分散の3区分にもとづき，あらためて検討してみよう（表5.2）．近距離分散とは調査地域の中で自身のなわばりを確立した場合であり，分散距離は1 km未満である．長距離分散とは調査地域外へ分散していった場合であり，分散距離は1 km以上である．長距離の分散距離がどの程度であるかはわかっていない．山形県における若獣4

表5.2　青森県下北半島および秋田県仁別におけるニホンカモシカ若齢個体の出生行動圏での居残りと分散の観察例数．下北半島についてはOchiai and Susaki（2007），落合（2008）より，秋田県仁別についてはKishimoto（1987, 2003）より作成．

		居残り	近距離分散[a]	長距離分散[b]
青森県下北半島	メス	2	5	9
	オス	1	2	14
秋田県仁別	メス	6	0	6
	オス	0	5	15

[a] 調査地域内で分散・なわばり確立（分散距離<1 km）．
[b] 調査地域外へ分散（分散距離≧1 km）．

頭を対象としたラジオテレメトリー調査では，最長の分散距離として1頭のオスが約4kmの分散をおこなった（奥村ほか1996）．前述したとおり，独立過程が観察できた子カモシカのうち，近距離分散・長距離分散を問わない分散個体の割合は，下北半島では性差が認められない一方，秋田県仁別では性差が認められた．次に，独立観察例のうちの居残り・近距離分散が占める割合について検討すると，下北半島ではメスが43.8%（$n=16$），オスが17.6%（$n=17$），秋田県仁別ではメスが50.0%（$n=12$），オスが25.0%（$n=20$）であった．両地域とも，居残り・近距離分散の割合がオスよりメスで高かったが，性差は有意でなかった（下北半島：$p=0.14$，秋田県仁別：$p=0.25$，フィッシャーの正確確率検定）．秋田県仁別では，調査地域外から地域内に移入してきてなわばり確立した個体は，オス17例に対してメスは2例しかいなかった（Kishimoto 2003）．これら下北半島と秋田県仁別の2地域の結果は，カモシカでは分散に関する性差が顕著でないこと，同時にオスよりメスのほうが居残りおよび近距離分散をおこなう傾向がいくばくか強いことを示している．

哺乳類ではオスが分散し，メスが出生地に居残る，すなわち定留性（philopatry）を示す種が多い（Greenwood 1980；Clutton-Brock 1989；Perrin and Mazalov 2000）．これらの種とくらべ，分散に関する性差が顕著でないカモシカは対照的であるとも，また若干ながらでもオスがメスより強い分散傾向を示すという点で共通性が認められるともいえる．ドブソンは分散要因として個体間の競争を重視し，一夫多妻や乱婚の種では基本的にオスが分散するのに対し，一夫一妻の種では両性が分散すると論じた（Dobson 1982）．有蹄類に関し，一夫一妻であるカモシカの分散についての結果は，一夫多妻・乱婚の種の分散研究の結果（アカシカ：Clutton-Brock *et al.* 1982，オジロジカ：Nelson and Mech 1987，ビッグホーン：Festa-Bianchet 1991）とともに，ドブソンの指摘を支持している．

（2）子のなわばり確立

下北半島では，オス2頭とメス5頭が調査地域の中で近距離分散をおこなった．オス2頭のうちの1頭は，出生地に隣接する場所になわばりを確立した．もう1頭のオスは，出生地から約500m離れた場所になわばりを確立した（図5.6）．メス5頭のうち4頭は出生地に隣接する場所に，1頭は出生地から約500m離れた場所になわばりを確立した（図5.7）．この近距離分散7例と居残り3例の計10例について，子のなわばり確立の状況を観察することがで

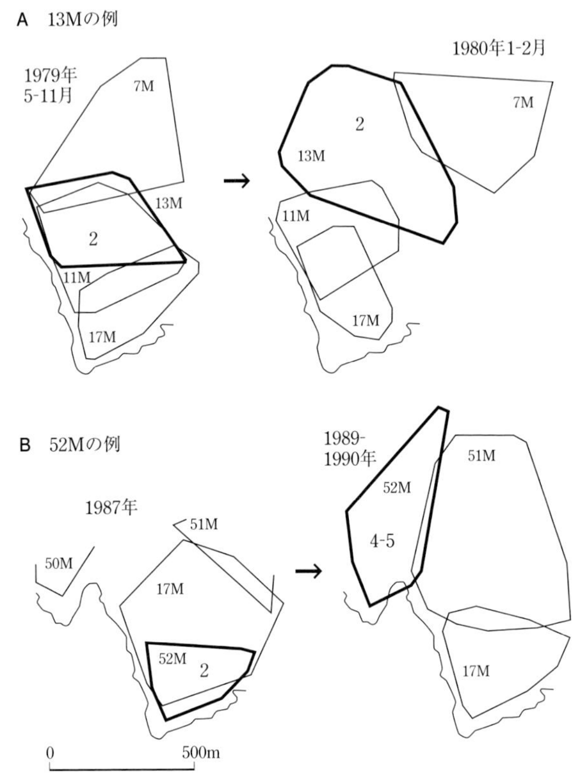

図 5.6　青森県下北半島におけるニホンカモシカ若齢個体（オス）の分散・なわばり確立の 2 例．太線：分散の前と後の若齢個体の行動圏，細線：なわばりオスの行動圏．太線内の数字は若齢個体の年齢を示す．図中の番号および M は個体名を示す（M：オス）．各個体の愛称は図 4.8 を参照．Ochiai（1993）より．

きた．10 例のうちメス 5 例とオス 2 例では，同性のなわばりペア個体を追いだす形で，あるいは同性のなわばりペア個体が不在となった場所になわばりを確立した．メス 2 例では，隣接のなわばりペアメスの行動圏の一部に侵入する形でなわばりを確立し，新たに形成された 1 オス 2 メスユニットの一員となった．オス 1 例では，1 オス 2 メスユニットのうちの 1 メスを獲得する形でなわばりを確立した．

秋田県仁別では，近距離分散 5 例（いずれもオス）および居残り 6 例（いずれもメス）の計 11 例について，子のなわばり確立の状況が観察された．オス

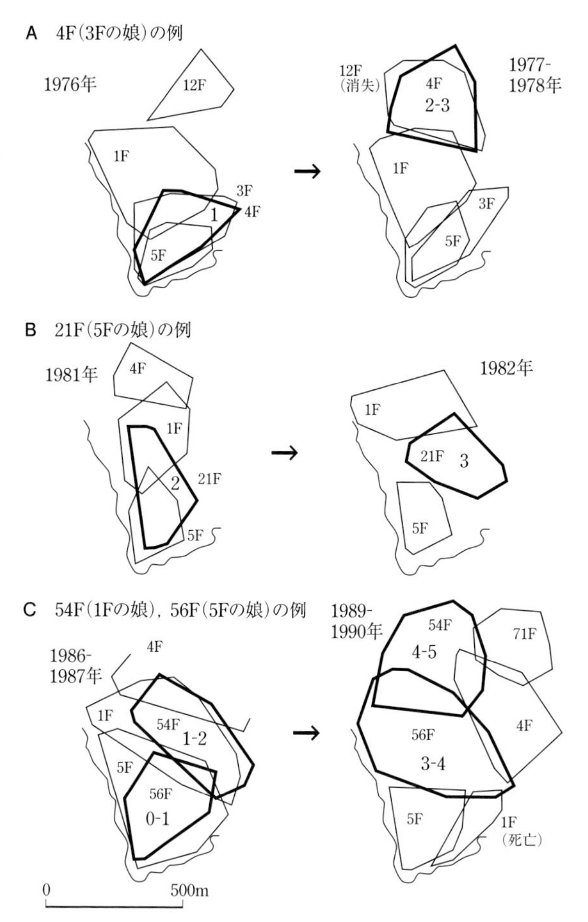

図 5.7　青森県下北半島におけるニホンカモシカ若齢個体（メス）の分散・なわばり確立の 4 例．太線：分散の前と後の若齢個体の行動圏，細線：なわばりメスの行動圏．太線内の数字は若齢個体の年齢を示す．図中の番号および F は個体名を示す（F：メス）．各個体の愛称は図 4.8 を参照．Ochiai（1993）より．

5 例のうち 3 例では，前肢を怪我したなわばりオスの，あるいは消失したなわばりオスのなわばりを獲得する形でなわばりを確立した．ほかの 2 例では，1 オス 2 メスユニットのうちの 1 メスを獲得する形でなわばりを確立した．6 例のメスは，前述のとおり，3 例が消失した母親のなわばりをひきついだ例，あとの 3 例が母親の行動圏の一部を分割した形でなわばり確立した例であった．

前者の3例では，すべて母親と入れ替わって新たな1オス1メスのペアが形成された．後者の3例のうち，1例では母親のつがいオスが，母娘の2メスと1オス2メスユニットを形成した．1例では新たに移入してきた新参オスと1オス1メスのペアを形成した．残りの1例については，なわばり確立した年のつがい関係は確認できなかった（Kishimoto 1989a）．

（3）分散の要因

分散については，そのパターン，機能，原因，重要性といった事がらが，多くの生物学者の興味をひいてきた．鳥類および哺乳類の分散に関する総説において，グリーンウッドは分散の性差が配偶システムと関係することを指摘した（Greenwood 1980）．すなわち，鳥類では一夫一妻の種が多く，それらでは配偶者を誘引するなわばりをオスがもつためメスに偏った分散がおこる．一方，哺乳類ではメスをめぐってオスが直接的に競争する一夫多妻・乱婚の種が多く，繁殖の機会を求めてオスに偏った分散がおこる．この総説は広く引用され，分散に関する論議の源となっている．この総説は過去60年間の Animal Behaviour 誌の中で，とびぬけて多く引用されている論文（Dobson 2013）だそうだ．

分散の究極要因については次の三つの仮説があげられる．①配偶者競争仮説（Dobson 1982；Moore and Ali 1984；Liberg and von Schantz 1985），②環境資源競争仮説（Waser 1985；Favre *et al.* 1997），③近親交配回避仮説（Packer 1979；Cockburn *et al.* 1985；Pusey 1987；Clutton-Brock 1989）．これらの仮説の支持者の間では論争も生じた（Moore and Ali 1984；Packer 1985）．しかし，分散の要因はたがいに排他的でないと考えられる（Dobson and Jones 1985；Rood 1987；Lawson Handley and Perrin 2007）．たとえば，配偶者競争仮説と近親交配回避仮説の双方を支持する研究（リカオン：McNutt 1996，トウブシマリス：Loew 1999），あるいは環境資源競争仮説と近親交配回避仮説の双方を支持する研究（ツンドラハタネズミ：Gundersen and Andreassen 1998）がある．

上記3仮説のうち，配偶者競争仮説と環境資源競争仮説はあわせて競争仮説とすることができる．競争仮説においては，子と先住成獣個体との同性間関係が重視される．なぜなら，配偶者や食物等の環境資源をめぐる競争は同性間でより激しいからである．一方，近親交配回避仮説では，子とその子の異性近親個体の関係が重要となる．この点に関し，ボルフはシロアシマウスの片親を除去したときに，除去親と異なる性別の子の分散が遅れることを観察し，近親交配回避仮説を支持した（Wolff 1992）．さらに，ボルフは多くの種の分散研究を総括し，若齢個体の分散が同性の親・先住個体の存在と関係する場合には競争仮説が，若齢個体の分散が異性の親の存在と関係する場合には近親交配回避仮説があてはまると論じた（Wolff 1993）．

一夫一妻の種の研究は，分散についてシンプルに解釈できる利点を有する（Swilling and Wooten 2002）．哺乳類のメスの定留性と分散を論じた研究でも，1頭しか繁殖メスがいない場合にメスが分散することの説明は簡単であり，それは若齢メスが繁殖機会を求めて自ら移出したり，繁殖メスに追われたりするからであるとされる（Clutton-Brock and Lukas 2012）．実際，同性間でなわばりをもつカモシカの場合，分散要因として競争仮説があてはまることが容易に想像できる．下北半島で出生地における居残りが生じた3例は，いずれも同性のなわばり先住個体の消失・入れ替わりとともに生じた．秋田県仁別でも，居残り6例のうち3例は，同性なわばり先住個体の消失にともなって生じた．ほかの3例も，同性なわばり先住個体と行動圏が重複しない形で居残りが生じている．さらに，下北半島で分散した30例すべては，同性なわばり先住個体が健在であった場合に生じている．

では，近親交配回避仮説はカモシカの分散要因としてあてはまらないのであろうか．下北半島では，オスの子が分散した16例のうち4例では，子が分散するまでになわばりメスの入れ替わりが生じており，分散時には出生地に母親は存在していなかった．また，メスの子が分散した14例のうち5例では，なわばりオスの入れ替わりが生じており，分散時には出生地に「父親と推定される成獣オス」は存在していなかった．この9例の場合，子は近親交配となる異性親がいなくても分散したこととなる．そのため，カモシカの分散については近親交配回避仮説が積極的に支持されるとはいいがたい（Ochiai and Susaki 2007）．なお，「父親と推定される成獣オス」とは，子が生まれる前年の交尾期に母親とつがい関係にあったなわばり成獣オスを示す．遺伝的な父性は確かめられていないが，カモシカでは婚外繁殖がおこる率は高くないと予測される（第4章4.4節（4）項）．以下，父親と推定される成獣オスのことを単に父親と称する．

近親交配回避はカモシカの分散の一義的な要因でないと考えられたが，分散が近親交配回避に役立っていることも確かである．しかし，下記のとおり，カモシカでは父娘のつがい形成および近親繁殖が10%程度の割合で生じている．下北半島では，のべ97例のつがい関係が各交尾期に確認された．97例のうち，

3頭のメスがかかわるのべ10例（10.3%）のつがい関係が父娘で形成され，うち6例が出産に至っている（Ochiai and Susaki 2007）．非父娘と判断できた繁殖例は55例あり，父娘の近親繁殖の発生率は9.8%（$n=61$）であった．近親繁殖した3頭のメスのうち，2頭は母親の消失にともなって出生地に居残ったキヌコとユキである．性成熟に達したのち，キヌコと父親のつがい関係は2交尾期つづき，うち1回で出産した．ユキと父親のつがい関係は5交尾期つづき，うち2回で出産した．もう1頭のメス（ヒデ）における父娘のつがい関係は，娘が両親のなわばりの隣になわばりをもうけ，父親が母娘とつがい関係をもつことによって生じた．このつがい関係は3交尾期つづき，3回の出産がおこなわれた．秋田県仁別でも，父娘のつがい関係による出産が6例確認されている．このような父娘のつがい関係は，なわばりオスの頻繁な入れ替わりによって何年間もつづくことはないと指摘されている（Kishimoto 1989a）．

ここで，父娘と非父娘の成獣オス-若獣メスの間で行動上の差異が存在するか検討してみたい．下北半島におけるメスの子の分散年齢は，父親が出生地に存在する場合は2.6±0.8歳（平均値 ± 標準偏差，$n=9$），出生地には父親と入れ替わったほかの成獣オスがいる場合は3.0±1.1歳（$n=5$）であり，差異は認められなかった（$p=0.34$，マン・ホイットニーのU検定）．若獣メス（1-3歳）と成獣オスの間では，3例の攻撃行動（角つきあわせ）が観察された．この3例すべては父娘間で生じた．しかし，例数が少ないこともあって，攻撃行動の観察頻度は，父娘間（11.1%, $n=27$）と非父娘の成獣オス-若獣メス間（0%, $n=22$）とで差異は認められなかった（$p=0.24$，フィッシャーの正確確率検定）．また，性行動をうける頻度をみると，交尾期には父娘間（$n=5$）および非父娘の成獣オス-若獣メス間（$n=13$）とも，すべての個体間交渉で成獣オスの性行動が示された．秋田県仁別では，性行動の観察頻度は父娘間（40.0%, $n=15$）より非父娘の成獣オス-若獣メス間（71.4%, $n=14$）のほうが高かったが，差異は有意でなかった（$p>0.08$，カイ二乗検定；Kishimoto 1989a）．これらの結果をみる限り，父娘間における近親交配をカモシカが行動的に回避しているという証拠はみいだせない．カモシカの父娘の間では，基本的に娘の分散となわばりオスの入れ替わりが，近親交配の発生頻度を低減させる機能を果たしていると推察された．

父親-娘の場合と異なり，カモシカの母親は息子の性行動に対して拒絶的な行動を示す．そのためか，母親-息子の近親交配は，下北半島，秋田県仁別とも確認されていない．下北半島では，オスの子の分散年齢は，母親が出生地に存在する場合は2.7±0.7歳（$n=12$），出生地には母親と入れ替わったほかの成獣メスがいる場合は3.7±0.5歳（$n=4$）であり，後者の分散時期のほうが遅い傾向が認められた（$p=0.01$，マン・ホイットニーのU検定；Ochiai and Susaki 2007）．この結果は，オスの子の分散が母親の配偶者選択によって促進されている可能性，あるいはオスの子が繁殖相手として母親以外のメスを求めている可能性を示唆する．いずれにせよ，カモシカの母親-息子では，母親の行動的な近親交配回避メカニズムが機能している可能性が考えられる．

近親交配回避は多くの種で認められる現象である（Pusey and Wolf 1996）．その一方で，近親交配回避が認められなかった事例も報告されている（有蹄類では，トナカイ：Holand *et al.* 2007；ビッグホーン：Rioux-Paquette *et al.* 2010）．近親交配回避は，近交弱勢によるコストを避けるために発達すると考えられるが，より正確には近親交配回避に要するコストが近親交配のコストより低い場合に発達する（Waser *et al.* 1986）．近親交配回避のコストとしては，繁殖機会の逸失や非血縁個体をさがす間の高い死亡リスクなどが考えられる．そして，近親交配回避は近親交配のコストが著しい場合にのみ進化し，近親交配は頻繁に生じうる可能性が指摘されている（Kokko and Ots 2006）．カモシカにおける父親-娘の近親交配もその一例にあてはまると推測されるが，近親交配および近親交配回避の双方のコストを明らかにすることは容易でない．

近年，分散と定留性の要因に関しては，血縁個体間の競争や協力といった血縁選択説の観点からの検討もさかんとなっている（Perrin and Mazalov 2000；Le Galliard *et al.* 2006；Lawson Handley and Perrin 2007；Clutton-Brock and Lukas 2012）．血縁選択には血縁認識が重要な意味をもつ．下北半島では，分散前の若獣オス（1-3歳）と成獣オスの抗争的交渉の観察頻度に関し，父親-息子（21.9%, $n=32$）と非父親の成獣オス-若オス（65.0%, $n=20$）との間で差異が認められている（$p<0.01$，カイ二乗検定）．この差異が血縁認識によるとは限らないが，興味深い結果である．

（4）環境と社会構造

一般的に，動物の社会構造は，系統的な制約と環境要因による制約の両方の影響をうけて成り立っている．このうち，環境と社会構造の関連性を大学にはいりたての私に教えてくれたのはジャーマンの論文（Jarman 1974）であった．ジャーマンは，アフリカに生息する有蹄類各種の社会構造が，体サイズ，採食様式，生息環境，対捕食者行動などと密接に結びついていることを示し，有蹄類の社会を，小型で森林内において単独またはつがいで生活するAクラスから，大型で草原などの開放的な環境において大きな群れをつくるEクラスまでの5タイプにわけた．ジャーマンの考えを簡単にまとめると以下のようになる．大きな体サイズは，草原，サバンナなど開放的な環境にすむ有蹄類の特徴である．そこに存在するイネ科植物などの食物は，低質であるが豊富にある．そのような食物を利用するには，エネルギー要求のうえでも，また低質の食物を消化するための大容量の消化管をおさめるという点でも，大きな体サイズが適している．同時に，開放的な環境では，対捕食者行動として体の大型化や集団形成が有利であり，量的に豊富な食物が個体の集合を可能ならしめる．一方，小型の有蹄類は，森林内に生息するのが普通である．森林内で食物となる植物の芽や若葉は良質であるが量が少なく，大きな体は維持できない．少量が散在するという食物の存在様式は個体の集合を妨げ，森林性の種において単独性やなわばり性の社会を生じさせる．また，森林内での対捕食者行動としては目立たないことが重要である．それには小さな体サイズや単独生活が適している．

有蹄類にとってみると，草原などの開放的な環境とくらべると，閉鎖的な環境である森林の中では良質な食物が散在している．森林内のこの良質な食物は，量は限定的であるが，季節的，年次的に安定的に供給される．このような少量・安定供給的な食物資源を確保するために，カモシカは雌雄にかかわらず固定的な資源防衛なわばりをもつと考えられる．さらに，オスはメスのなわばりに自分のなわばりを重ねることで配偶者防衛をおこなっている．そのため，オスのなわばりは配偶者防衛なわばりでもある．カモシカの分散についても，なわばり形成と同様に，メスについては食物資源競争が，オスについては食物資源競争と配偶者獲得競争の双方が要因としてあげられる．カモシカの一夫一妻の社会がメスの散在的分布によってもたらされていることは，前章で述べたとおりである．したがって，単独生活，なわばり性，両性による分散，一夫一妻の社会といったカモシカの諸特性は，いずれも森林という閉鎖的環境と，そこでの食物の散在的な存在様式が究極要因としてかかわっていると理解される．

有蹄類の進化の道すじをたどると，その祖先種は小型で，森林内で単独性の生活をおくっていたと推測される．その祖先種は，第三紀-第四紀の造山活動によって出現した草原や山岳斜面等の開放的な環境に進出するとともに，大型で群れをつくるさまざまな種に分化していった（Schaller 1977; Geist 1987, 1998）．有蹄類の群れ社会の多くは母系の血縁集団から構成される．群れ社会が形成される必要条件は，限りある食物資源を血縁のメスたちが同所的に利用できるということにある．その点で，食物が散在分布する森林を生活の場としてきたカモシカは，群れ形成という進化の過程をたどることはなかったわけである．ただし，カモシカの社会においても，母娘間の一定の許容性およびオスの一夫多妻指向が認められる．そこに，一夫一妻から一夫多妻・乱婚へと移り変わる，有蹄類の社会における進化の道すじを思い描くことができる．

第6章　食性と栄養

野生動物の食性および採食様式は，それぞれの種の消化生理と密接に関係している．それらは，その種の自然界における位置づけを解明するうえで鍵となる．また，食性研究は，その種の生息環境との関係や栄養条件を理解するうえで不可欠である．カモシカの研究史において食性研究は初期から着手され，多くの文献で報告されてきた．

6.1　食性紹介に先立ち

(1) ブラウザーとグレーザー

よく知られているように，ウシやシカなどの反芻動物は4室の胃をもつ．四つの胃は，第一胃（ルーメン），第二胃，第三胃，第四胃とよばれる．ただし，マメジカ科やラクダ科の胃は3室からなる．反芻動物の胃は大きく，腹腔の約75% の容積を占める．このうち，第一胃が四つの胃全体のおおよそ80% 前後を占める（鈴木 1998)．反芻動物はなぜこのような複雑で大きな消化管をもつに至ったのだろうか．それは，植物の細胞壁を構成する植物繊維（主成分はセルロース）が分解の困難な物質であって，植物繊維を分解する酵素をもたない哺乳類は，植物繊維を消化できないことが原因となっている．興味深いことに，植食動物は植物を食べて生きているのに，自力で植物繊維を消化することができないのである．

反芻動物の第一胃には，多種多様で膨大な量の微生物（細菌，原生動物，真菌）が生息している．その微生物が植物繊維と細胞質成分を発酵分解し，その代謝産物および増殖した微生物そのものを反芻動物が消化吸収する．つまり，反芻動物は自分自身では消化できない食物を，微生物の力を借りて利用可能な状態にまで代謝させているのである．反芻は第一・二胃の食物を再び口にもどして再咀嚼する行動である．そのおもな働きは，繊維質を細分することによって胃内での微生物による分解を促進させること，およびアルカリ性の唾液の分泌によって第一胃内の酸性化を緩衝し，良好な発酵を促進させることにある．このような消化システムを発達させることにより，反芻動物は消化の困難な，しかし世界最大のバイオマスである植物体を栄養源として効率的に利用することを可能とし，世界的に繁栄する動物群となった．

反芻動物は，消化器官の解剖学的特徴や採食様式にもとづき3タイプにわけられる．おもに若芽，葉，果実など良質な植物部位を選択的に食べるCS型（選択食型；concentrate selector），おもに低質なグラミノイド（イネ科，イグサ科，カヤツリグサ科の総称）を非選択的に食べるGR型（粗植食型；grass/roughage eater），そして中間型（intermediate type）の三つである（Hofmann 1973, 1985, 1989）．反芻動物をはじめとする植食動物の採食タイプとしては，ブラウザー（browser）とグレーザー（grazer）という用語も使われる．CS型がブラウザー，GR型がグレーザーに相当する．ホフマンは，小型の反芻動物では第一・二胃の発達程度が低く，相対的に第四胃が大きいこと，それに対し，大型の反芻動物では第一胃が大きく発達することを示した．小型反芻動物は良質な食物を食べるため食物の消化率がよく，それゆえ微生物が発酵分解する場である第一・二胃の大型化は必要としない．腸は短くてよく，消化速度は速い．一方，低質の食物を多量に食べる大型反芻動物では大きな発酵タンクが必要であり，第一胃が発達した．粗食の消化のために長い腸が必要であり，消化速度は遅い．

ホフマンの比較形態学の視点とはやや異なり，ジャーマンは生態学的な視点から，アフリカに生息する有蹄類の集団サイズ，生息環境，食物の存在様式，採食様式，体サイズ，対捕食者行動等を統一的に論じた（Jarman 1974）．その内容は前章で紹介したとおりで，開放的な環境では，大型で群居性の種が，低質であるが量的に豊富な食物を利用する．一方，閉鎖的な森林では，小型で単独性の種が，良質であるが少量が散在する食物を利用するというものである．体サイズと食物の質の関係についてのジャーマンの考えは，アフリカの有蹄類の採食特性について論じたベルの論文（Bell 1971）とともに“ジャーマン・ベル原理”として知られる（Geist 1974）．ジャーマン・ベル原理とは，体が大きい種ほど低質ではあるが多量に存在する植物を食物として利用し，体が小さい種ほど絶対量は少ないが良質な食物が必要になるという考え方である．大型種にとっても食物は良質であるほうがよいのだが，一般的に良質な食物ほど少量しか存在しない．そのため，大型種として必要な食物の絶対量を確保するためには，質的に劣る植物を食物にせざるをえないのである．

ジャーマン・ベル原理は，生物の基礎代謝量は体重と比例するのではなく，体重の4分の3乗に比例するという経験則（クライバー則あるいは4分の3乗則とよばれる；Kleiber 1961）にのっとって考えるとよく理解できる．クライバー則の4分の3という数字は，生物の必要エネルギーは体重の増加とともにふえるが，単位体重あたりの必要エネルギー量は相対的に減少することを表している．

クライバー則は次の式で示される．

$$BMR = 70W^{0.75}$$

ここで BMR（basal metabolic rate）は基礎代謝量（キロカロリー/日），W は体重（kg）である．具体的なイメージがつかめるように，体重40 kgのカモシカと体重600 kgのアメリカバイソンとで比較してみよう．この式によれば，カモシカが基礎代謝として必要とするエネルギー量は1113キロカロリー/日となる．これを単位体重あたりの基礎代謝量として求めると約28キロカロリーとなる．一方，アメリカバイソンの基礎代謝量は8486キロカロリー/日であり，単位体重あたりの基礎代謝量は約14キロカロリーとなる．つまり，小型のカモシカの必要エネルギー量は，大型のバイソンの13%（1113/8486）とより少なくすむが，単位体重あたりのエネルギー要求はバイソンの2倍（28/14）となる．別のいい方をすると，アメリカバイソンはカモシカの15倍（600/40）の体重をもつが，必要とするエネルギー量は8倍程度（8486/1113）ですむ．

ジャーマン・ベル原理は有蹄類に関して提唱された考え方であるが，この原理は霊長類においても小型種は昆虫食，中型種は果実食，大型種は葉食というようにほぼあてはまる（Gaulin 1979）．ホフマンの総説およびジャーマン・ベル原理に関しては，これまで出版された書籍ですぐれた解説がなされている（森下 1976；高槻 1991a, 1992a, 2006；小野 2000）．

（2）食性分析の方法

表6.1にこれまで報告されたカモシカのおもな食性研究文献を示した．カモシカの食性研究は，胃内容物分析，糞分析，食痕調査，直接観察という4方法によっておこなわれてきた．植食動物の食性分析におけるこの4方法については解説がなされており（高槻 1983），参考となる．

胃内容物分析は，胃内での消化率が植物種や植物群によって異なるというバイアスを有する．たとえば，消化率の高い広葉草本は木本の枝にくらべると過

表 6.1 ニホンカモシカのおもな食性研究.

調査地域	調査方法[a]	定量的分析の方法	おもな季節	文献
北アルプス	胃	4 段階表示	早春	千葉（1968）
神奈川県丹沢山地	胃	乾燥重量	早春，冬	山口ほか（1974）
北アルプス	胃，食	胃：乾燥重量 食：なし	胃：早春 食：夏	千葉・山口（1975）
北・中央アルプス	胃	出現頻度	早春，秋，冬	宮尾（1976）
秋田県仁別	食・直	4 段階表示	周年	赤坂（1977）
新潟県笠堀	食・直	3 段階表示	周年	Akasaka and Maruyama（1977）
中央アルプス	食	食痕数	ほぼ周年	鈴木ほか（1978）
長野県	食・直	なし	周年	橋渡（1979a）
北アルプス	食	なし	周年	北原（1979）
山形県朝日山地	食	食痕数	夏，冬	木内ほか（1979）
北アルプスなど	胃	4 段階表示	周年	山口・高橋（1979）[b]
岐阜県	糞	出現頻度	ほぼ周年	森ほか（1981）
大分県祖母山系	食	なし	秋，冬	土肥ほか（1984）
長野県・岐阜県	胃	ポイント枠法	冬	高槻・鈴木（1985）
三重県大台ヶ原	糞	面積測定法	春，夏，秋	Horino and Kuwahata（1986）
白山山地	胃	3 段階表示	ほぼ周年	水野・八神（1987）
山形県山形市	糞	ポイント枠法	早春，夏	Takatsuki *et al.*（1988）
山形県山形市	糞	ポイント枠法	周年	Takatsuki *et al.*（1995）
栃木県足尾山地	直	採食時間割合	周年	Koganezawa（1999）
青森県下北半島	直	bite カウント法	周年	Ochiai（1999）
山形県山形市	食	被食個体数	夏	Deguchi *et al.*（2002）
宮城県鳴子	食	被食個体数	夏	Deguchi *et al.*（2002）
長野県	胃	ポイント枠法	冬	岸元（2006）
静岡県	胃	ポイント枠法	冬	Jiang *et al.*（2008）
山形県山形市	糞	ポイント枠法	周年	Takatsuki *et al.*（2010）
八ヶ岳	糞	ポイント枠法	春，夏，冬	Kobayashi and Takatsuki（2012）
群馬県	胃	ポイント枠法	冬	姉崎（2014）
高知県	糞	ポイント枠法	夏，冬	Asakura *et al.*（2014）

[a] 胃：胃内容物分析，食：食痕調査，直：直接観察，糞：糞分析.
[b] 胃内容物分析の既報データを集計.

小評価されやすい（Renecker and Schwartz 1997）．とはいえ，採食物を直接的にしらべることができる胃内容物分析の利点は大きい．自然死亡個体から胃内容物を集める場合には試料数の確保が課題となるが，食害対策の捕獲個体を用いた分析では十分な試料数が得られる場合が多い．胃内容物分析における量的評価の方法としては，目視にもとづく 3-4 段階の量区分，出現頻度，乾燥重量の測定，ポイント枠法がある．内容物の量を明らかにするには乾燥重量がすぐれているが，労力がかかる．その点，ポイント枠法は省力的である．ポイント枠法とは胃内容物や糞をフルイで水洗し，残った植物片を一定の大きさの格子がはいったシャーレ（胃内容物の場合）ないしスライドグラス（糞の場合）にひろげ，格子の交点を覆った数から各植物片の面積比を求めて構成割合を推定する方法である（Stewart 1967；Leader-Williams *et al.* 1981；高槻 1991b）．胃内容物分析では種レベルの分析も相当程度に可能である．

糞分析の利点は分析試料が比較的容易に得られることにある．一方，植物種や植物群による消化率の違いが結果にバイアスを生じさせる可能性がある．カモシカの糞分析では，水洗作業におけるフルイのメッシュからの流失は，グラミノイドより双子葉植物のほうが多いと考えられる（Kobayashi and Takatsuki 2012）．カモシカとニホンジカが同所的に生息している地域では，この2種の糞の混同に注意しなければならない（6.2節（4）項）．糞分析においても種レベルの分析はある程度可能だが，細胞レベルのレファレンス作成と同定に労力がかかる．そのため，主要採食種・植物群レベルでの分析が多い．糞分析における量的評価の方法としては，出現頻度，植物片の面積測定，ポイント枠法がある．このうち植物片の面積を量指標とする後二者をくらべると，植物片の面積測定よりポイント枠法のほうが省力的である．

カモシカの食痕は野外で認識しやすく（図6.1），食痕調査は採食植物種リストを比較的簡便に作成できるという利点をもつ．ただし，食痕が目立たない場合もあるため，注意深く調査をおこなう必要がある．草本の芽生えや地面に

図6.1　ニホンカモシカの食痕（オオヨモギ）．青森県下北半島にて．

落ちた堅果の採食など，食痕が残らない採食もある．カモシカとニホンジカでは食痕の区別が困難であり，両種が同所的に生息しているところでは本法は使えない．カモシカとノウサギの食痕は，ノウサギでは斜めに鋭く切り落とした食痕の形状であること，ならびにかみ切られた葉や枝が地上に落ちていることで区別される（千葉 1979）．しかし，草本の食痕など正確に区別できない場合もある．カモシカとニホンザルの食痕の区別も注意が必要である．下北半島において調査を始めた当初，私はサルが採食したササの食痕をカモシカのものと思っていた．また，雪上のカモシカの足跡のそばで，カモシカが木の樹皮をかじりとったように思える食痕に出くわしたことがあるが，新雪の下に隠れていたサルの足跡はそれがサルの食痕であることを示した．食痕調査における量的評価は食痕数にもとづいておこなわれる．この場合，たとえば葉の大きなフキと小さなカタクリのように，同じ量的評価となる一つの食痕でも，一食みの採食量（bite size）が植物種によって異なることが結果のバイアスの一因となる．さらに，食痕調査による量的評価では，食痕が目立つものが過大評価されやすい．食痕調査における量的評価において，採食量を食痕数でなく，食痕が確認された植物個体数でしらべた例がある．この場合，たとえば落葉広葉樹と草本とでは，植物 1 個体あたりの食痕数・採食量に違いが大きい．このようなデータにおいて，採食量や選択性に関して落葉広葉樹と草本の比較をおこなうことはできない．

採食行動の直接観察は，採食植物を種レベルで直接的に明らかにする明察な方法である（図 6.2）．ただし，採食植物の種や採食量を直接観察で明らかにするには，詳細な行動観察が必要である．そのような良好な条件を満たす調査地域は限られる．直接観察によるカモシカの食性研究では，採食回数（bite count 法；Wallmo and Neff 1970），ないし採食時間にもとづく量的評価がおこなわれている．直接観察では観察しにくい採食（地面近くの草本の採食など）や，一食みの採食量が小さい植物種が過小評価されやすい．採食行動の直接観察は，たとえばニホンザルを対象とした研究（Watanuki and Nakayama 1993；中川 1994, 1999）のように，食性のみならず，採食生態にかかわる多様な知見をもたらせてくれる．カモシカは，ニホンザルに劣らず行動の直接観察が可能な動物である．今後，カモシカの採食生態のすぐれた研究がなされることを期待したい．

以上の紹介のとおり，カモシカの食性分析の方法はどれも一長一短がある．食性研究をすすめるにあたっては，各調査法の利点と問題点をふまえ，研究目

図 6.2　シナノキの若葉を採食するニホンカモシカ．青森県下北半島にて．

的や調査条件に応じた方法を採用することが必要である．

6.2　カモシカの食性

（1）多様な採食植物

植食動物であるカモシカは，生息地に生育するさまざまな植物を食する．植物のほか，キノコや地衣類などの菌類も食する．たとえば，北アルプス，日光山地などの胃内容物分析では，サルノコシカケ類のキノコ3種とサルオガセ類の地衣類3種の採食が報告されている（山口・高橋 1979）．

カモシカは食物として何種類くらいの植物を利用しているのだろうか．これまで報告された種数をみると，中央アルプスの木曽駒ヶ岳で58科189種（木本92種，草本97種；鈴木ほか 1978），長野県木曽で176種（橋渡 1979a），北アルプス白沢天狗岳で54科133種（木本78種，草本53種，菌類2種；北原 1979），下北半島で57科115種（木本65種，草本49種，菌類1種；Ochiai 1999）であった．カモシカはそれぞれの地域で100種を超える多様な植物を食物として利用している．さらに，一つの種でも葉，枝先・冬芽，種実

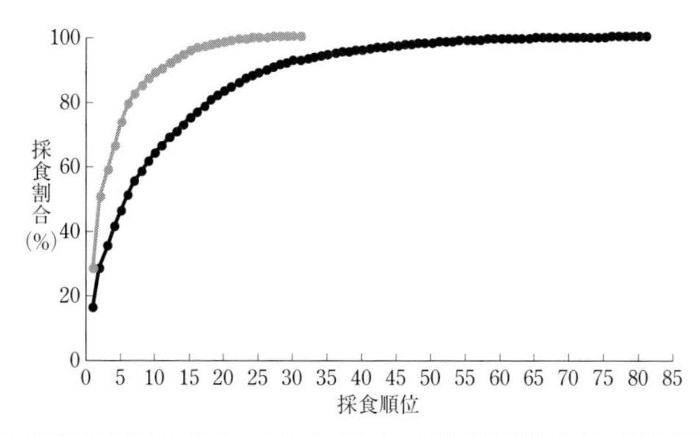

図 6.3 青森県下北半島におけるニホンカモシカの採食割合累積曲線．採食割合累積曲線は，種ごとの採食割合を上位種から下位種へと順に累積した曲線．●：夏（7-9 月），◎：冬（1-3 月）．

表 6.2 青森県下北半島におけるニホンカモシカの上位採食種の採食割合．Ochiai (1999) より．

		春 (5-6 月)	夏 (7-9 月)	秋（10-11 月）		冬（1-3 月）	
調査年		1978-1980	1978-1980	1978-1980	1994-1996	1978-1980	1994-1996
観察 bite 数		2281	3567	2668	1720	3879	2571
採食種数		64	81	56	49	32	29
累積採食割合（%）	上位 3 種	50.7	35.7	39.4	39.4	59.0	57.8
	上位 5 種	59.1	46.4	53.9	53.2	73.7	75.5
	上位 10 種	74.4	64.0	73.0	71.0	88.6	88.6
累積採食割合構成種数	50%	3	6	5	5	2	3
	80%	13	18	14	15	7	7
	90%	21	27	21	24	11	11

など植物の異なる部位を食している．そういった品目まで考慮すると，カモシカの食物の多様性はさらに高いことが理解される．

カモシカの採食植物は多様であるが，食物として利用する量は種ごとに同じではない．下北半島では採食行動を直接観察することによって，4 季節の種レベルでの採食量が明らかにされた．このデータより採食割合累積曲線，すなわち種ごとの採食割合を上位種から下位種へと順に累積した曲線を描いてみると，たくさん食べる種から稀にしか食べない種まで連続的に変化していることがわかる（図 6.3）．採食割合累積曲線のはじめの立ち上がりが急であるのは，限

表 6.3　各地のニホンカモシカの主要食物種.

調査地域	春	夏
北アルプス		オオカメノキ，ウリハダカエデ，イタドリ
秋田県仁別	フキ，ヒメアオキ，ハイイヌガヤ，スゲ類，イワガラミ，アオミズ，シロツメクサ	ヤマウルシ，ヒメアオキ，ハウチワカエデ，ヤマソテツ，アオミズ，シロツメクサ，ヤマモミジ，タカノツメ，ミヤマイラクサ，ウド，リョウブ
新潟県笠堀	ミズナラ，カタクリ，ジャノヒゲ，ゼンマイ，シダ類	ヤマウルシ，オオカメノキ，オオバクロモジ，ミズナラ，リョウブ，ナンキンナナカマド，ミヤマホツツジ，ウラジロヨウラク，トウゴクミツバツツジ，チョウジザクラ，イタヤカエデ，コミネカエデ，コハウチワカエデ
中央アルプス[a]	フキ，シロバナエンレイソウ，エンレイソウ，ツクバネソウ	ハナウド，ミヤマゼンゴ，ヨブスマソウ，モミジハグマ，ヨツバヒヨドリバナ，ミズナ，アカソ
山形県朝日山地		アカソ，ツリフネソウ，ミズ，キツリフネ，イタドリ，トリアシショウマ，ナンブアザミ，イブキゼリ，ウド
山形県山形市	双子葉植物の葉，単子葉植物（スゲ類など），ハイイヌガヤ	双子葉植物（ヤマグワなど）の葉，単子葉植物（スゲ類など）
青森県下北半島	ガマズミ，イタヤカエデ，シナノキ，カシワ，ハウチワカエデ，サルトリイバラ，アマニュウ	ムラサキシキブ，ツクバネ，ウリノキ，アズキナシ，クズ，ミズナラ，オオヨモギ，シナノキ，ツユクサ

[a] 周年の主要食物種として，ヤマアジサイ，タマアジサイ，ノリウツギ，クロイチゴ，クマイチゴ，ミ，ヨモギ，ヤマブドウ.

られた種の採食割合が大きいことによる．たとえば，採食割合が大きい上位3種が占める採食割合は35.7–59.0%であった．同様に上位5種では46.4–75.5%，上位10種では64.0–88.6%であった．この結果を別の方法で示すと，全採食量の50%はわずか2–6種の植物によるものであった．同じく80%は，春から秋には13–18種の植物，冬には7種の植物，同じく90%は，春から秋には21–27種の植物，冬には11種の植物によった（表6.2）．このように，カモシカは多くの植物を食す一方で，限られた植物を主要な食物として利用している．同様の採食特性がニホンザルでも明らかにされている．屋久島のニホンザルでは，

秋	冬	文献
	コメツガ，ヒノキ，アカマツ，スゲ類，ササ類，オオカメノキ	千葉・山口 (1975)
ヒメアオキ，ノリウツギ	ヒメアオキ，ハイイヌガヤ，イヌツゲ，エゾユズリハ，オオバクロモジ，タラノキ，チシマザサ，クロソヨゴ，トチノキ，ミズキ，アズキナシ，コカンスゲ	赤坂 (1977)
同左	ヤマグルマ，オオカメノキ，マンサク，ミズナラ	Akasaka and Maruyama (1977)
フキ，ヒヨドリバナ，ミズナラ堅果	サワラ，コメツガ，ヒノキ，シナノザサ	鈴木ほか (1978)
	オオカメノキ，マルバマンサク，オオバクロモジ，ウリハダカエデ，タムシバ，ナナカマド，ミネカエデ，ハウチワカエデ，トチノキ，ホオノキ	木内ほか (1979)
双子葉植物の葉，単子葉植物（スゲ類など），ヒメアオキ，ハイイヌガヤ，チマキザサ	ヒメアオキ，ハイイヌガヤ，スギ，チマキザサ	Takatsuki *et al.* (1988, 1995, 2010)
ムラサキシキブ，ウリノキ，エゾニュウ，オオヨモギ，ミツバアケビ，サルトリイバラ，ツクバネ，ミズナラ堅果，スゲ類	マルバマンサク，オオバクロモジ，ハウチワカエデ，シナノキ，オオカメノキ，ミヤマガマズミ，キブシ	Ochiai (1999)

マユミ，ハナイカダ，リョウブ，ニワトコ，オオカメノキ，イタドリ，クサボタン，ノハラアザ

上位 3 種，5 種，10 種が占める採食割合はそれぞれ 49.3%，64.7%，83.7% であり（Maruhashi 1980），カモシカとニホンザルの値は類似した．

表 6.3 に 7 地域のカモシカがどのような植物を主要食物として利用しているかをまとめた．この表は主要食物の基準が文献によって異なり，また私が任意に主要食物を選定したものもあるため，くわしい検討には向かない．それでも，カモシカの主要食物種は地域の植生に応じてかなりの違いがあること，その一方で地域の違いを超え，共通して主要食物となっている種も存在することが読みとれる．地域共通的な主要食物種としては，オオカメノキ（5 地域で主要食

物），オオバクロモジ，ササ類，スゲ類（以上は4地域で主要食物），ミズナラ，マルバマンサク，ハウチワカエデ，リョウブ，イタドリ（以上は3地域で主要食物）があげられる．多くの地域で主要食物となっているオオカメノキについて，北アルプスの猟師の鬼窪善一郎氏は「カモシカ獲るにゃ，ガンベ（オオカメノキ）のたんとあるとこに行かなきゃダメだ，カンバやナナカマドんとこもいるけんども，ガンべんとこにくらべりゃウンと少ねェ」と語っている（千葉 1981）．複数の地域で主要食物となっているものが，別の地域ではほとんど食されない場合もある．オオバクロモジは4地域で主要食物となっているが，山形県山形市ではほとんど食されないという（Deguchi *et al.* 2002）．イタドリは3地域で主要食物になっているが，下北半島では豊富に生育する近縁種のオオイタドリをほとんど食さない（落合 1992）．ササ類も4地域で主要食物にあげられるが，下北半島での採食を私は確認したことがない．ササ類の採食については次々項で検討する．

（2）食性の季節変化

下北半島での結果にもとづき，採食植物の種数の季節変化をみてみよう（表6.4）．採食植物の種数は夏がもっとも多く（81種），冬がもっとも少ない（29-32種）．各種の構成割合から求めた多様度指数でも，カモシカの食物の多様性は夏がもっとも高く（シャノン・ウィナーの多様度指数：3.29），冬がもっとも低かった（同 2.33-2.35）．植物群ごとにみると，落葉広葉樹の採食種数

表 6.4　青森県下北半島におけるニホンカモシカの季節別の採食種数と多様度指数．Ochiai（1999）より．

	春（5-6月）	夏（7-9月）	秋（10-11月）		冬（1-3月）		計
調査年	1978-1980	1978-1980	1978-1980	1994-1996	1978-1980	1994-1996	—
木本類							
落葉広葉樹	39	42	28	23	23	24	60
常緑針葉樹	0	0	2	1	5	2	5
広葉草本	25	38	23	23	2	1	46
グラミノイド	0	0	2	2	2	2	2
シダ類	0	0	1	0	0	0	1
菌類	0	1	0	0	0	0	1
計	64	81	56	49	32	29	115
シャノン・ウィナーの多様度指数	2.87	3.29	3.03	3.09	2.33	2.35	—

は春・夏（39-42 種）から秋・冬（23-28 種）に減少したが，年間をとおして主要な採食植物群となっていた．落葉広葉樹の場合，採食部位（品目）は春から秋は葉，冬は冬芽のついた枝先と変わる．広葉草本は，枯死する冬にほとんど食されなくなるが，春から秋には各季節とも 20 種以上が採食された．針葉樹は秋から早春の間に限って数種が採食された．ヒノキアスナロ（ヒバ）は 10-4 月の間だけ，スギは 11-4 月の間だけ採食された．グラミノイドはスゲ類の 2 種（ショウジョウスゲ，オクノカンスゲ）が 10-4 月の間だけ採食された．採食植物の種数の季節変化は中央アルプスにおける食痕調査でも報告されており，下北半島と似た季節変化を示した．中央アルプスでも，落葉広葉樹が各月とも 20 種以上と多かった．草本類は夏には 40 種以上と多いが，冬に大きく減少した．一方，夏から秋に採食されなかった針葉樹が冬には 6 種食された（鈴木ほか 1978）．

下北半島では，年間をとおしての採食割合（4 季節の採食割合の平均）が 3% を超える主要な食物種が 10 種存在した．これら 10 種の採食割合の季節変化をみると，ガマズミとイタヤカエデは春に，ムラサキシキブ，ツクバネ，ウリノキ，オオヨモギは夏から秋に，マルバマンサク，オオバクロモジ，ハウチワカエデは冬に，シナノキは冬から春にそれぞれおもに採食された．各種とも，強い採食圧がかかる季節は限られていた（図 6.4）．採食割合が 3% というと少ないように感じられるが，多種多様な植物種が採食対象となることに加え，季節ごとに採食割合の多寡があるため，4 季節の平均では採食割合 3% を超える種が上位 10 種となった．

さて，カモシカの食性の季節変化については，おもに胃内容物分析によって早い時期に概要が報じられている．北アルプスの報告を例にとると，積雪期から融雪期には常緑針葉樹，ササ類，常緑シダ類，常緑低木がおもな食物となる．落葉広葉樹やスゲ類は周年採食され，とくに非積雪期は落葉広葉樹の葉および草本類が主要食物となる（千葉・山口 1975；山口・高橋 1979）．しかし，初期の胃内容物分析は季節が限られ，試料数も十分でなかった．

その後，食害対策の個体数調整で捕獲された個体を用い，冬の岐阜・長野両県では木本類が胃内容物の約 60%，ササ類が 20-30% を占めることが明らかにされた（Takatsuki and Suzuki 1984；高槻・鈴木 1985）．カモシカがブラウザーであることはそれまでの報告で示唆されていたが，この研究はそのことを十分な試料数による量的評価で確認した．さらに，下北半島では 16686 回の採食行動の観察にもとづき，周年の食性の量的評価を種レベルでおこなった（図

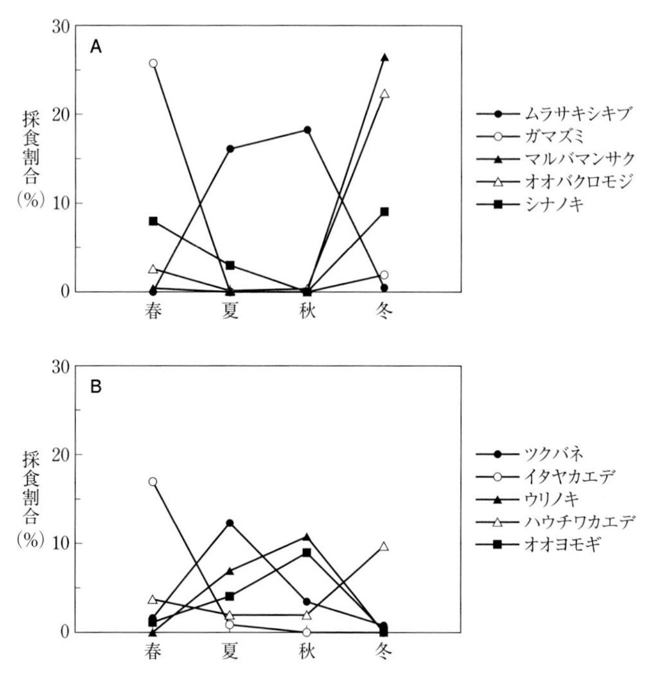

図 6.4　青森県下北半島におけるニホンカモシカの主要食物種の採食割合の季節変化. A：年間採食割合が上位 1-5 位の 5 種，B：年間採食割合が上位 6-10 位の 5 種.

6.5). もっとも多く食されていたのは落葉広葉樹であり，その採食割合は一番低い秋で 54.8-58.3%，一番高い冬で 94.5-95.0% を占めた. 春から秋の広葉草本の採食割合は 16.5-39.1% で，落葉広葉樹につぐ主要な食物であった. 秋と冬には針葉樹とスゲ類が採食されたが，その割合は大きくなかった（冬の針葉樹で 2.7-3.6%，秋のスゲ類で 3.9-4.7%）.

落葉広葉樹林帯における多くの食性研究の成果を総括すると，カモシカは春から秋は落葉広葉樹の葉および広葉草本をおもに食し，冬は落葉広葉樹の枝先を主要食物としつつ，生息環境に応じて常緑針葉樹，常緑低木，ササ類，スゲ類なども重要な食物として利用するブラウザーであるとまとめられる. なお，体サイズに性的二型が認められるシカ類では，体格の大きいオスのほうがメスより粗食傾向を示す場合が多く，種内でもジャーマン・ベル原理があてはまる（高槻 2006）. 一方，体サイズに性的二型のないカモシカでは，食性の性差は認められなかった（Suzuki and Takatsuki 1986）.

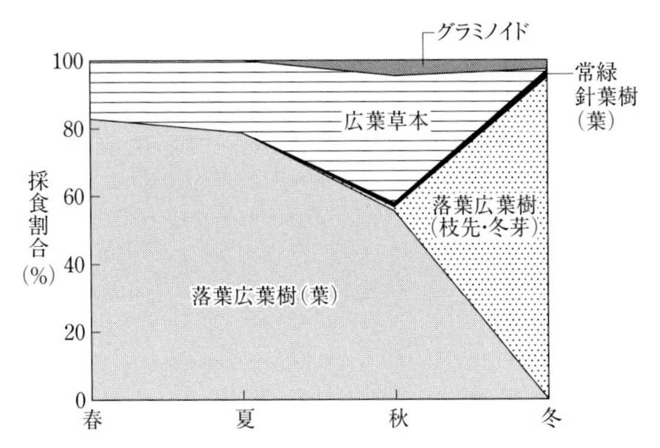

図 6.5 青森県下北半島におけるニホンカモシカの食性の季節変化．採食割合は採食行動の観察回数（bite カウント法）による．Ochiai（1999）より．

カモシカの食物となる植物群・品目のいくつかについてここで補足しておきたい．カモシカはブラウザーであるが，種実や花を選択的に採食することは少ない．秋田県仁別ではヤマグワの葉を採食した際，同じ木になっている果実を採食することはなかった（Kishimoto 1989a)．下北半島では，枝についたヒロハヘビノボラズとサルトリイバラの果実，および地面に落ちたハリギリの果実の採食が観察された．ただし，採食割合は 1% 以下であった．下北半島では，地面に落ちているミズナラ，トチノキの堅果が採食される．ミズナラの堅果は，豊作年の秋には 5.4% の採食割合を示した（Ochiai 1999)．岩手県滝沢市においても，コナラ堅果の採食が 10 月に約 20 分間にわたって観察されている（能勢・青井 2003)．このほか，石川県金沢市でカモシカの糞にケンポナシの種子が多数含まれていた例が報告されている．ケンポナシの肥大した果柄は落下後に甘くなり，落下した果柄を種子ごと採食したと推測された．この例では糞中の種子を播種試験に供し，健全に発芽することが確認されている（八神 2011)．日本の野生反芻動物では，ニホンジカによるシバの種子散布が知られている（高槻 2006)．カモシカによる種子散布の報告はほかにないと思われる．また，散布されるケンポナシの種子が 5 mm×4 mm 程度と比較的大きい点でも興味深い．

下北半島では，カタクリ，オオヨモギ，ヒヨドリバナ，ツユクサといった草本の花が，葉や茎先とともに食される．ただし，これらでは花だけが選択的に食されることはない．下北半島ではヤマツツジの葉および枝先が採食されることはないが，ヤマツツジの花は選択的に食される．

シカ類ではときに落葉が重要な食物となる．ニホンジカでも北海道中島や神奈川県丹沢山地における落ち葉食いが知られている（Miyaki and Kaji 2009）．下北半島ではカモシカが落葉を食べることは稀である．初冬および早春に観察されることはあっても，採食割合は1%以下であった．一方，冬に落葉・枯葉が比較的多く食されていたことを示す調査結果も得られている（山形県山形市：Takatsuki *et al.* 1995，静岡県：Jiang *et al.* 2008，鈴鹿山地：名和 2009）．大分県では，冬にカモシカが林床の落葉を頻繁に採食するのが観察されている（小野・土肥 1983）．

ニホンジカでは木本類の剝皮・樹皮食いが各地で問題となっている（Akashi and Nakashizuka 1999；Ueda *et al.* 2002；Ando and Shibata 2009）．カモシカでも一般書やウェブサイトにおいて樹皮を食するとする記述が散見されるが，下北半島で樹皮食いが確認されたことはない．また，具体的にカモシカの樹皮食いを報じた文献もほとんどない．知る限りでは，唯一，秋田県仁別において積雪期のツリバナとタラノキに対する樹皮食いが報じられている（赤坂 1977）．カモシカの糞分析や胃内容物分析の結果において，樹皮の出現が示される場合がある．これは樹皮食いしたものではなく，採食した枝先からはがれ落ちた樹皮と想像された．

カモシカの食物としてはシダ類も利用される．北アルプスでは春から初夏にかけては夏緑シダ類が，積雪期にはヤマソテツ，シノブカグマ，シシガシラなどの常緑シダ類が採食された（千葉・山口 1975；山口・高橋 1979）．各地のシダ類の採食割合はおおむね数%以下であるが，冬の岐阜・長野両県では8.1%と高かった（高槻・鈴木 1985）．栃木県足尾山地では，ヘビノネゴザという鉱山地に群生する夏緑性シダが特異的に多食された（Koganezawa 1999）．

（3）ササ食いの地理的変異

カモシカの春から秋の主要食物は，各地域とも落葉広葉樹の葉と広葉草本であった．冬も落葉広葉樹の枝先・冬芽が食されるという点は各地で共通したが，地域による食性の違いも認められる．図6.6に4地域の冬の食物構成を示した．調査方法の違いによって食物カテゴリーの違いがあるが，グラミノイド（とくにササ類）や常緑針葉樹などの採食量に地域差のあることがわかる．ササ類に関しては，カモシカの食物として重視する報告（森ほか 1981；松谷 1985；高槻・鈴木 1985；高槻 1991b）と，重要でない，あるいは嗜好性が高くないとする報告（古林 1979；千葉 1981；山谷 1981；水野・八神 1987；落合 1992；

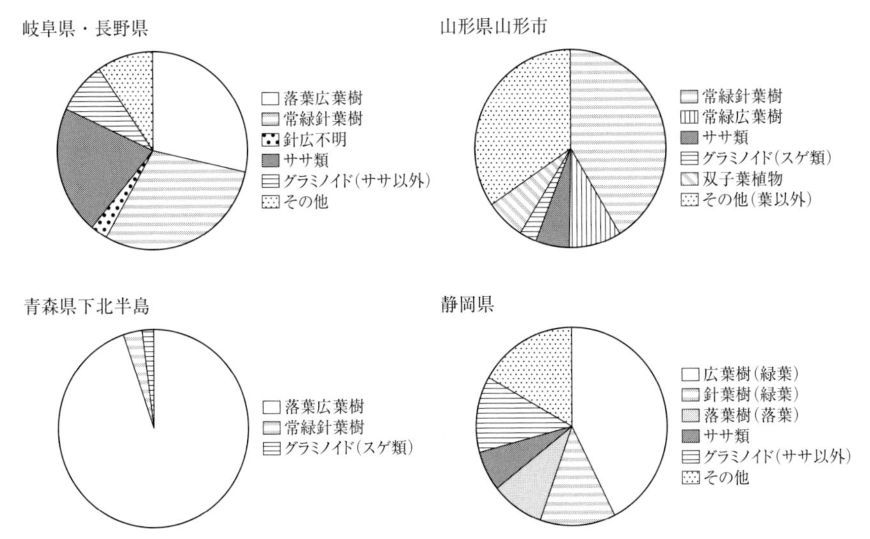

図 6.6　各地のニホンカモシカの冬の食性（採食割合）．岐阜県・長野県：胃内容物分析（高槻・鈴木 1985），山形県山形市：糞分析（Takatsuki *et al.* 1988），青森県下北半島：直接観察（Ochiai 1999），静岡県：胃内容物分析（Jiang *et al.* 2008）．

Ochiai 1999；Takatsuki *et al.* 2010）の双方が存在する．

日本列島は南北に細長く，そこにすむ日本の哺乳類では，南北の生息環境の違いにもとづいて同一種でも食性に地理的変異が認められる．このことはニホンザルで早くに明らかにされた．日本の植生は，中部日本以北に分布する冷温帯落葉広葉樹林と，西南日本に分布する暖温帯常緑広葉樹林に大別される．ニホンザルはこの植生の違いや積雪量の違いに応じ，食性の地理的変異を示す（Suzuki 1965；上原 1977）．ニホンジカについては，東北大学の高槻成紀さん（のちに東京大学，麻布大学）がシカの食物としてササが重要であることを指摘し，日本列島におけるニホンジカの食性の南北変異の解明をすすめた（高槻 1991a, 1992a）．ニホンジカの場合，その食性は北緯 35 度付近を境界として，北日本の冷温帯におけるササ等のグラミノイドが優占するグレーザー型と，西南日本の暖温帯における木本の葉や種実が優占するブラウザー型とにわけられた．ササは日本の落葉広葉樹林の林床に豊富に存在し，かつ常緑であるため，冬に緑葉の乏しくなる北日本のニホンジカにとって重要な食物となっている．

さらに，日本列島全体という大規模な地域スケールでの変異のみならず，標高の違いによる中規模な地域スケールでのニホンジカの食性変異も報告された．

たとえば，ニホンジカは栃木県の山地ではミヤコザサを多く食したが，低地ではササ以外のイネ科が多かった（Takatsuki and Ueda 2007）．この場合はどちらもグレーザー型の食性であるが，標高によってグレーザー型の食性とブラウザー型の食性とが示される例もある．屋久島と伊豆半島がその例にあたる．屋久島では中腹以下ではブラウザー型だが，山頂付近だけヤクシマヤダケを主要な食物とするグレーザー型であった（Takatsuki 1990a）．伊豆半島における主要食物も，標高の高いところではササ，低いところでは常緑広葉樹というように食性の垂直変異が認められた（Kitamura *et al.* 2010）．

これらはニホンジカについての話である．カモシカでも，シカと同様にササ食いの地理的変異が存在するのであろうか．カモシカの食性研究の中から，冬の食物の構成割合が量的に示されている資料を選び，ササ類の採食割合と緯度

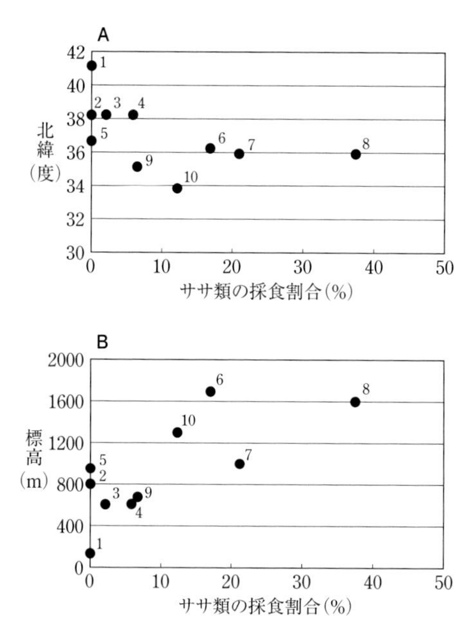

図 6.7　各地のニホンカモシカによるササ類の冬の採食割合と緯度（A）および標高（B）の関係．1．青森県下北半島（Ochiai 1999），2．山形県朝日山地（木内ほか 1979），3．山形県山形市（Takatsuki *et al.* 1995），4．山形県山形市（Takatsuki *et al.* 1988），5．栃木県足尾山地（Koganezawa 1999），6．長野県上高地（望月敬史氏の未発表資料），7．長野県・岐阜県（高槻・鈴木 1985），8．八ヶ岳（Kobayashi and Takatsuki 2012），9．静岡県（Jiang *et al.* 2008），10．高知県（Asakura *et al.* 2014）．

の関係をプロットしてみた．その結果，ニホンジカで認められた傾向，すなわち北（高緯度）のカモシカほどササ類を多く食しているという傾向は認められなかった（図6.7A）．一方，標高との関係をプロットした図では，標高が高くなるほど食物中に占めるササ類の割合が高くなる傾向が認められた（図6.7B）．以前に，カモシカによるササの採食割合は低標高地（600 m 以下）では低く，高標高地（600-1700 m）で高いようであること，さらにササはカモシカにとって食物条件のよくない高標高地でおもに食される，嗜好性のさほど高くない食物と考えられることを指摘した（Ochiai 1999）．600 m という境界はさておき，図6.7はこの見解を裏づけるものといえる．これらの結果は，ササ類を含むグラミノイドの採食割合について解析しても同様であった．

これまで食性がしらべられたカモシカの生息地の多くは，冷温帯の落葉広葉樹林である．したがって，常緑性のササが年間を通して安定した食物を供給するという状況は，ニホンジカの場合と変わりない．しかし，カモシカはニホンジカほどにはササを食物として利用しないようである．このことを確認するには，同所的に生息するカモシカとニホンジカの食性を比較するのに限る．

（4）カモシカとシカの食性比較

同所的に生息するカモシカとニホンジカの食性比較は，これまで三重県大台ヶ原，栃木県足尾山地，八ヶ岳，高知県で実施されている．大台ヶ原では両種ともスズタケを多食していたが，グラミノイドの採食割合はニホンジカのほうが，木本類の採食割合はカモシカのほうが高かった（Horino and Kuwahata 1986）．足尾山地では冬に食性の重複が大きくなるものの，カモシカはおもに落葉広葉樹，針葉樹，広葉草本を食し，ニホンジカはおもにグラミノイドを食していた（Koganezawa 1999）．八ヶ岳では，年間をとおしてミヤコザサの採食割合はカモシカ（約20-40%）よりニホンジカ（約50-70%）のほうが，双子葉植物の採食割合はニホンジカ（秋以外は5% 以下）よりカモシカ（約20-30%）のほうが高かった（Kobayashi and Takatsuki 2012）．高知県では両種の食性は類似していた．しかし，3月のササの採食割合は，カモシカ（12.2%）よりニホンジカ（22.5%）のほうが高かった（Asakura *et al.* 2014）．

これらの結果はみな，ニホンジカとくらべてカモシカがよりブラウザー的であることを示している．同じ場所に生息する2種の食性を比較した結果であるから，食性のこの違いは両種のササ類やグラミノイドに対する選択性の違いと考えて間違いない．ニホンジカよりカモシカのほうがブラウザー的であることは，両種の大臼歯の形態比較でも示されている（Yamada 2013）．両種の食性を比較した高槻さんらは，カモシカはササを好んでいないと述べたうえで，その理由としてササは消化率が悪く（Masuko and Souma 2009），ブラウザーであるカモシカはそのような粗質な食物をよく消化できないであろうことをあげている（Takatsuki *et al.* 2010）．ブラウザーは良質な食物を選択的に採食する方向に適応した植食動物であり，消化器官もそのことに適応した形態と機能をもつ．そのため，食物条件のよくない高標高地でカモシカがササを多食したとしても，消化吸収の過程で必ずしも十分に利用できていない可能性が考えられる．食性は，体の大きさや消化管の形状から決まる受け皿に，盛られるべき適当な食物があるかどうかで決められる（岩本 1997）．ササという食物がカモシカにとってどの程度盛られるべき適当な食物であるのか．この問いの回答は各食物のさらなる栄養学的評価と，カモシカ・ニホンジカ両種の消化器官の形態学的・生理学的研究によって明らかにされていくであろう．

カモシカの消化特性に関しては，同じウシ科に属するカモシカとモウコガゼルの比較研究がおこなわれている．その結果によれば，ブラウザーのほうが相対的に大きいとされる唾液腺の重量は，体重比にしてカモシカで0.094%であり，ブラウザーとしては小さかった．第一・二胃が胃全体に占める相対重は，モウコガゼルでは84.7%とグレーザー型の典型的な値を示したのに対し，カモシカでは78.9%と小さく，ブラウザー型の値であった．しかし，腸の体長比は17.7倍，腸に占める大腸の相対長は24.9%であり，これらはグレーザー型の値であった（姜［Jiang］1998）．カモシカが必ずしも典型的なブラウザーとしての特徴を示しているわけではない点が興味深い．前胃（第一胃から第三胃）の形態学的研究でも，カモシカは選択食型と粗植食型の中間型とされている（Yamamoto *et al.* 1998）．また，山形県のカモシカと岩手県のニホンジカとの間で，胃内容物の破片サイズの比較がおこなわれている．生息地の違いはあるものの，その結果によれば，第一胃では両種間でほぼ同等の大きさの植物片で占められているのに対し，第二胃から第四胃ではニホンジカよりカモシカのほうが細かい植物片で構成されていた．この結果からは，カモシカの消化能力がニホンジカより高い可能性も考えられる．しかし，同所的に生息する両種の食性比較においてカモシカがよりブラウザー的であることから，カモシカのほうが消化しやすい良質の食物を食し，そのことが胃内容物の粒径組成の差異につながっている可能性が高い（Takatsuki *et al.* 2010）．

このほか，カモシカの消化生理に関しては，消化速度（Suzuki 1987），消化率および可消化養分総量（Kozaki *et al.* 1991），第一胃内液の消化特性（高橋ほか 1996；高橋 2001）などの検討がなされている．ちなみに，カモシカの腸の平均長は，小腸が 13.6 m，盲腸が 36 cm，結直腸が 5.9 m である（杉村・鈴木 1992）．

ところで，カモシカとニホンジカが同所的に生息する地域で糞分析をおこなう場合には，この 2 種の糞の識別が問題となる．飼育個体の排糞粒数をしらべた結果では，1 回の排糞あたりの糞粒数は，カモシカで 200-360 粒，ニホンジカで 81-95 粒と違いが認められた（高槻ほか 1981）．また，カモシカは静止して排糞するのに対し，ニホンジカは歩きながらでも排糞する．そのため，一般的に 200 粒以上の糞粒が糞塊となっている場合はカモシカの糞，200 粒以下の糞粒が散らばってある場合はニホンジカの糞として判断されることが多い．ただし，飼育カモシカでの 1 回の排糞粒数は 91-530 粒とも報告されており（千葉 1972），糞粒数だけで両種の糞の判別をおこなうのはむずかしい．

近年，糞から抽出されたミトコンドリア DNA のシトクローム *b* 遺伝子領域の解析にもとづき，当該 2 種の糞を識別する方法が開発された．この種判定法によれば，徳島県でボランティア調査員がカモシカ糞と判定した 58 糞塊のうちの 24 糞塊（41.4%）がシカ糞であったという（Yamashiro *et al.* 2010）．徳島県における糞 DNA 分析では，200 粒以上の 18 糞塊はすべてカモシカ糞であったが，200 粒以下の 64 糞塊ではシカ糞 54 糞塊（84.4%）とともにカモシカ糞 10 糞塊（15.6%）が含まれた．さらに，糞 DNA 分析にもとづき，糞粒・糞塊の外観的な識別基準を検討した結果，糞粒の密着率（糞塊の全糞粒数に対する，ほかの糞粒と密着している糞粒の数の割合）がもっともよい判定基準として選ばれた．しかし，この方法でもカモシカの糞で 17.9% の，ニホンジカの糞で 11.1% の誤判定があった（Yamashiro *et al.* 2013）．宮崎県における糞 DNA 分析では，200 粒以上の 33 糞塊のうちの 31 糞塊（93.9%）はカモシカ糞であったが，2 糞塊（6.1%）はシカ糞であった．この 2 糞塊の粒数は 228 粒および 251 粒であり，複数頭の糞がまじっていた可能性がある．一方，200 粒以下の 27 糞塊のうちの 21 糞塊（77.8%）はシカ糞であったが，6 糞塊（22.2%）はカモシカ糞であった．この 6 糞塊の粒数は 60-195 粒であり，分解がすすんで粒数が少なくなった糞塊が含まれた（大分県教育委員会・熊本県教育委員会・宮崎県教育委員会 2013）．これらの糞 DNA 分析結果は，カモシカ糞とシカ糞の判定基準を 200 粒という粒数だけに求めることは問題があり，とくに 200 粒以下の糞塊でシカ糞と誤判定されるカモシカ糞があることを示している．この 2

種の同所的生息地域において糞を扱う場合は，これらの知見をふまえて研究計画を立てる必要がある．なお，糞DNAを利用し，検査試薬の色の変化で両種の糞を簡単に判別する方法が開発された（Aikawa *et al.* 2015）．

（5）食性変異と地域スケール

ササ類とともに，針葉樹の冬の採食割合も地理的変異が目立つ．ササ類についておこなったように，針葉樹の採食割合と緯度および標高との関係をプロットしたところ，どちらも一定の傾向は認められなかった（図6.8）．針葉樹の採食量は，緯度や標高にかかわらず，その場所の針葉樹の多寡や種類，それ以外の食物の条件に左右されているようである．針葉樹の採食割合と標高の関係が認められない一因として，標高が低い場所でハイイヌガヤが多食されていることがあげられる．ハイイヌガヤは，日本海側の積雪地の林床に広く生育する低木性の常緑針葉樹である．

日本海側の積雪地の林床には，ヒメアオキ，ハイイヌツゲなどの常緑広葉低

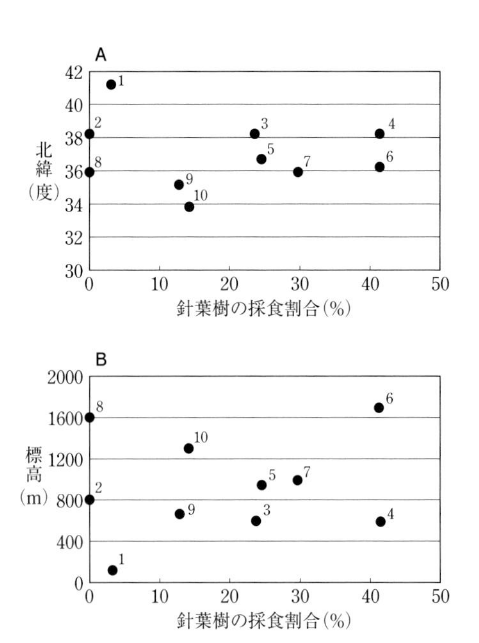

図6.8　各地のニホンカモシカによる針葉樹の冬の採食割合と緯度（A）および標高（B）の関係．図中の番号で示した各点の調査地域および出典は図6.7を参照．

木も生育している．冬でも緑葉を供給するこれらの植物はカモシカにとって貴重であり，地域によってはハイイヌガヤとともにヒメアオキが冬の重要な食物となっている（赤坂 1977；Takatsuki *et al.* 1988, 1995, 2010）．これらの常緑低木は下北半島の私の調査地域には生育しておらず，採食植物リストにはいってこない．一方，私の調査地域から 2 km しか離れていない場所での食痕調査では，常緑低木（ハイイヌガヤ，ヒメアオキ）が冬の採食量の 32.7% を占めた（下北半島ニホンカモシカ調査会 1980）．この事例は，植生が異なれば 2 km という小規模な地域スケールでも食性の変異が生じることを示している．ニホンジカでも，宮城県金華山島において小規模地域スケールでの食性変異が報告されている．面積が 10 km^2 足らずの金華山島において，シカの主要食物は場所によってシバだったり，アズマネザサだったり，ススキだったりした（Takatsuki 1980）．この結果から，限られた場所での調査結果によってその地域全体のシカの食性を断言することの危険性が指摘されている（高槻 2006）．この指摘はカモシカでもあてはまる．

カモシカの食性変異について，ここまで日本列島全体という大規模地域スケールと，植生の違いにもとづく 2 km という小規模地域スケールに関して紹介した．紹介が最後となったが，中規模地域スケールでのカモシカの食性変異の研究例として，静岡県内で捕獲されたカモシカの胃内容物分析がある．この分析では約 50 km 四方の範囲の中で食性変異が認められた．その変異は，標高でなく緯度と相関関係を示した（Jiang *et al.* 2008）．以上のように，カモシカの食性は標高，緯度，植生等に応じて変異が認められ，それはさまざまな地域スケールで認められた．カモシカの食性のさらなる理解のため，各地における量的な食性資料の蓄積がいっそう求められる．

従来のカモシカの食性研究は，ほとんどが冷温帯の落葉広葉樹林でおこなわれてきた．それは，カモシカの分布と落葉広葉樹林の分布とがほぼ重なりあうという状況を考えると当然のことといえる．しかし，もともとカモシカは落葉広葉樹林だけでなく，西南日本の暖温帯常緑広葉樹林にも広く分布していた可能性がある．常緑広葉樹林での食性は，カモシカのかつての分布状況を考えるうえで興味深く，さらには日本列島へのカモシカの移入経路に関して示唆を与えてくれるかもしれない．これまでの報告をみると，本州では神奈川県丹沢山地でウラジロガシやアラカシ（山口ほか 1974），静岡県で常緑カシ類，ソヨゴ，ヤブツバキ（Jiang *et al.* 2008）といった常緑広葉樹林の構成種がカモシカの食物としてあがっている．九州では，大分県でアカガシ，ウラジロガシ，クロキ，サカキ，ヤブニッケイ，ミヤマシキミなどの，熊本県でハイノキ，イヌツゲ，ウラジロガシなどの常緑広葉樹がカモシカの食物となっている（土肥ほか 1984；乙益 1985）．常緑広葉樹林のカモシカの生息地は限られるが，常緑広葉樹林におけるくわしい食性研究がおこなわれることを待ちたい．

6.3　食物の栄養価

（1）植物の栄養分析

カモシカの栄養学的な問題については未解明な点が多い．その中でタンパク質は生理的熱量（カロリー量）とともに有蹄類の食物の栄養素として重要視され（Schwartz and Renecker 1998），ある程度の資料の蓄積がみられる．そのため，カモシカの食物の栄養価について，タンパク質（窒素）を切り口に紹介したい．

食物の栄養価を評価するには，食物を食したあとの胃内容物や糞の栄養分析をおこなうアプローチと，食物となる各植物種の栄養分析をおこなうアプローチとがある．はじめに本項では後者のアプローチ，すなわちカモシカの採食植物のタンパク質量（窒素量）を分析した結果をとりあげる．栄養分析におけるタンパク質量は，一般にケルダール法や窒素分析機によって測定された窒素量に窒素-タンパク質換算係数（6.25）をかけた粗タンパク質量によって示される．カモシカの栄養分析では，文献によって測定した窒素量をそのまま表示している場合と，測定した窒素量に窒素-タンパク質換算係数をかけて粗タンパク質量として表示している場合とがある．ここでは値の比較をおこないやすくするため，係数で換算する前の窒素量に値をそろえて解説する．

仙台市周辺に生育する18種の植物について，ニホンジカとカモシカの食物という観点より粗タンパク質量の季節変化が報告されている（池田・高槻 1999）．落葉広葉樹の葉の窒素含有率は約1.6-2.7%であり，種による差異が大きかった．これらは10-11月の落葉前に1.6%前後となり，さらに落葉後に0.8%前後まで低下した．落葉広葉樹の冬の枝先（当年枝）の窒素含有率は0.3-1.3%程度であった．常緑広葉樹（アオキ，シロダモ）と常緑針葉樹（アカマツ）の窒素含有率は，それぞれ1.4-2.2%程度，1.1-1.6%程度であり，季節変化は小さかった．ササ類（アズマザサ，ミヤコザサ）は年間をとおして2.4%前後と高かった．シバとススキは夏に1.9%前後であったが，秋以降は

表 6.5 青森県下北半島におけるニホンカモシカの主要食物種の窒素含有率．全採食量に対する分析種の採食割合は次のとおり：春 80.3%，夏 80.3%，秋 81.1%，冬 94.5%. Ochiai *et al.*（2010）より作成．

季節	分析植物群	分析品目	分析種数	窒素含有率（%）		平均粗タンパク質含有率（%）
				平均	標準偏差	
春	落葉広葉樹	葉	10	3.1	0.6	19.4
（5 月）	広葉草本	葉・茎先	3	3.2	0.6	20.0
	計		13	3.2	0.6	20.0
夏	落葉広葉樹	葉	13	2.4	0.7	15.0
（8 月）	広葉草本	葉・茎先	5	2.8	0.6	17.5
	計		18	2.5	0.7	15.6
秋	落葉広葉樹	葉	8	2.4	0.6	15.0
（10-11 月）	落葉広葉樹	堅果	1	0.8	—	5.0
	広葉草本	葉・茎先	6	2.9	1.3	18.1
	スゲ類	葉	1	2.1	—	13.1
	計		16	2.5	1.0	15.6
冬	落葉広葉樹	枝先・冬芽	10	1.2	0.3	7.5
（1-2 月）	落葉広葉樹	堅果	1	0.9	—	5.6
	常緑針葉樹	葉	1	0.9	—	5.6
	スゲ類	葉	1	1.4	—	8.8
	計		13	1.1	0.3	6.9

1.3% 以下に低下した．

下北半島では，カモシカが主要食物として利用している植物の窒素量を季節ごとに明らかにした（表 6.5）．主要食物全体の窒素含有率は，春が 3.2%（粗タンパク質含有率 20.0%）ともっとも高く，夏，秋に 2.5%（同 15.6%）とややさがり，冬は 1.1%（同 6.9%）まで低下した．反芻動物においては，体維持に必要な食物タンパク質含有率は 5-9%，子の最大成長に必要なそれは 13-20% とされる（Robbins 1993）．したがって，下北半島では春から秋には最大成長要求量が満たされ，冬には体維持要求量が満たされていると評価された．植物群ごとにみると，春，夏，秋の 3 季節とも広葉草本の平均窒素量は落葉広葉樹より高かったが，有意差は認められなかった（いずれも $p>0.1$，マン・ホイットニーの U 検定）．冬の落葉広葉樹 10 種の枝先の平均窒素含有率は 1.2% であった．下北半島ではスゲ類，ヒノキアスナロの葉，ミズナラの堅果の採食割合が秋から冬に増加する．しかし，これらの食物の窒素含有率は，スゲ類（ショウジョウスゲ）が秋に 2.1%，冬に 1.4%，ヒノキアスナロが冬に 0.9%，ミズナラの堅果が秋に0.8%，冬に0.9%であり，同じ季節の落葉広葉樹や広葉草本の値と比較して必ずしも高くなかった．このうち堅果は炭水化物を多く含む一方，窒素含有率は低いことが知られている（島田 2008）．

上記2例の研究のほかでは，山形県山形市でカモシカの冬の主要食物となっている常緑性植物4種の粗タンパク質量がしらべられている．3月の葉の窒素含有率は，チマキザサで2.4%，ハイイヌツゲで2.1%，ヒメアオキで2.4%，ハイイヌガヤで1.5%であり，ササ類とともに常緑低木が冬でも高い窒素含有率を保持していることが示された（Takatsuki *et al.* 2010）．上記の三つの報告は，冷温帯落葉広葉樹林におけるカモシカの採食植物の栄養価（窒素量・粗タンパク質量）について次のことを明らかにした．①春の新葉の時期にもっとも高い，②夏から秋にやや低下し，さらに落葉広葉樹の葉と広葉草本が枯れる冬に大きく低下する，③冬の主要食物である落葉広葉樹の枝先の値は低いが，ササ類や常緑低木の値は高い．

若葉が豊富に萌え出る春から，緑葉が著しく乏しくなる冬まで，落葉広葉樹林では食物の栄養条件に大きな季節変化があるのが特徴である．これに対し，暖温帯常緑広葉樹林では冬にも緑葉が存在し，また春の栄養豊富な新葉の展開は落葉広葉樹林ほどには劇的でない．そのため，常緑広葉樹林の食物栄養条件は，落葉広葉樹林とくらべて季節変化が小さいことが予想される．実際，ニホンジカの糞中窒素量（次項）について，岩手県の落葉広葉樹林での値（Watanabe and Takatsuki 1993）と，千葉県の常緑広葉樹林での値を比較した結果では，夏は千葉県のほうが低く，冬は逆に千葉県のほうが高く，季節変化の振幅は岩手県より千葉県のほうが小さかった（Asada and Ochiai 1999）．常緑広葉樹林帯に生息するカモシカの栄養条件の資料は多くないが，大分県における採食植物の栄養分析の結果が報告されている．それによると，アカガシ，ウラジロガシなどの常緑広葉樹7種の平均窒素含有率は，夏1.9%，冬1.6%であった（土肥ほか 1984）．下北半島におけるカモシカの採食植物の窒素含有率（夏2.5%，冬1.1%）とくらべると，常緑広葉樹が示す栄養価の季節変化の振幅はやはり小さい．

（2）糞中窒素量

次に，カモシカが植物を食したあとの胃内容物や糞を栄養分析するアプローチについて，とくに糞を用いた栄養評価を中心に紹介する．有蹄類では食物窒素量と糞中窒素量の相関関係を示す報告が多数あり（Mould and Robbins

1981；Holechek *et al.* 1982；Renecker and Hudson 1985；Watanabe and Takatsuki 1993；Ueno *et al.* 2007），野生個体群を対象として糞中窒素量による食物栄養価や生息地の質の評価がおこなわれている（Leslie and Starkey 1985；Seip and Bunnell 1985；Irwin *et al.* 1993；Blanchard *et al.* 2003）．糞中窒素量は食物窒素量の顕著な変異しか検出できないとされ，有効性に疑義が呈される場合もあった（Hobbs 1987；Leslie and Starkey 1987）．しかし，糞中窒素量は簡便な栄養指標として広く使用されつづけており，有用性が否定されることはない（Leslie *et al.* 2008）．

先に示したように，下北半島では主要食物種の分析にもとづき，各季節の食物窒素量が推定されている．この値と各季節の糞中窒素量の関係をしらべたところ，有意な相関関係が認められた（図6.9）．山形県山形市における研究でも，第一胃内容物窒素量と糞中窒素量の間で有意な相関関係が認められた（姜[Jiang] 1998）．これらの結果より，カモシカにおいても糞中窒素量は食物窒素量の指標として有効であることが示された．下北半島と山形市の結果をみると，カモシカが採食する時点の食物窒素量は糞中窒素量より低い値を示し，第一胃内容物窒素量は糞中窒素量より高い値を示した．これは，胃内の微生物の存在および発酵分解活動が第一胃内容物の窒素量を高めているためと考えられた．

表6.6にこれまでに報告された各地のカモシカの食物，胃内容物，糞中の各

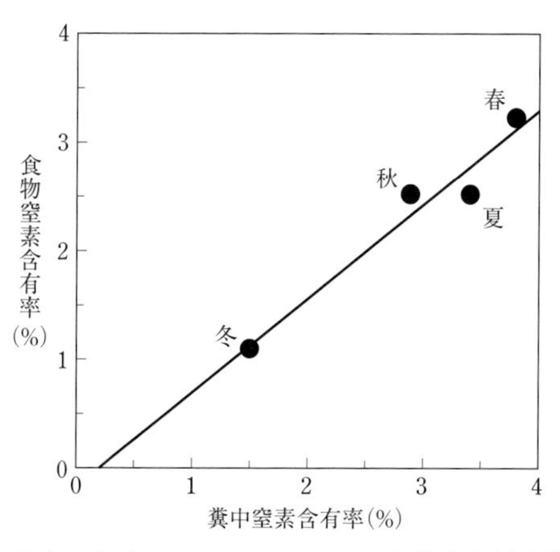

図6.9　青森県下北半島におけるニホンカモシカの食物窒素量と糞中窒素量の関係．$y=0.858x-0.162$（$R^2=0.95, p<0.05$）．Ochiai *et al.*（2010）より．

表 6.6　各地のニホンカモシカの食物，胃内容物，糞中の各窒素含有率（%）．3種類の窒素含有率は直接比較できない．同じ食物を食した場合，食物窒素量は糞中窒素量より低い値を示し，胃内容物窒素量は糞中窒素量より高い値を示す．試料数が5未満の値は除いた．

分析対象	地域	1	2	3	4	5	6	7	8	9	10	11	12月	文献
食物	青森県下北半島	—1.1—				3.2			2.5		—2.5—			Ochiai *et al.* (2010)
胃内容物	山形県山形市			3.3										姜（Jiang）(1998)
胃内容物	静岡県		—2.2—											Jiang *et al.* (2008)
糞	秋田県仁別[a]	3.6		1.9				2.9	3.8			3.6		Hazumi *et al.* (1987)
糞	長野県伊那・木曽		1.9									3.1		Hazumi *et al.* (1987)
糞	山形県山形市	2.1		2.0	2.0	2.0				3.2		2.9		姜（Jiang）(1998)
糞	山形県山形市[a]			2.3	2.8			3.5		3.1		2.9	2.6	Takatsuki *et al.* (2010)
糞	青森県下北半島		1.5		1.9	3.8			3.4			2.9	1.8	Ochiai *et al.* (2010)
糞	山形県朝日山地		1.4		1.4							2.7		Ochiai *et al.* (2010)
糞	長野県上高地		1.5		1.5									Ochiai *et al.* (2010)
糞	八ヶ岳	—1.9—				—2.3—			2.3					Kobayashi and Takatsuki (2012)

[a] 図から読みとった値を含む．

窒素含有率の値を月別に示した．落葉広葉樹林における採食植物の窒素含有率は，前項で述べたとおり春の新葉の時期にもっとも高く，夏から秋にやや低下し，さらに木本の葉と広葉草本が枯れる冬に大きく低下した．各地の糞中窒素含有率においても同様の季節変化が読みとれる．糞中窒素含有率の地域変異をみると，春・夏（5–9月）には秋田県仁別，山形県山形市（5月を除く），下北半島で2.9–3.8%であるのに対し，八ヶ岳では2.3%と低い値が得られている．冬（1–3月）には，下北半島，山形県朝日山地，長野県上高地で1.4–1.5%であるのに対し，秋田県仁別では1.9–3.6%，山形県山形市では2.0–2.3%と高い値が得られている．秋田県仁別と山形市における冬の高い糞中窒素含有率は，冬でも窒素含有率が高い常緑低木（ヒメアオキ，ハイイヌツゲ）を主要食物としていることによると考えられた（赤坂 1977；姜［Jiang］1998；Takatsuki *et al.* 2010）．

糞中窒素量に関しては一つ気になることがあった．それは，分析に供する糞の新鮮さの程度が，微生物の働き等によって糞中窒素量に影響を与えないかということだった．1996年11月にこのことを確かめてみた．この検証は，カモシカの排糞行動を観察して排糞直後の糞試料を回収するとともに，排糞地点に放置した同じ糞塊から排糞10日後まで試料をくり返し回収，冷凍保存し，糞中窒素量の変化をしらべるという方法によった．4糞塊についてしらべた結果，排糞直後の糞中窒素含有率を100%とした場合の値（平均値 ± 標準偏差）の変化は次のとおりであった：1日後98.1±3.8%，3日後98.4±3.7%，5日後97.0±2.8%，10日後93.6±1.3%．この結果からは，排糞後の日数経過とともに糞中窒素量の漸減傾向が認められるが，排糞5日後までの試料回収であれば5%程度以内の，また排糞10日後までの回収であれば10%程度以内の変動範囲におさまるものと推測された．同じことが気になる人はいるもので，アカシカの糞を材料にして同様の検証がチェコでおこなわれている．この調査では，糞中窒素含有率の値を夏には排糞7日後まで，冬には排糞30日後まで追跡してしらべた結果，その期間内に回収した試料の糞中窒素含有率は，排糞直後の新鮮な糞と有意な差異のないことが確かめられた（Kamler *et al.* 2003）．糞中窒素量を分析する場合，極力新鮮な糞を試料として回収することは必要であるが，さほど神経質にならなくてもよいようである．

ここで，食物窒素量の指標となる糞中窒素量について補足しておこう．糞中窒素量は，摂取食物の非消化窒素および代謝性糞中窒素（metabolic fecal nitrogen）からなる．代謝性糞中窒素は，未吸収の消化酵素，腸管の上皮細胞の破片，未消化のバクテリアや原生動物，粘液，そのほかの動物由来窒素から構成される（Robbins 1993）．これまでの研究において，タンニンやフェノールといった二次生産物はタンパク質の消化を阻害し，高タンニン，高フェノールの食物を摂取した場合に高い糞中窒素量が示される可能性が指摘されている（Choo *et al.* 1981；Mould and Robbins 1981；Palo 1984；Robbins *et al.* 1987；Hobbs 1987；Osborn and Ginnett 2001）．高タンニン食物としては，成熟葉（Choo *et al.* 1981），木本や広葉草本の葉（Mould and Robbins 1981），落葉広葉樹の冬の枝先（Mould and Robbins 1981；Palo 1984），花や広葉草本，木本，灌木の葉（Robbins *et al.* 1987），木本，灌木，マメ科草本（Frutos *et al.* 2004）

などがあげられる．一方，グラミノイドは低タンニン，低フェノールとされる（Mould and Robbins 1981；Irwin *et al.* 1993）．それゆえ，グラミノイドを食するグレーザーとくらべ，カモシカのように葉や枝先を食するブラウザーは，高いレベルの代謝性糞中窒素量および糞中窒素量を示すと考えられる（Renecker and Hudson 1985；Hobbs 1987）．食物窒素量と糞中窒素量の相関式は，消化特性の違いに応じて種特異的であることが予想される．したがって，栄養条件の比較として，たとえばカモシカとニホンジカの糞中窒素量だけを直接的に比較しても意味は乏しい．

（3）食物選択

カモシカによる食物の嗜好性・選択性と栄養価の関係を検討した研究が二つある．一つは飼育個体に対する給餌試験（カフェテリアテスト）で，17種（農作物6種を含む）の植物について嗜好性と栄養価の関係がしらべられた．その結果，カモシカは夏から秋に窒素含有率が高く，酸性デタージェント繊維が少ない植物を多く食した（Deguchi *et al.* 2001）．酸性デタージェント繊維とは，ヘミセルロースを除いたセルロースとリグニンからなる繊維のことである．

もう一つは野外における食物の選択性をしらべた研究で，大分県で実施された．この研究では，16種の植物について選択性と栄養価の関係をしらべた結果，カモシカは年間をとおして繊維質の多い植物を，春から秋にかけては含水量の多い植物を好む傾向が認められた．しかし，カロリーや窒素含有率については選択性との関係は認められなかった（土肥ほか 1984；土肥・小野 1988）．

有蹄類における最適な食物選択は，通常，カロリーや窒素などの必須栄養素の摂取量が最大となるように，同時に消化を妨げる物質（毒素，消化阻害物質）の摂取量が最小となるようにおこなわれていると考えられる．そこには，各植物種の質とともに，その量や存在様式も重要な因子となるはずである．最適食物選択は野生動物の研究における重要テーマであり，カモシカではほとんど未開拓な研究分野である．

第7章　カモシカと生息環境の関係

有蹄類は生活のための資源や基盤として植生に依存する一方，採食行為をとおして植生の構成と構造に影響を与えている．本章では，はじめに後者の関係，すなわちカモシカが採食によって植生におよぼす影響について紹介する．そのあとでカモシカによる生息地の利用，および生息密度と食物条件の関係を中心として，カモシカと生息環境の関係について検討をすすめる．

7.1　採食の影響と生息地利用

(1) 植生に対するカモシカの影響

植生に対する有蹄類の採食の影響については多くの研究がおこなわれている(Gill 1992; Augustine and McNaughton 1998)．日本国内でもニホンジカによる植生への影響やダメージが，北海道道東地域（寺澤・明石 2006），北海道洞爺湖中島（梶 1993；宮木 2011），宮城県金華山島（Takatsuki and Gorai 1994），日光山地（長谷川 2000; Nomiya *et al.* 2003），丹沢山地（田村 2011），東京都奥多摩（大橋ほか 2007），千葉県房総半島（蒲谷 1988; Suzuki *et al.* 2008），南アルプス（鵜飼 2011），奈良県春日山（前迫 2006），奈良県・三重県大台ヶ原（横山・釜田 2009；横田 2011），四国山地（依光 2011），屋久島（矢原 2006）など各地で報告されている．これに対し，カモシカによる植生への影響を扱った報告はない．そのおもな理由は，群居性で高密度となるニホンジカにくらべ，単独性でなわばりをもつカモシカは高密度とならず，植生への影響が目立たないためである．しかし，カモシカも植食性の大型哺乳類である．シカほどではないにしろ，それなりの影響を植生に与えているはずである．そう考え，下北半島で調査を実施した．調査の対象としては，カモシカの主要食物のオオバクロモジである．オオバクロモジは，マルバマンサクと並んで，私の調査地域のカモシカが冬にもっとも多く食する落葉低木である（冬の採食割合 22.1-22.7%）．冬の採食部位は冬芽をつけた枝先である．一方，春から秋は

図 7.1　A：植生に対するニホンカモシカの影響をしらべるために設置した柵区，B：調査の対象としたオオバクロモジ．青森県下北半島にて．

葉を食する．食物全体に対する採食割合は，春に 2.7%，夏に 0.3%，秋に 0.1-1.5% であり，冬とくらべると採食割合は低い（Ochiai 1999）．

植食動物が植生におよぼす影響を明らかにするには，その動物がはいりこめないように一定範囲を柵で囲み，柵の内側と外側の植生変化を追跡，比較するのが常法である（前迫・高槻 2015）．下北半島では，柵区として 2 m×2 m の範囲を木柱と金網を用いて囲い，柵区に隣接して同面積の無柵区（対照区）を設けた（図 7.1）．この柵区-無柵区のセットを，ミズナラ，シナノキが優占する落葉広葉樹林の約 1 ha の範囲内に 5 セット設定した．試験区の設定は 1998 年秋におこなった．その後，1 年おきの秋に調査を実施し，2004 年秋まで 6 年間にわたり追跡調査した．樹高 0.1-2.0 m の木本を調査対象とし，すべてを同定しナンバーテープをつけた．当初の測定では，樹高，地際直径，冬芽（葉芽，花芽）数，食痕数を毎木調査した．このうち，冬芽数と食痕数は高さ 50 cm ごとの層別に調査した．2 年め以降の追跡調査では，樹高と層別冬芽数を調査した．

設定当初の試験区においては 15 種 573 本の木本の幹が確認された．ササ類の生育はない．試験区はオオバクロモジが密に生育する場所を選定しており，オオバクロモジが本数割合で 76.3%，根元幹断面積割合で 70.8% を占めた．確認された食痕数は 1973 個であり，そのうち 1554 個（78.8%）がオオバクロモジであった．

6 年間の変化をみると，オオバクロモジの本数は，柵区で 183 本から 123 本（減少率 32.8%）へと，無柵区で 254 本から 185 本（同 27.2%）へとそれぞれ減少した．両区の間で減少率の差異は認められず（$p=0.20$，カイ二乗検定），こ

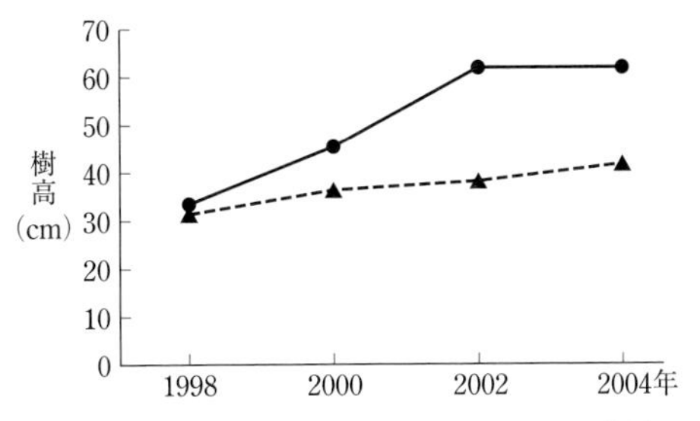

図 7.2 青森県下北半島のニホンカモシカ生息地における柵区（●）と無柵区（▲）のオオバクロモジの平均樹高の変化.

の本数の減少はカモシカによる採食の影響でなく，林冠ギャップの閉鎖や低木の相互被陰といった要因によると考えられた．これに対し，オオバクロモジの樹高，葉芽数，葉芽の層別構造，花芽数に関しては柵区と無柵区の間で差異が認められ，カモシカの採食の影響が示唆された．すなわち，平均樹高は柵区で 33.9 cm から 61.8 cm へと大きく成長する一方，無柵区では 31.8 cm から 41.2 cm への成長にとどまった（図 7.2）．柵区と無柵区の間では，当初は樹高の差はなかったが，調査開始 2 年め以降には無柵区より柵区の樹高のほうが高くなった（当初：$p=0.97$，その後は $p=0.001$，分散分析およびテューキーの多重比較）．調査した 6 年間で，柵区の葉芽総数は 1039 個から 702 個へと減少した（減少率 32.4%）．これは，林冠ギャップの閉鎖や低木の相互被陰によると考えられた．無柵区では，1268 個から 661 個へと柵区より有意に大きな葉芽数の減少が生じ（減少率 47.9%, $p<0.001$，カイ二乗検定），柵区と無柵区の葉芽数の減少程度の差がカモシカの採食の影響を示していると考えられた．層別に葉芽数をみると，調査した 6 年間で，柵区では 50 cm 以上の高さにある葉芽数の割合が 18.8%（$n=1039$）から 62.7%（$n=702$）へと大きく増加した．一方，無柵区では 8.0%（$n=1268$）から 16.2%（$n=661$）へと増加しただけであった（図 7.3）．花芽は当初は両区ともみられなかったが，柵区では調査開始 4 年後に 11 個，6 年後に 130 個と増加した．無柵区では調査開始 6 年後になって 9 個の花芽が認められた．以上のとおり，オオバクロモジ 1 種についてだけであるが，柵区-無柵区の比較により，カモシカが採食によって低木類の樹高や冬芽の階層構造に与えている影響が具体的に明らかとなった．

下北半島では，カモシカによる植生への影響について別の方法でも検討を加えた．その検討では，1978-1980 年（A 期）にしらべた食性の結果と，1994-

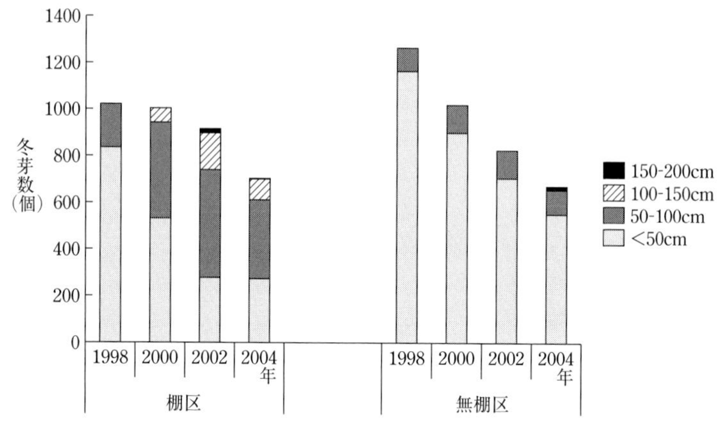

図 7.3　青森県下北半島のニホンカモシカ生息地における柵区および無柵区のオオバクロモジの層別冬芽（葉芽）数の変化．柵区，無柵区の面積は各 20 m^2（4 m^2×5 か所）．

1996 年（B 期）に同一場所でしらべた食性の結果を比較し，16 年間における食性および植生の変化を考察した（Ochiai 1999）．秋および冬の食性を A 期と B 期の間で比較すると，個々の植物種については採食割合が増加した種，減少した種，変わりが認められない種とさまざまであった．しかし，4 項目の食物カテゴリー（落葉広葉樹，常緑針葉樹，広葉草本，グラミノイド）ごとの採食割合は，秋，冬とも変化が認められなかった（いずれも $p>0.05$，G 検定）．また，採食植物の多様度（シャノン・ウィナーの多様度指数）をみると，両期でほぼ同等の値が得られた（A 期の秋 3.03；B 期の秋 3.09，A 期の冬 2.33；B 期の冬 2.35）．さらに，採食割合の上位 4 種は秋（ムラサキシキブ，ウリノキ，エゾニュウ，オオヨモギ），冬（マルバマンサク，オオバクロモジ，シナノキ，ハウチワカエデ）とも両期の間で変化がなかった．これらの結果より，下北半島の調査地域の 16 年間では，カモシカの食性に大きな変化が認められるほどの顕著な植生変化は生じていないと推察された．

ここで紹介した二つの調査を実施した地域のカモシカの生息密度（平均値 ± 標準偏差）は，1976–2000 年の間，14.2±2.5 頭/km^2 であった（Ochiai and Susaki 2002）．10 県 174 地点でのカモシカ密度は 2.6±2.8 頭/km^2，最高で 19.4 頭/km^2 と報告されており（丸山・古林 1980），本地域の生息密度はカモシカとしては高密度である．そのため，ここで紹介したカモシカによる植生への影響の程度はほぼ上限に近いと考えられる．それでも，おもだった採食植物の種類は16年たっても変わらず，主要食物であるオオバクロモジは柵で守られていなくても伸長成長を示した．このようなカモシカの影響の程度は，嗜好植物を短期間で消失させて植生の単純化をひきおこすニホンジカとくらべると，やはり穏やかである．

その違いをもたらす第1の要因は，本項の冒頭で述べたように，群居性のニホンジカの生息密度は条件によって100-150頭/km^{2}に達するのに対し（高槻1992a），単独性でなわばりをもつカモシカの生息密度は20頭/km^{2}を超すことはほとんどないためである．ただし，ニホンジカではさほど生息密度が高くなくても植生に影響が生じることが多い．たとえば，千葉県房総半島では，ニホンジカの採食圧に抗して林床植生の種多様性を維持しうるシカ密度の上限は5-7頭/km^{2}程度と推定されている（Suzuki *et al.* 2008）．下北半島と房総半島では気候や植生に違いがあるが，ニホンジカとカモシカとでは同程度の生息密度であっても，植生に対する影響はニホンジカのほうが大きいようである．これには，①カモシカのなわばり性が地域全体の生息密度の増加抑制のみならず，一地点への個体の集中を妨げている，②カモシカにくらべてニホンジカは体サイズが大きく（本州産のオスジカは60-80 kg，メスジカは40-50 kgであるのに対し，カモシカは雌雄とも30-40 kg），採食量も多い，③採食様式の違い（1本の低木に対してカモシカはその一部の葉・枝先を食する程度であるのに対し，シカはその相当量を食する），といった要因が関係していると推察された．

（2）生息地の利用

カモシカによる生息地利用，生息地選択に関しては，フィールドサインにもとづく研究，特定個体の調査にもとづく研究，不特定多数個体の位置情報と環境要因の関係解析にもとづく研究がおこなわれている．フィールドサインにもとづく生息地利用の研究では，長野県志賀高原における糞場の環境として，急傾斜地のうっ閉度が高く，林床にチシマザサの少ないコメツガ，クロベの針葉樹林が好まれていた（羽田ほか 1965, 1966；羽田・山田 1967）．下北半島では糞はヒノキアスナロ林および広葉樹林で多く，伐採地および林齢5年生以下の幼齢人工林で少なかった（平田ほか 1973；青森県教育委員会 1976）．大分県では，すべての糞場は尾根上ではなく斜面にあった．また，急傾斜地の中で比較的傾斜が緩やかな場所が糞場に選ばれていた（馬場ほか 1997）．岩手県では，糞場に選択されていた場所は，上層植生としてはアカマツ，広葉樹よりスギ，その他針葉樹であり，林齢としては61年生以上の壮齢林であった（宮澤ほか 2005）．スギ林の選択は，林床植生（ササ類）の少なさによると考えられた（Kunisaki *et al.* 2006）．

特定個体を対象とした生息地利用の研究は，おもに直接観察とラジオテレメトリー調査によって実施されている．積雪地域において，スギ幼齢人工林は非積雪期に豊富な食物をカモシカに供給するが，生育する植物の多くが雪にうまる冬には採食場としての機能が大幅に減少する．そのため，行動圏にスギ幼齢林が含まれる個体では，行動圏内の利用場所に季節変化が認められる．そのような例として，下北半島では非積雪期にスギ幼齢林を主要な採食場所としていた成獣メスが，冬には低木類の採食が可能なヒノキアスナロ・ブナ天然林および落葉広葉樹二次林をおもに利用した（松江 1986b）．秋田県河辺町でも，非積雪期にスギ幼齢林での確認が多かった成獣メスが，冬には低木類が採食できるコナラ未間伐林をよく利用した（長岐 2000）．行動圏内の利用場所の季節変化については，常緑針葉樹壮齢林の冬の利用増加も報告されている．長野県上高地では，非積雪期に常緑針葉樹林（シラビソ，ウラジロモミ，コメツガ）と落葉広葉樹の川辺林の双方を利用していた成獣オスが，冬には常緑針葉樹林をおもに利用した．この変化は，北西の季節風を避け，日温度較差の少ない常緑針葉樹林内に滞在することによってエネルギー消費をおさえる行動様式と考えられている（田野ほか 1994）．群馬県中之条町の成獣雌雄各1頭（奥村 1989）および山形県山形市の成獣雌雄各1頭（大槻・伊藤 1996）は，冬にスギ壮齢人工林をよく利用した．これは，上高地と同様に，林冠の閉鎖した常緑針葉樹林において風雪を避けるためと考えられている．さらに，山形市で利用されたスギ壮齢林は小面積でパッチ状に存在しており，林縁に繁茂する植生がカモシカの採食対象となっていた（大槻・伊藤 1996）．近年，カモシカでもGPSテレメトリーによる研究が実施されるようになってきた．南アルプス北沢峠周辺で実施されたGPSテレメトリー調査では，調査した4個体とも採食場所となる林道のり面が行動圏のコアエリアに含まれることがわかった（山田・關 2016）．今後，地域ごと，個体ごとの生息地利用の詳細が，GPS首輪を用いた研究により蓄積されていくものと期待される．

不特定多数個体の位置情報と環境要因の関係解析にもとづく生息地選択の研究としては，埼玉県秩父山地，日光・足尾山地，富士・丹沢地域における解析例がある．秩父山地では，空中センサスによる74頭のカモシカの確認位置と，植生，地勢等の34の環境要因の関係が解析された．その結果，カモシカは急傾斜地および落葉広葉樹林で多く発見された．落葉広葉樹林で発見個体が多かったのは，落葉広葉樹林では観察が容易で個体確認しやすいことに加え，針葉樹下にいた個体を落葉広葉樹林へとヘリコプターで追いだす形で確認したためと認められた．そのため，異なる植生がこまかく分布する地域では，植生選択をしらべる方法として本調査法は適していないと考えられた（石田ほか 1993）．日光・足尾山地では，空中センサスによる個体確認位置について GIS（地理情報システム）解析がおこなわれた．16 頭だけのデータであるが，カモシカは急斜面と道路に近い地域を選択し，それはニホンジカを避けるためと解釈されている（Nowicki and Koganezawa 2001）．富士・丹沢地域では，生息データとしてアンケートによる 160 地点の個体確認位置を，非生息データとして種の多様性調査哺乳類分布調査報告書（環境省自然環境局生物多様性センター 2004）の非生息区画を用いて GIS 解析がおこなわれた．その結果，非生息地域とくらべて生息地点は，より高標高で，急傾斜で，幅の狭い道路（13 m 未満）や歩道から離れている傾向が認められた（Doko and Chen 2013）．野生動物の生息地評価や分布予測に関してはさまざまなモデル解析法が開発されている（田中 2012；吉田 2012；土光ほか 2013）．モデル解析の信頼性は，使用する各種データやパラメータの精度に左右される．カモシカの生息地評価の研究においても，モデル解析法の進展に対し，カモシカの調査者がバイアスの少ない正確な位置情報データを収集し提示していくことの重要性をこれまで以上に感じる．また，モデル解析の質の向上のためには，解析対象とする環境要因等について，カモシカの生態に精通している者との意見交換が欠かせない．

7.2　生息密度，植生，食物量の関係

（1）個体数の推定法

野生動物の個体数を推定してその変動状況を把握することは，その種の個体群動態と環境との関係を明らかにする生態学的研究においても，また適切な保護管理のためにも基本的で欠かせない．カモシカの個体数推定には，これまで糞密度法（糞塊法，糞粒法），区画法，空中センサス，個体識別法がおもに用いられている．

糞密度法

糞密度法は九州大学および京都大学グループによって開発された方法で，白山山地や九州を中心に用いられてきた（森下・村上 1970；小野ほか 1976；Doi *et al*. 1987）．この方法は独自に開発されたものであるが，アナウサギの密度推定に用いられた方法（Taylor and Williams 1956）に糞の発見率や消失率に関する改良を加えたものとなっている（森下ほか 1979）．本法には，糞塊を調査対象とする糞塊法と，糞粒を調査対象とする糞粒法がある．いずれも一定地域内に排泄される糞の量と，1頭のカモシカの排糞量にもとづきカモシカの個体数を推定する．糞密度法はカモシカの姿をみることなく個体数推定をおこなうことができるため，常緑広葉樹林帯などカモシカを発見しにくい地域でも適用可能であるという利点を有する．糞塊法と糞粒法とでは，糞粒をすべて計数する必要がない糞塊法のほうが簡便でよく使われる．

糞密度法では，同一地点で適当な時間間隔をおいて2回以上調査することを想定して計算式がつくられている．そのため，カモシカ密度が定常状態にあることを必ずしも前提としていない．しかし，通常はカモシカ密度および糞消失率が定常状態にあると仮定し，1回の糞調査で個体数が推定できる次式（糞塊法；森下・村上 1970）が使われている．

$$N = \beta F' / \alpha H$$

ここで，Nはカモシカの個体数，βは糞塊消失率，F'は調査でみつかった糞塊数，αは糞塊発見率，Hはカモシカ1個体が単位時間に排泄する糞塊数である．各変数は，$\alpha = 0.39$，$\beta = 0.0428$/月，$H = 90$/月（1日に3回の排糞を想定）という値が使われることが多い（Doi *et al*. 1987；小野 2000）．このαとβの値は白山山地における調査にもとづき，またHの値は飼育個体の観察にもとづく（森下・村上 1970）．

糞密度法はニホンジカに対しても用いられている．ニホンジカでは季節，気象条件，糞虫の活動性，植生によって糞の消失率に違いが認められ，計算式の改良が加えられている（岩本ほか 2000；遠藤 2001；池田・岩本 2004；池田ほか 2006）．糞の消失率を考慮しない推定法も提唱されている（Koda *et al*. 2011）．カモシカでは，大分県でしらべられた糞塊発見率および消失率が上述の白山山地における値と近似した（小野・東 1973；小野ほか 1976）．今後も，季節ごと地域ごとに糞消失率，糞発見率，排糞量の各パラメータの精度を高めることが求められる．

区画法

区画法は直接目撃したカモシカを計数する方法で，東京農工大学グループを中心として開発された（仲真ほか 1980；Maruyama and Nakama 1983）．この方法は特別の技術や計算を必要とせず比較的簡便に実施できることから，行政が実施主体のモニタリング調査において広く用いられてきた．区画法は調査地域を 10-20 個ほどの区画に区分し，各区画に配置された調査員が分担区画内を調査時間内（1 時間 30 分-2 時間）に一斉に踏査してカモシカの発見に努める調査法である．調査中は各調査員がトランシーバーで連絡をとりあい，重複観察個体の除去に努める．調査は落葉後の見通しがよい冬を中心に実施される．

区画法では，区画面積（s）を何段階かに変えて同一地域で調査をくり返した場合，区画面積が小さいほど見落としが減って目撃頭数（n）が多くなる．区画法の精度検討は，n-s 曲線において区画面積を小さくしても目撃頭数がふえない平衡状態時の目撃頭数を生息頭数とみなすことによっておこなわれた．当初の精度検討では，着葉期では区画面積が 5 ha のときに，落葉期では 5-10 ha のときに，それぞれ良好な精度が得られるとされた（仲真ほか 1980；Maruyama and Nakama 1983）．その後，生息頭数が正確に把握されている私の調査地域で検証した結果では，積雪期の区画面積 5 ha のときだけほぼ 100% の発見率が得られた．一方，開葉期で区画面積 5 ha のとき，あるいは積雪期で区画面積 10-11 ha のときは約 7 割の個体しか発見されなかった（落合 1997）．私の調査地域は落葉広葉樹林が 75% を占め，積雪のある時期の見通しは遠距離からでも良好である．また，当初の精度検討の調査地域は見通しのよいスギ幼齢人工林が 4-6 割を占め，カモシカの発見が年間をとおして容易な場所であった．したがって，区画面積 5-10 ha で良好な精度が得られたとするこれまでの結果は，いずれもカモシカを発見しやすい植生での調査精度である．

区画法は，上層植生の見通し・着葉状況，下層植生のこみ具合，積雪状態，区画面積，気象，地形，調査員の経験等の条件が適合すれば，高い精度でカモシカ密度を推定できる調査法である．いいかえれば，これらの条件を欠く場合には過小評価となる可能性が高い．区画法の適用にあたっては調査条件の吟味が必要である．気象条件に関していえば，私の調査地域における精度調査では，積雪期の区画面積 5 ha という条件で 100% の発見率が得られた翌日に，降雨下で同じ条件の調査をくり返したところ，発見率は 53% に半減した（落合 1997）．区画法調査の実施責任者としては，前々から準備して大勢の調査員に集まってもらうと，天候が多少悪くても調査を実施したくなるものである．しかし，無理して調査を実施しても低い精度の結果しか得られないことを考えると，雨天時は休むにこしたことはない．

空中センサス

空中センサスは航空機を用いて空中から野生動物を計数する方法で，アフリカや北米などで広く用いられている（Caughley 1978；阿部 1992）．日本ではニホンジカを対象として，北海道で試行されたのち（阿部 1992），日光山地でヘリコプター空中センサスが実施された（丸山・岩野 1980）．カモシカを対象とした実施例としては，群馬県中之条町・草津町でヘリコプター空中センサスをおこない，区画法の結果と比較した調査がある．この調査では 2297 ha の調査地域を 1982-1984 年の毎年 3 月に空中センサスし，それぞれ 105 頭，134 頭，119 頭のカモシカを確認した．これは区画法による推定個体数の約 2 倍の値であった．また，2 日間連続で調査した同一地域（面積 1314 ha）の個体数は 48 頭および 43 頭であり，良好な再現性を示した（Abé and Kitahara 1989）．この調査で用いられたヘリコプター空中センサスは，V 字型の沢の中を高度 20-30 m，速度 20-30 km/h という低速で一沢ずつ飛ぶ方法である．低空飛行によるカモシカの追いたてが，個体の発見を容易にするとされる（Abé and Kitahara 1989；阿部 1992）．同地域においては 3 頭のカモシカにカラーマーキングを施し，マーキング個体の発見率を上記方法の 5 回の空中センサスで確かめる調査が実施された．その結果，カモシカの発見率は 70.3% と推定され，空中センサスによる発見個体数をこの発見率で補正して生息密度が算出されている（Sone *et al.* 1999）．

カモシカを対象とした空中センサスは山形県山形市においても実施されている．この空中センサスでは 9 頭が目視される一方，その 4 か月後の麻酔銃による捕獲作業の際には 19 頭の生息が確認された．発見率が約 50% であったおもな理由は，スギ壮齢林内にいたカモシカの見落としと考えられた（伊藤ほか 1996）．このほか，カモシカとニホンジカの両種を対象とした空中センサスが，秩父山地（石田ほか 1993；Ishida *et al.* 2003）および日光・足尾山地（Nowicki and Koganezawa 2001）で実施されている．また，ニホンジカに対する空中センサスも各地で実施されている（大井ほか 1993；堀野ほか 1994；Uno *et al.* 2006）．空中センサスは常緑樹が広域に優占する地域では適用がむずかしく，経費もかかる．しかし，踏査が困難な急峻な場所を含め，広範囲を調査できるという利点は大きい．

個体識別法

個体識別法は一定地域内に生息するカモシカをすべて個体識別し，個体数を明らかにする方法である．良好な観察条件および多くの調査日数を必要とするが，精度の高い生息密度を得ることができる．この方法により，下北半島（Ochiai and Susaki 2002）では 80 ha の地域のカモシカ密度が 24 年間にわたって，秋田県仁別（Kishimoto and Kawamichi 1996）では 320 ha の地域のカモシカ密度が 7 年間にわたって正確に把握された．山形県朝日山地（木内ほか 1978），白山山地（Sakurai 1981），大分県傾山（Doi *et al.* 1987）などにおいても個体識別法により個体数が調査されている．

そのほかの方法

カモシカの個体数を推定するそのほかの方法として，定点観察法やルートセンサスがある．定点観察法は，伐採地や積雪期の落葉広葉樹林などで広い範囲がみわたせる地点に観察定点を設け，観察地域内に出現したカモシカを計数する方法である．ルートセンサスは，事前に定めたルートを踏査しながらルート脇および見通しのよい斜面等を観察し，カモシカを計数する方法である．両方法とも観察対象地域が小面積となることが多い．そのため，生息密度の算出には向かないが，調査を継続することで対象地域における個体数の増減傾向の把握に利用できる．

（2）生息密度と植生

カモシカと生息環境の関係を明らかにする一環として，下北半島において生息密度と植生の関係について調査をすすめた．方法としては，林相の異なる複数の地域でカモシカの生息密度調査をくり返し実施し，密度変化の追跡および地域間比較をおこなった．生息密度調査には区画法を用いた．この生息密度調査は，下北野生動物研究グループカモシカ班（別名：あおししの会，現・下北半島カモシカ調査グループ）として，研究者，教員，一般社会人，学生等が毎年 12 月に手弁当で集まって実施しているものである（花輪 1986）．

図 7.4 に 4 地域（九艘泊地域，滝山地域，源藤城（げんとうしろ）地域，田（た）の頭（かしら）地域）の調査結果を示した．この 4 地域はいずれも旧・脇野沢村に位置し，最大で 2 km しか離れていない．標高は 4 地域とも 350 m 以下である．そのため，これらの地域間にみられるカモシカ密度の違いは地理要因や気象要因ではなく，もっぱら植生の違いに起因すると考えられた．九艘泊地域は，100 年生以上のヒノ

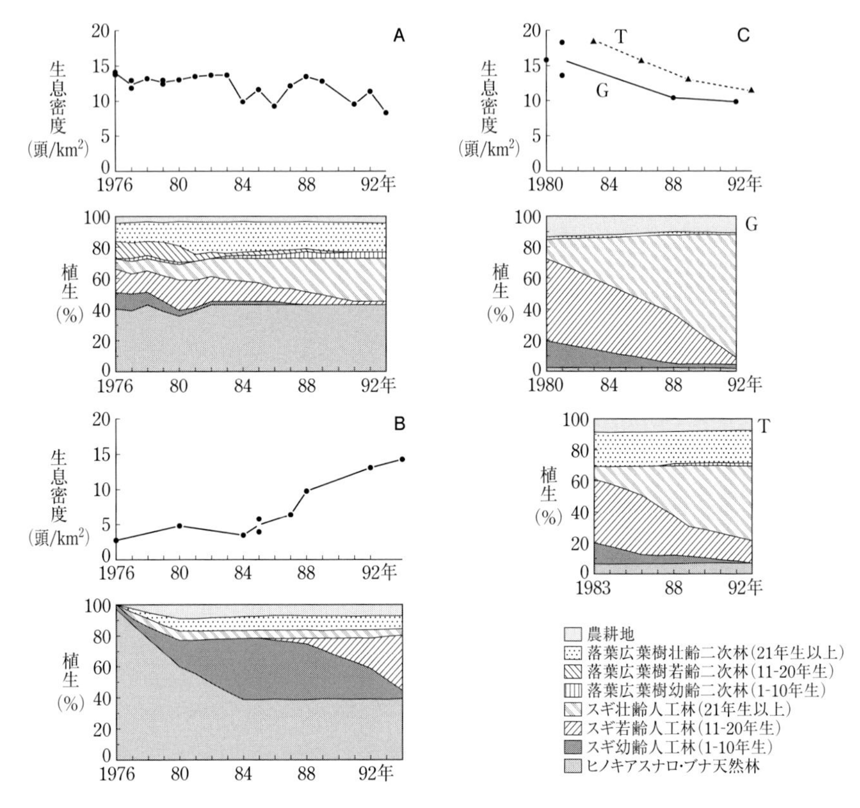

図 7.4　青森県下北半島の近接する4地域におけるニホンカモシカの生息密度と植生の推移．A：九艘泊地域（336 ha）．植生変化が少なく，密度は安定的に維持された，B：滝山地域（305 ha）．ヒノキアスナロ・ブナ天然林の大規模な伐採とスギ植栽がおこなわれ，密度が増加した，C：G は源藤城地域（270 ha），T は田の頭地域（324 ha）．スギ人工林が若齢林から壮齢林へ成長し，密度が減少した．Ochiai *et al.*（1993a, 1993b），落合（1996）より．

キアスナロ・ブナ天然林が地域の約4割を，スギ人工林および落葉広葉樹二次林がそれぞれ2-3割を占め，植生の変化が少ない地域である．この地域のカモシカ密度は17年間にわたりおおよそ10-14頭/km^{2}で推移し，安定的であった（図7.4A）．一方，滝山地域では，調査開始当初はヒノキアスナロ・ブナ天然林が調査地域のほとんどを占めていたが，大規模な伐採がすすんだあとはスギの幼齢人工林（1-10年生）および若齢人工林（11-20年生）が約4割を占め

図 7.5　ヒノキアスナロ・ブナ天然林を伐採して造成したスギ幼齢人工林．青森県下北半島脇野沢の滝山地域にて．

るようになった（図 7.5）．この地域のカモシカ密度は，全域がほぼ天然林であった当初の 4 頭/km^2 から，伐採後の年数経過とともに 13–14 頭/km^2 へと増加した（図 7.4B）．源藤城地域と田の頭地域では，調査開始当初はどちらもスギ若齢人工林が地域の 4–5 割を占めていた．当初は 15 頭/km^2 を超す高いカモシカ密度が示されたが，スギ人工林が若齢林から壮齢林（21 年生以上）へと成長するにつれ，カモシカ密度は減少傾向を示した（図 7.4C）．これらの結果により，カモシカの既分布地域においては，植生の変化が少ない地域ではカモシカの生息密度が安定的に保たれる一方，植生変化が生じた場合にはそれに応じて生息密度も変化することが明らかとなった（Ochiai *et al.* 1993a, 1993b；落合 1996）．

これら 4 地域で実施した計 38 回の区画法調査の結果を用い，地域に占める各植生タイプの面積とカモシカ密度の関係を重回帰分析した．分析に用いた植生タイプは図 7.4 の凡例に示した 8 タイプである．その結果，スギ若齢人工林，落葉広葉樹若齢二次林（11–20 年生），落葉広葉樹壮齢二次林（21 年生以上）の 3 タイプの植生タイプの面積とカモシカ密度の間に有意な正の相関関係が認められた（$p=0.03$–0.05）．一方，ヒノキアスナロ・ブナ天然林の面積とカモシカ密度の間に有意な負の相関関係が認められた（$p=0.02$）．これらの結果からも，100 年生以上の天然林でのカモシカ密度は低く，天然林を伐採してしばらくするとカモシカ密度が高まるという事実が確認された．

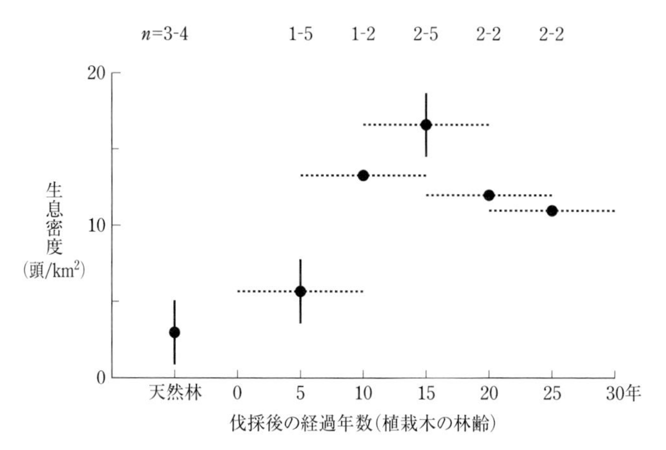

図 7.6　青森県下北半島における天然林の伐採・スギ人工林の成長にともなうニホンカモシカの生息密度の変化．天然林は100年生以上のヒノキアスナロ・ブナ林．●：生息密度の平均値．縦線：標準偏差．破線の林齢の林の面積割合が4割前後を占める地域の調査結果にもとづく．*n*は調査実施地域数（ハイフンの左側）とのべ調査回数（右側）．落合（1996）より．

さらに，ヒノキアスナロ・ブナ天然林ないしスギ人工林の面積割合の高い地域の結果だけを用い，天然林伐採後の経過年数にともなうカモシカ密度の変化を明示した（図7.6）．この図によれば，ヒノキアスナロ・ブナ天然林がほぼ全域を占める地域では，カモシカ密度はこの地域一帯の値としては低めの2–5頭/km^{2}であった．天然林が伐採されて地域の4–5割程度がスギ幼齢人工林に置き換えられた場合，伐採後5年程度まではカモシカ密度に大きな変化は生じない．しかし，伐採後10–15年程度になるとカモシカ密度は15–18頭/km^{2}にまで増加する．その後，植栽されたスギが20–25年生になると，カモシカ密度は減少傾向を示す．

（3）生息密度と食物量

前項で紹介したとおり，植生の変化にともないカモシカ密度が変化することが確かめられた．次なる疑問は，植生の変化による「なにが」カモシカ密度の変化をもたらすのか，ということである．答えは，食物条件である．そう考えるのは，カモシカ密度の変化と林相変化にともなうカモシカの利用可能食物量の変化が共通のパターンを示すことによる．

カモシカの植生別の利用可能食物量は各地で調査されている（古林 1979，下北半島ニホンカモシカ調査会 1980；羽田ほか 1983；鈴木 1983；伊藤ほか 1984；高槻ほか 1996a, 1996b；Sone *et al.* 1999；長岐 2000）．これらの調査により，カモシカの利用可能食物量は天然林では少ないこと，森林の伐採後には林床に太陽光が届くことにより低木類等が繁茂し，利用可能食物量は増大すること，その後は造林木の成長・林冠のうっ閉にともなって林床植生が減り，利用可能食物量が減少することが明らかとなった．このような森林伐採後の利用可能食物量の変化パターンは，ニホンジカを対象とした場合でも同様である（Takatsuki 1990b；古林 1995）．森林伐採後のカモシカの利用可能食物量の変化状況を具体的な数値と図の両方でみてみよう．

下北半島脇野沢における12月の調査結果では，利用可能食物量はヒノキアスナロ天然林で6.8 g/m^{2}であったのに対し，6・7年生のスギ幼齢人工林では天然林の8.6倍の量（58.6 g/m^2）が存在した．しかし，24年生のスギ壮齢人工林では幼齢人工林の10分の1以下の量（5.4 g/m^2）に減少した（下北半島ニホンカモシカ調査会 1980；図7.7A）．着葉期の利用可能食物量についても，同様の変化パターンが下北半島頭部における調査で示されている（図7.7B）．群馬県における調査結果も同様である．群馬県中之条町・草津町の8月の調査では，利用可能食物量は落葉広葉樹林（50年生以上）で92.7 g/m^{2}であったのに対し，6-10年生の針葉樹幼齢人工林では落葉広葉樹林の4.1倍の量（379.2 g/m^2）であった．30年生以上の針葉樹壮齢人工林の利用可能食物量は，ここでも幼齢人工林の10分の1以下の量（35.6 g/m^2）に減少した（Sone *et al.* 1999；図7.7C）．また，山形県山形市の8-10月の調査では，利用可能食物量は落葉広葉樹林で334.8 g/m^2，伐採跡地で790.0 g/m^2，スギ幼齢人工林で298.6 g/m^{2}であり，伐採跡地における利用可能食物量が多かった．スギ壮齢人工林の利用可能食物量は43.4 g/m^{2}と少なく，伐採跡地・スギ幼齢人工林の7分の1から18分の1ほどであった（高槻ほか 1996a）．

さらに，群馬県における研究では，各植生タイプの単位面積あたりの利用可能食物量と各植生タイプの面積にもとづき，国有林の林班ごとにカモシカの利用可能食物量が算出された．そして，空中センサスによって得られたカモシカの生息密度と利用可能食物量の関係を林班単位で分析し，両者の間における有意な相関関係を明らかにした（Sone *et al.* 1999；図7.8）．下北半島の研究はカモシカ密度と植生の間の相関関係を明らかにし，その関係を植生タイプごとの利用可能食物量の多寡によって説明し裏づけた．これに対し，群馬県の研究は

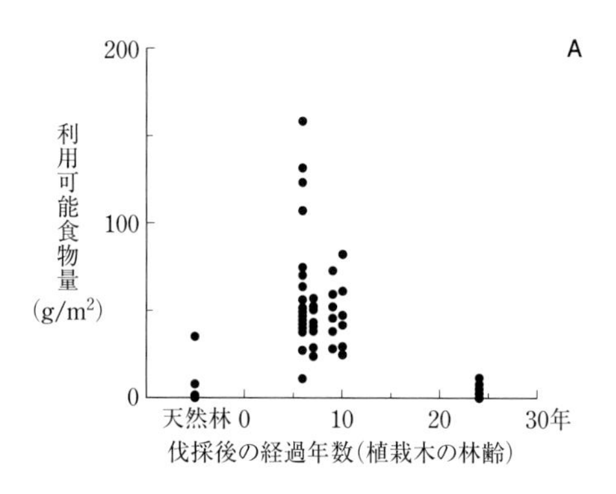

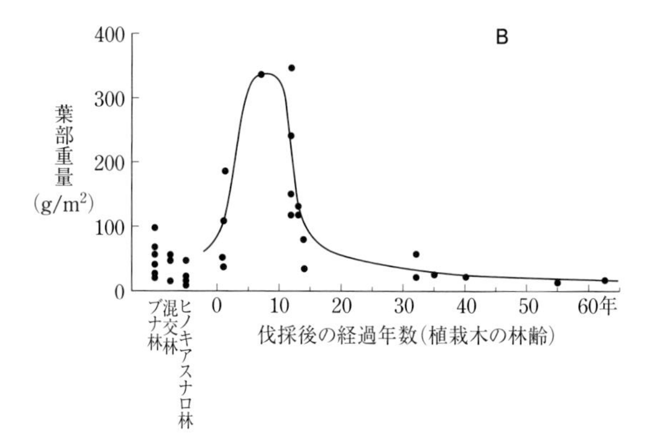

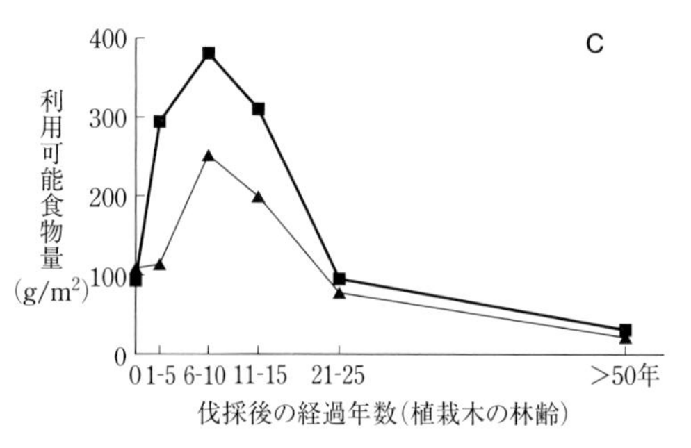

図 7.7　伐採後の経過年数にともなうニホンカモシカの利用可能食物量の変化．A：12月の青森県下北半島（脇野沢），B：6-9 月の青森県下北半島（釜伏山など），C：8 月（■）と 11 月（▲）の群馬県中之条町・草津町．A の利用可能食物量は風乾重，B，C のそれは乾重．A，B は下北半島ニホンカモシカ調査会（1980）より，C は Sone *et al.* (1999) より．

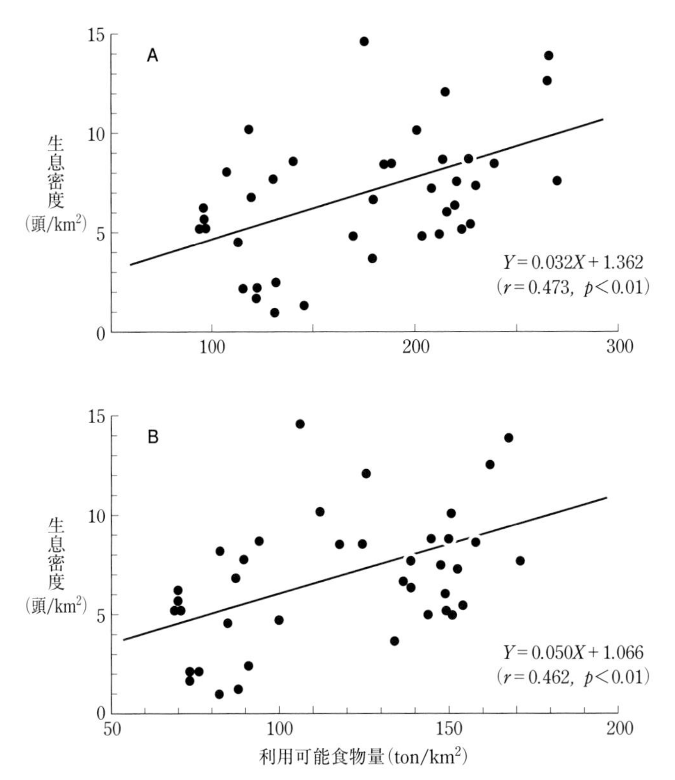

図 7.8　群馬県中之条町・草津町におけるニホンカモシカの生息密度（3 月）と利用可能食物量（A：生息密度調査の前年 8 月，B：同 11 月）の関係．利用可能食物量は乾重．Sone *et al.*（1999）より．

カモシカ密度と利用可能食物量の相関関係を直接的に明らかにした．

森林伐採にともなうカモシカ密度の変動パターンについては，大分県における結果も報告されている．この調査ではカモシカ密度の指標として糞塊数が用いられ，伐採後 6-7 年にカモシカ密度がもっとも高くなることが示された（小野ほか 1978）．カモシカ密度がピークとなる時期は，下北半島では伐採後 15 年前後であり，大分県のほうが早い．その理由は，南方に位置する大分県では植栽したスギの成長が下北半島よりよく，林冠のうっ閉とそれにともなう利用可能食物量の減少が下北半島より早く生じるためと考えられた．下北半島では天然林を伐採してスギ人工林に転換した場合，伐採後 5-10 年ころにカモシカの利用可能食物量がもっとも多くなる（図7.7A，B）．一方，カモシカ密度のピークは伐採後15年前後にみられ（図7.6），5-10年程度のタイムラグが認められた．このタイムラグについては7.3節（4）項で考察を加える．

森林伐採後にシカ類の利用可能食物量が増加することは，北米においても確かめられている（Telfer 1972；Monthey 1984）．一方，食物の質に関しては，森林伐採後に食物栄養価の良化が認められた例（Thill *et al.* 1990；Hughes and Fahey 1991）と，認められなかった例（Happe *et al.* 1990；Ford *et al.* 1994）の双方がある．森林伐採後のカモシカの食物条件に関しては，利用可能食物量とともに食物栄養価も検討するようにしたい．森林の伐採は一時的にカモシカにとって好適な採食場所を提供するが，伐採がカモシカにおよぼす影響は一律ではないと考えられる．たとえば，伐採面積および残存森林との面積比や配置状況，伐採後に優占する植生（低木類であるかササ類であるか），あるいは積雪量といった要因が，カモシカの伐採地利用や密度動態に影響を与えると推察される．これらのケース別の資料の蓄積は十分でない．

7.3　3地域の比較研究

（1）下北半島，朝日山地，上高地

下北半島と群馬県における研究により，カモシカの生息密度は植生に応じて差異があり，それは利用可能食物量と関係していることが明らかとなった．では，食物量はカモシカ密度と具体的にどのようにかかわっているのであろうか．この問いに対しては，カモシカの社会構造から考えて二つの答えが想定された．一つは行動圏のサイズである．カモシカの行動圏はなわばりであり，同性成獣間で間置き分布する．そのため，一定地域内に生息する成獣の数は，行動圏サイズが大きければ少なくなり，行動圏サイズが小さければ多くなる．そう考えると，カモシカ密度と行動圏サイズの関係を確かめ，それとともに行動圏サイズと利用可能食物量の関係をしらべる調査が必要となってくる．想定されるもう一つの答えは，成獣の行動圏内に生息する分散前の若獣の数である．分散前の若獣の数は繁殖成功率と不可分の関係にある．そのため，繁殖成功率と利用可能食物量の関係をしらべる調査もまた必要となってくる．これらは，下北半島だけの調査でなく，生息環境の質が大きく異なる地域間で比較したほうが明確な結果が得られると予想された．とはいえ，生息密度，行動圏サイズ，繁殖

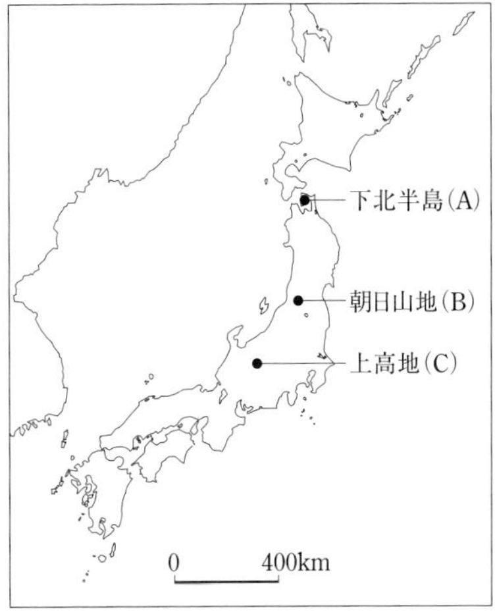

図 7.9　ニホンカモシカの生息地の質に関する比較研究をおこなった 3 地域．A：青森県下北半島，B：山形県朝日山地，C：長野県上高地（撮影：山田雄作氏）．

成功率，食物条件のすべてを新規の調査地域でしらべるのはたいへんである．そこで，既存調査によって関連データが得られている長野県上高地と山形県朝日山地を選び，下北半島とあわせた 3 地域を調査地とした（図 7.9）．長野県上高地では望月敬史さん（(有) あかつき動物研究所）が調査を実施されており，また山形県朝日山地では日本自然保護協会が始めた調査を岡坂恭博さんらの日本ナチュラリスト協会カモシカ調査グループが継続し，生息密度，行動圏サイズ，繁殖成功率に関するデータが蓄積されていた．これらの項目についでは既存データを活用させてもらい，食物条件調査のみを各地域で実施し，3 地域の比較研究をおこなった（Ochiai *et al.* 2010）．

長野県上高地の調査地域は標高 1500-2000 m の亜高山帯に位置する．植生は梓川周辺の落葉広葉樹林（ケショウヤナギ，サワグルミ，ハルニレなど）と，山腹斜面の常緑針葉樹林（ウラジロモミ，コメツガなど）からなる．最寒月の平均月気温は－7.5℃，最大積雪深は 1-3 m 程度である．下北半島の値はそれぞれ－0.8℃，0.2-1.5 m であり，下北半島より冬の気象条件は厳しい．山形県朝日山地の調査地域は標高 500-1100 m の山地帯に位置する．美しいブナ林が広がり，尾根すじには常緑針葉樹（クロベ，キタゴヨウ）が生育する．この地域のくわしい気象データは不明であるが，積雪深が 2-5 m となる豪雪地帯である．ここも冬の気象条件は下北半島より厳しい．

下北半島，朝日山地，上高地におけるカモシカの生息密度は，それぞれ 14.2 頭/km^2（Ochiai and Susaki 2002），6.1 頭/km^2（木内ほか 1978 より算出），3.2 頭/km^2（高山帯大型哺乳動物研究グループ 1994 および望月敬史氏の未発表資料の平均値）と推定された．下北半島のカモシカ密度は上高地の 4.4 倍にあたる．また，朝日山地の値はほか 2 地域の間に位置した．

行動圏サイズについては成獣メスの値を地域間の比較に用いた．これは，オスの行動圏サイズが繁殖相手の確保とも関連するのに対し，メスの行動圏は生息地とより深く結びついていると考えられるためである．下北半島，朝日山地，上高地の成獣メスの平均行動圏サイズは，それぞれ 10.5 ha（$n=22$；Ochiai and Susaki 2002），29.8 ha（$n=5$；木内ほか 1979 および日本ナチュラリスト協会カモシカ調査グループ 1986 より算出），51.7 ha（$n=18$；望月敬史氏の未発表資料）であった．下北半島の行動圏サイズは上高地の約 5 分の 1 であり，朝日山地の値がほか 2 地域の間に位置した．予想されたとおり，カモシカ密度と行動圏サイズの間ではきれいな負の相関関係が認められた（図 7.10）．同様に，カモシカの成獣密度と行動圏サイズの間における負の相関関係も，下北半島の結果だけで確認された（Ochiai and Susaki 2002）．

次は繁殖成功率についてである．繁殖成功率は，成獣メスの繁殖機会年数に対する，子を出産し，かつその子が生後 1 年まで生残した例数の割合とした．ここで，繁殖成功を出産した場合でなく，子が生後 1 年まで生残した場合とした理由は二つある．一つは消極的な理由で，この 3 地域の調査では出生直後の初期死亡を見逃している可能性があって，正確な出産率が把握しきれないことによる．もう一つは積極的な理由で，出産だけでなく，死亡する率が高い生後 1 年までの生残状況も含めることによって，繁殖成功の基準をより確かなものとする意味がある．下北半島，朝日山地，上高地の繁殖成功率は，それぞれ

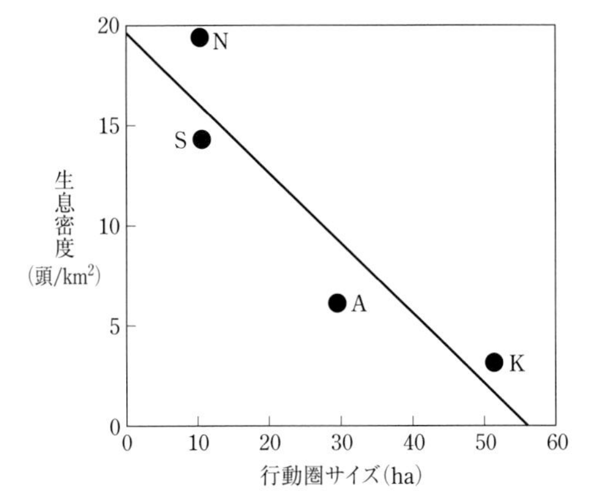

図 7.10　ニホンカモシカの生息密度と成獣メスの平均行動圏サイズの関係．S：青森県下北半島，A：山形県朝日山地，K：長野県上高地，N：秋田県仁別．Ochiai *et al.*（2010）より．秋田県仁別の値は Kishimoto and Kawamichi（1996）による．

37.0%（$n=127$），29.6%（$n=115$），12.0%（$n=25$）であった（Ochiai *et al.* 2010）．繁殖成功率もまた下北半島＞朝日山地＞上高地という結果であった．下北半島は上高地の 3.1 倍の繁殖成功率を示した．

（2）利用可能食物量の推定法

本州北端に位置する下北半島の気象条件は厳しいといえば厳しい．しかし，下北半島の調査地域は海沿いの低標高地にある．ここの気象条件は，亜高山帯に位置する上高地や豪雪地帯である朝日山地とくらべる限りでは穏やかということになる．この 3 地域の比較によれば，気象条件が厳しい上高地，朝日山地では，下北半島より行動圏サイズが大きく，繁殖成功率が低かった．結果，生息密度は下北半島でもっとも高く，上高地でもっとも低かった．これらの違いはおもに食物条件の違いにもとづくものであろう．そう考え，3 地域の冬の利用可能食物量を中心に調査をすすめた．

有蹄類の利用可能食物量は，採食対象の植物種・部位を刈り取り，その重量を量ることによってしらべられる．これまでおこなわれたカモシカの利用可能食物量の調査も刈り取り法による．しかし，刈り取り法は直接的で正確であるが，手間がかかる．そのため，利用可能食物量と相関し，かつ簡便に計測できる代替項目から利用可能食物量を推定する方法がよく用いられる．間接的な指

図 7.11　冬のオオバクロモジの枝先に残されたニホンカモシカの食痕．食痕の直径と同じ直径の位置を未採食の健全な小枝で定め，一食みで採食される枝先（採食単位）の重さと長さを推定した．青森県下北半島にて．

標としては，樹冠容量，枝直径，幹直径，樹高-幹直径指数などが使われる．3地域のカモシカの利用可能食物量の比較には，もっとも簡便な幹直径を用いることとした．植物体においては，パイプモデルといって枝・幹の太さとその枝・幹が支える葉量との間に相関関係があることが知られている（Shinozaski *et al.* 1964）．そのため，幹直径が利用可能食物量の代替指標として使えることは予測された．しかし，幹直径からカモシカの利用可能食物量を推定するためには，その推定式をつくるための調査から始める必要があった．落葉広葉樹に関する推定式は，下北半島において下記1-3の手順で作成した．

1. 雪上のカモシカの新しい足跡をたどり，調査対象とした5種の落葉広葉樹の小枝に残されたカモシカの食痕の直径を各種50個ずつノギスで計測し，種ごとに平均食痕径を求めた（図 7.11）．調査対象とした落葉広葉樹は，オオバクロモジ，マルバマンサク，ハウチワカエデ，シナノキ，ミヤマガマズミである．この5種の採食は，下北半島における冬のカモシカの採食量の68.7-75.5% を占める（Ochiai 1999）.
2. 採食されていない健全な小枝において，1で求めた平均食痕径と同じ直径の位置を定めて枝先を切断した．切断した枝先が採食単位（カモシカが1回の食みとりで採食する部位）と推定されるものである．これを各種30個ずつサンプリングし，種ごとに採食単位長と採食単位重を求めた．

3. 雪面幹断面積と幹あたりの利用可能食物量を各種 80 個体について測定し，両者の相関関係の検討および推定式の算出をおこなった．その際，雪面幹断面積は幹直径をノギスで計測して求めた．幹あたりの利用可能食物量は，採食単位を目視で計数し，それに 2 で求めた採食単位重をかけて算出した．

結果を紹介しよう．5 種の落葉広葉樹の小枝に残された食痕の平均直径は 2.2-3.2 mm，一食みで採食される枝先（採食単位）の平均長は 48.8-70.8 mm，採食単位の平均乾重は 0.119-0.223 g であった（Ochiai 2009）．これらの数値から，冬にカモシカが落葉広葉樹の枝先をつまみとるように採食する様子を想像していただけるであろうか．カモシカの利用可能食物量の調査では，当年枝全体を採食対象部位として刈り取る場合が多い．実際の採食部位は当年枝のうちのさらに枝先部分であるため，この方法は食物量の過大評価につながる可能性が高い．

雪面幹断面積と幹あたりの利用可能食物量の間では，5 種すべてで正の相関関係が認められた（$R^2=0.59$-0.75，いずれも $p<0.001$）．5 種のデータをあわせた場合においても正の相関関係が認められた（$R^2=0.69$, $p<0.001$）．推定式は下記の式で示された（Ochiai 2009）．

$$\mathrm{Log}_{10} y = 0.81\ \mathrm{Log}_{10} x - 1.33$$

ここで，y は食物乾重（g），x は雪面幹断面積（mm^2）である．これで冬の落葉広葉樹の利用可能食物量は，採食対象となる木本種の雪面直径を測るだけで推定可能となった．やや乱暴かもしれないが，この式を 3 地域のすべての落葉広葉樹に適用し，検討をすすめた．

補足すると，下北半島と朝日山地では，カモシカの冬の食物はほとんどが落葉広葉樹の枝先・冬芽である（冬の採食量において落葉広葉樹の占める割合は，下北半島で 94.5-95.0%［Ochiai 1999］，朝日山地で 98.0%［木内ほか 1979］）．そのため，この 2 地域では落葉広葉樹の利用可能食物量をもって冬の利用可能食物量としてもほとんど問題ない．これに対し，上高地の冬の採食割合は，常緑針葉樹 41.3%，落葉広葉樹 25.9%，ササ類 16.9% などであり（7612 個の食痕調査にもとづく．望月敬史氏の未発表資料），落葉広葉樹のほかに常緑針葉樹やササ類も利用可能食物量の算出に含めることが求められる．そのため，上高地の常緑針葉樹（ウラジロモミ，コメツガ）についても，落葉広葉樹と同様の手順によって幹の直径から利用可能食物量を算出する推定式を作成した．ただし，常緑針葉樹は落葉広葉樹の枝先のように一食みの採食単位が明確でないため，採食単位は食痕および採食行動の観察にもとづいて推定した．また，ササ類（シナノザサ）については1枚あたりの平均葉重をしらべ，それに葉数をかけて利用可能食物量を推定した．これらの事前研究の結果（Ochiai 2009）にもとづき，3地域の食物条件の比較にとりかかった．

（3）3地域の食物条件

冬の利用可能食物量の調査は，雪上のカモシカの新しい足跡をたどり，採食対象種の木本について，樹高が1.8 m以下の場合は雪面幹直径を，樹高が1.8 mを超え，かつ1.8 m以下に採食対象部位がある場合は，1.8 m以下に位置するすべての枝の基部直径をノギスで計測しておこなった（図7.12）．調査面積は3地域とも400 m^2とした（足跡を中心として幅1 m×長さ10 mの調査プロットを40プロット）．この調査は，朝日山地では日本ナチュラリスト協会カモシカ調査グループの手塚牧人さん（フィールドワークオフィス）と倉持武彦さん（現・公益財団法人神奈川県公園協会），および千葉県のニホンジカ調査を手伝ってもらっていた金城芳典さん（現・認定NPO法人四国自然史科学研究センター）の協力を得て実施した．私にとっては，学生時代に日本自然保護協会による調査に参加して以来，二十数年ぶりの朝日山地でのカモシカ調査であった．上高地の利用可能食物量の調査は，山田雄作さん（現・(株) ROOTS）が大学の卒業研究として実施した．私もこの調査のため上高地を2回訪れたが，

図7.12　ニホンカモシカの冬の利用可能食物量を調査中の著者．ノギスで低木類の幹直径を測定する．青森県下北半島にて．

カモシカと出会うことはかなわなかった.

調査の結果，下北半島では34種の，朝日山地では23種の落葉広葉樹が，また上高地では18種の落葉広葉樹と2種の常緑針葉樹が確認された．これらのうち，この時期のカモシカの採食が確認されなかった下記の種については，利用可能食物量の算出から除外した：下北半島4種（ムラサキヤシオツツジ，ヤマツツジ，ハクサンシャクナゲ，ミヤマホツツジ），朝日山地2種（ミヤマホツツジ，ハナヒリノキ），上高地2種（種不明）．冬の落葉広葉樹の利用可能食物量は，下北半島（3.8 g/m^2）＞朝日山地（2.3 g/m^2）＞上高地（1.4 g/m^2）と推定された（Ochiai *et al.* 2010）．下北半島で多く，上高地で少ない．予想どおりの結果であった．しかし，同時に予想外の結果も得られた．常緑針葉樹の利用可能食物量が上高地で多かったため（3.1 g/m^2，ほか2地域では出現せず），落葉広葉樹と常緑針葉樹をあわせた場合には，上高地の利用可能食物量が3地域の中でもっとも多いという結果になったのである．これは，そのまま上高地の食物条件がよいとうけとるべきなのだろうか．おそらくそうではないことが，採食効率に関する調査結果で示された．

採食効率の調査は，利用可能食物量の調査と同時におこなった．採食効率はカモシカの採食歩行1 mあたりの採食量であり，雪面の足跡の持ち主が残した新鮮な食痕の数と平均採食単位重（落葉広葉樹：0.173 g，常緑針葉樹：0.453 g，ササ類：0.195 g；Ochiai 2009）から求めた．下北半島，朝日山地，上高地の採食効率は，それぞれ1.0 g/m（5.9個の食痕/m），0.7 g/m（3.8個の食痕/m），0.2 g/m（0.6個の食痕/m）であった（Ochiai *et al.* 2010）．つまり，上高地では落葉広葉樹，常緑針葉樹，ササ類等をすべてあわせた利用可能食物量は多いにもかかわらず，単位移動距離あたりにつき実際に食している量は少ないことがわかった．その理由として，上高地の常緑針葉樹は量的に豊富に存在するが，食物としては落葉広葉樹ほどには利用されていないためであろうとまず考えた．そう考えたのは，北米のシカ類について，針葉樹に含まれる精油成分が第一胃中の微生物に負の影響をおよぼし，消化率の低下をもたらすという報告（Oh *et al.* 1970），あるいは耐えうる常緑針葉樹の採食割合は20%までであるとする報告（Wallmo and Regelin 1981）による．しかし，上高地のデータをみると，常緑針葉樹の利用可能食物量は落葉広葉樹の2.2倍であるのに対し，常緑針葉樹の採食効率は落葉広葉樹の4.2倍であり，食物として常緑針葉樹が避けられているわけではなかった．つまり，上高地では常緑針葉樹が量的に多く存在し，落葉広葉樹以上に常緑針葉樹が選択されて高い採食割合を占めるが，食物全体の採食効率は下北半島や朝日山地よりかなり低いという結果であった．これはどう解釈したらよいのだろうか．

この問題に対する明確な答えは得られていない．それでも，やはり常緑針葉樹の消化率の低さや消化阻害が関係しているように思える．豊富に存在する常緑針葉樹をカモシカは多食するが，常緑針葉樹の消化率の低さゆえに消化管内でかさばるばかりで採食効率が低くならざるをえないのではないか，というのが現時点の解釈である．このことは，生息条件が劣悪な高標高地で採食割合が高まるササ類に関してもあてはまる可能性がある．そのように考えると，上高地の食物条件はやはり3地域の中でもっとも悪く，生息環境に応じた食物条件が行動圏サイズおよび繁殖成功率に影響をおよぼし，その結果が地域ごとのカモシカ密度となってあらわれるという一連の関係が矛盾なく説明されることとなる．

食物条件としては，食物の量だけでなく，質についても3地域間の比較をおこなった．比較に用いたのは，食物窒素量の指標として使える糞中窒素量である．3地域の冬の糞中窒素含有率は，下北半島と上高地が1.5%，朝日山地が1.4%であり，地域間の差異は認められなかった（$p = 0.41$，クラスカル・ウォリス検定）．気象が厳しく，食物条件がよくないと考えられる上高地や朝日山地のほうが下北半島より低い値を示すだろうと思っていたので，この結果はやや意外だった．3地域間では利用可能食物量や採食効率に差異が認められる一方，冬の食物の質はほぼ同レベルのようであった．食物の質の地域差は，冬ではなく早春に認められた．4月の糞中窒素含有率は，残雪期にあたる朝日山地と上高地では冬と同レベル（1.4-1.5%）であったが，雪解けが終わって緑葉の展開が始まっている下北半島では1.9%と有意に高かった（$p < 0.01$，クラスカル・ウォリス検定；Ochiai *et al.* 2010）．

本章においてここまで述べてきたことは，野生動物と生息地の質の関係をめぐる問題にほかならない．生息地の質は，野生動物の繁殖率や生残率，行動的特性，さらには生涯繁殖成功度に影響をおよぼす．それゆえ，野生動物の研究者は，生息地の質を把握するための生息地特性を明らかにしようと努力しつづけている（Anderson and Gutzwiller 1996；Johnson 2007）．生息地の質はさまざまな指標を用いて評価されてきた．食物の量および質は直接的な指標である．間接的な指標としては，生息密度，行動圏サイズ，繁殖率・生残率，分布・生息地選択，個体の生理的状態（角の成長，体重，脂肪量，血液成分等）があげられる．カモシカの場合，食物条件の直接的な評価は成果も得られたが，むずかしさも少なからず感じた．その中で，糞中窒素量は食物の質を表す指標として簡便で有効な指標である．雪上の足跡をたどって移動距離あたりの採食量をしらべる採食効率も，積雪地域の冬のみに使用可能という限定はあるが，食物条件に関する簡便で有効な指標と考えられた．生息密度，行動圏サイズ，繁殖成功率も 3 地域間で一致した傾向を示し，生息地の質の指標として有効であると推察された．これらの複数の特性について総合的に検討を加えることが，カモシカにおける生息地の質の評価の確かさをもたらすと考えられた．

（4）カモシカの密度変動

有蹄類の個体群動態は食物量，気象（とくに雨量），生息密度の影響を複合的にうけ（Sæther 1997 ; Coulson *et al.* 2000 ; Gaillard *et al.* 2000），捕食者がいる場合には捕食も個体群動態の重要な要因となる（Sinclair *et al.* 2003 ; Owen-Smith *et al.* 2005）．これらの要因のうち，雨量はアフリカのサバンナなどでは有蹄類の個体群動態の重要な因子であるが，カモシカではほとんど関係しない．豪雪はカモシカの当年子の死亡率を高め（Kishimoto 1989a），生息密度を一時的に低下させることもある（Ochiai *et al.* 1993a）．しかし，カモシカの個体群動態を左右する主要要因とはいえない．

また，密度依存的要因も考えがたい．なぜなら，大型哺乳類において密度依存的な死亡率の増加や繁殖率の低下は，“生存密度”レベル近くの生息密度において顕著となるが（Fowler 1981, 1987），カモシカは生存密度より低い“耐性密度”レベルを維持していると考えられるからである．生存密度（subsistence density）とは利用可能食物量が支えることのできる上限の生息密度のことを，耐性密度（tolerance density）とは同種間の社会関係にもとづいて維持される生息密度のことを称する（Dasmann 1964）．

捕食者という要因も，明治時代にニホンオオカミが絶滅して以降，カモシカでは実質的に存在しない．ただし，ツキノワグマが生きたカモシカを襲い，死に至らしめた事例が少なくとも 3 例ある．長野県木曽町の事例では，親子づれの 3 頭のクマがカモシカ（記事には 4 歳程度のメスと記されている）を追い，親グマがカモシカの腰を押さえつけ，子グマ 2 頭が首や腹にかみついてカモシカを死亡させた（毎日新聞［長野］2003.7.8）．十和田湖近くの秋田県小坂町の事例では，クマが子カモシカを追いかけて襲撃し，首をかまれてぐったりした子カモシカをクマがくわえて立ち去った（朝日新聞［秋田］2009.7.10）．さらに，動物写真家の須藤一成氏による DVD『ツキノワグマ――知られざる狩人の生態』((株) イーグレット・オフィス) では，2011年7月に滋賀県伊吹山でクマが子カモシカを襲撃し，喉元にかみついて捕らえる貴重な映像をみることができる．このDVDでは，子カモシカを仕留めたクマが，つづいて母カモシカを追尾する様子まで記録されている．このようなツキノワグマによるカモシカの捕食が，どの程度の頻度で生じているのか興味深いが，現在のところではカモシカの個体群動態に影響をおよぼす要因とまでは認めがたい．気象，密度，捕食が個体群動態の主要要因として働かないカモシカの場合，個体群動態を規定する要因はもっぱら食物条件と考えられる．そして，そこになわばり性という社会的な要因が関係する．

端的にいえば，ある地域に生息するカモシカの頭数は2種類の個体数からなる．一つはなわばりをもつ成獣の数であり，もう一つは成獣のなわばり内に同居する分散前の子の数である．下北半島における24年間のデータによれば，生息頭数の変動係数は成獣 (13.3%) より分散前の子 (51.3%) のほうが高く，成獣より子の数の変動のほうが密度変動に大きく寄与していた (図7.13)．成獣の数に関しては，カモシカの成獣密度および生息密度ともに，行動圏サイズと負の相関関係にあることが調査によって確かめられた (7.3節 (1) 項)．一般的に，行動圏サイズと利用可能食物量の間には負の相関関係が認められ (Ostfeld 1986; Boutin 1990; Canova *et al.* 1994)，カモシカでも常緑針葉樹の問題は残るものの同様の結果が示唆された．分散前の子の数に関しては，3地域の比較研究において繁殖成功率は生息地の質のよい指標と考えられた．また，

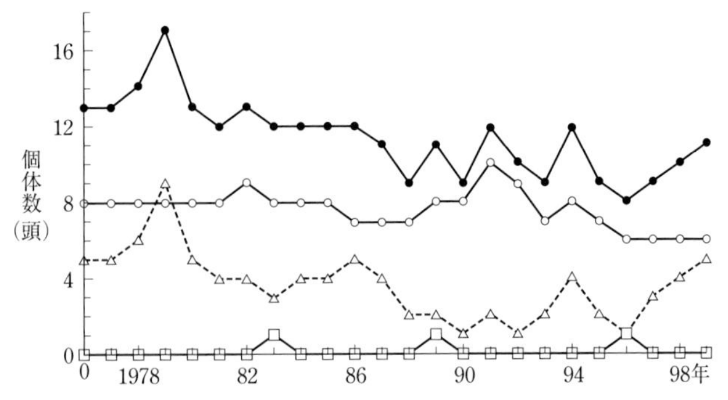

図7.13　個体識別にもとづく長期研究で明らかにされた青森県下北半島の調査地域 (80 ha) におけるニホンカモシカの個体数の推移．●：全個体，○：なわばり個体，△：分散前の子，□：非なわばり成獣．毎年12月時点の個体数を示す．Ochiai and Susaki (2002) より．

下北半島では，食物条件が良好である若齢人工林の多い地域において高い幼獣比が示されている（Ochiai *et al.* 1993b）．これら一連の結果および考察をまとめると，カモシカにおいては，良好な食物条件が小さな行動圏サイズとそれにともなう成獣数の多さをもたらす．良好な食物条件は，高い繁殖成功率とそれにともなう分散前の子の数の多さももたらし，その双方によって好適環境における高い生息密度が達成されるものと結論された．このことを基本としつつ，ある場所に生息するカモシカの数は，現象的にはなわばり性にもとづく個体間のさまざまな関係をとおして定まり，また変化する．

これまでカモシカと生息環境の関係について研究に取り組んできたが，多くの課題が残されている．今回，食物条件を検討する季節として冬を選んだ．これは冬が 1 年の中でもっとも生息条件が厳しく，カモシカの生活を規定している部分が大きいと予測されたからである．しかし，その一方で春から秋の食物条件も重要と考えられる．春から秋は，カモシカにおいて冬の間に消費される体脂肪量（Maruyama 1985）および 5-23% が減少する体重（Miura and Maruyama 1986）を回復させる時期であり，春から秋の食物条件が冬の生残と次の繁殖に影響すると考えられる．今回しらべた木本類の幹断面積は，パイプモデルにもとづけば着葉期における木本類の葉量とも相関するはずであるが，なお検討が必要である．

また，行動圏サイズや採食効率は，食物量のみならず食物や植生の分布状態とも関係する．たとえば，大分県は下北半島，朝日山地，上高地とくらべて気象条件は穏やかであるが，調査された成獣 4 頭（雌雄各 2 頭）の平均行動圏サイズは 96 ha と広い（表 4.4 参照）．これは，スギ・ヒノキ人工林が広面積を占める中で，採食場所として好適な広葉樹林がモザイク状に分布する地域では，散在する広葉樹林を求めて行動圏サイズが大きくなるためと推察される（大分県教育庁文化課 1996）．長野県上高地においても，季節によってよく利用する場所が変わることが，年間の行動圏サイズを大きくする要因となっている（望月敬史氏の私信による）．表 4.4 をみると，山形県山形市の平均行動圏サイズも，メスで 87 ha，オスで 99 ha と大きい．山形市は冬にヒメアオキ等の常緑低木が主要食物として利用され，冬の高い糞中窒素量で示されるように食物条件が良好と推測される場所である．そのような場所で大きな行動圏サイズが示される理由はよくわからない．

さらに，なわばりに関しては，大きいなわばりをもつことの利益（豊富な食物の確保など）とコスト（なわばり防衛のコスト）が存在し，利益からコストを差し引いた純利益が最大となるところに最適なわばりサイズがあるとされる（Brown 1964；Sutherland 1996）．カモシカのなわばりについて，このような観点からの検討はなされていない．このほか，高標高地や多雪地の厳しい気象条件はエネルギー代謝に影響を与えるであろうし，雪崩による死亡が生残率や生息密度に影響をおよぼしている可能性もある．これらの検討はすべて今後の課題である．

カモシカの密度動態の特性は，資源なわばりをもたない群居性の有蹄類とくらべることによって際立つ．その観点からの説明を加えよう．森林伐採および森林火災に対する哺乳類の反応については総説としてまとめられている（Fisher and Wilkinson 2005）．この総説では北米に生息する哺乳類が幅広く対象とされ，森林伐採・火災後の経過年数を4段階（0-10年，11-25年，26-75年，76-125+年）に区分してまとめている．森林伐採や森林火災が生じてまもない時期，オジロジカ，オグロジカ（ミュールジカ），エルクはおおむね新しく出現した環境を好んで利用する（Fisher and Wilkinson 2005，ただしWallmo and Schoen 1980のように異なる結果もある）．森林伐採・森林火災後にシカ密度が高くなる時期については，5-10年後（オグロジカ：Dasmann 1964），4-13年後（ノロジカ：Gill *et al.* 1996）という報告もあれば，1-2年後という報告もある（オグロジカ：Taber and Dasmann 1957；Klinger *et al.* 1989，ニホンジカ：古林 1989）．これに対し，先に紹介したように（7.2節（3）項），カモシカ密度のピークは下北半島で伐採後15年前後，大分県で6-7年後であり，1-2年後という早い時期の密度増加はない．また，下北半島での利用可能食物量のピークは伐採後5-10年であるのに対し，カモシカ密度のピークは伐採後15年前後であり，5-10年ほどのタイムラグが認められた．

シカ類とくらべてカモシカの密度変化が緩慢である理由，そして上記のタイムラグが生じる理由は二つ考えられる．一つは，カモシカでは成獣密度の増加になわばりの位置替えというプロセスを要することである．群居性のニホンジカやオグロジカでは，良好な採食場所が出現すると周辺にいた個体がただちに移動し，その場所を利用することが可能である．しかし，雌雄ともになわばり性を有するカモシカでは，このような形での急速な密度増加が生じることはない．食物条件の良化にともなう成獣密度の増加は，ほぼ隙間なく分布している先住個体たちのなわばりの間に割り込むようにして，新たな個体（多くは若齢の分散個体）がなわばりを確立することによってもたらされ，それゆえ年数を要する．もう一つの理由は生活史特性による．カモシカとニホンジカを比較すると，ニホンジカは攪乱のはいった開放的でやや不安定な環境を好むのに対し，カモシカは安定した森林環境を生活の場としてきた．このことと関連して，カモシカは長い寿命，遅い繁殖開始，長い繁殖間隔，低い繁殖率といった生活史特性を有する（三浦 1991a）．繁殖の面からみると，カモシカの環境変化に対する反応は前出のシカ類とくらべて遅く，食物条件の良化にともなって子の数が増加するのにも年数を要する．

7.4　環境収容力

本節は私が学生だったときの話から始めたい．学部の4年生のとき，同じ研究室に同期の友人の吉田正人さん（現・筑波大学）がいた．吉田さんは長年，日本自然保護協会で全国各地の自然保護問題の解決や世界遺産条約への加盟の推進などに取り組んだ人物で，卒業研究では私と同じくカモシカの生態の解明を研究テーマとした．かれは山形県朝日山地に，私は下北半島に通った．そして，朝日山地と下北半島で観察されることの共通性と相違性について，若かった2人はよく論じあった．

論議の中で，この2地域における行動圏サイズの差異が話題となり，それは2地域の食物条件，とくに利用可能食物量の差異に由来するのではないかと2人は考えた．先に紹介した下北半島，朝日山地，上高地の比較研究は，そのころからの宿題といえるテーマだった．この問題に関して，吉田さんは A/R 比という概念を提示した．A/R 比は，北米のリスの行動圏の変化やなわばり性などについて，利用可能食物量から説明するために発案された指標である（Smith 1968）．A（available energy）は行動圏内の利用可能食物量を，R（required energy）は1頭のリスの食物要求量を示す．この A/R 比を用いて，利用可能食物量がもっとも乏しくなる冬の間，その地域の行動圏サイズがカモシカの必要とする食物量を供給するのに十分な広さであるかが検討された．この研究は吉田さんの卒業論文となり，そのエッセンスは日本自然保護協会の報告書（木内ほか 1979）の中で示されている．

この報告によれば，カモシカの利用可能食物量は採食対象となる木本の冬芽の乾重によって算出された．食物要求量は，三つの方法（採食行動の観察，死体の胃内容物量，飼育個体の食物摂取量）によって推定されたが，前二者は試料数，根拠とも十分でない．そのため，ここでは飼育個体の食物摂取量を用いた場合の A/R 比を紹介する．A/R 比は観察された三つの家族的集団を単位として算出されており，その値は 1.73，1.16，0.82（平均 1.24）と推定された．これらの値から，朝日山地のカモシカの行動圏サイズは，冬期間に必要な食物量をかろうじて供給するか，場合によっては不足する程度の大きさであると述べられている（木内ほか 1979）．

ほぼ同等の検討が山形県山形市でもおこなわれている（高槻ほか 1996b）．山形市の検討で用いられた指標は採食率（R/W）と称される．R は1頭・一冬あたりの採食量（乾重），W は $1\,km^2$ あたりの利用可能食物量（乾重）である．採食率は，一冬の間に1頭のカモシカが $1\,km^2$ にある利用可能食物量のうちどの程度を食するかを示す．利用可能食物量は3月に調査され，地面（積雪のある場所では雪面）から2 m の空間に存在する植物の葉（常緑低木，スギ，ササ，スゲなど）と低木類の前年枝を刈り取って乾重が測定された．採食量は飼育個体の摂取量（千葉［彬］1991）にもとづく．値としては，12–3月の2頭の平均値から 550 g/日が用いられた．試算の結果，三つの地区の採食率は 7.5%，1.4%，0.9%（平均 3.3%）と推定された．この値の逆数から利用可能食物量の面から推定される最大生息可能密度が求められる．それを環境収容力とした場合，3地区の実際の生息密度は環境収容力の 60.2%，9.7%，5.4%（平均 25.1%）と推定された．この結果をうけ，この地域のカモシカの実際の生息密度は，環境収容力よりはるかに低いことが確認されたと述べられている（高槻ほか 1996b）．朝日山地と山形市における試算は似た手順にもとづくが，用いるパラメータに若干の違いがある（前者は行動圏サイズ，後者は生息密度）．そのため，結果を直接的に比較できないが，得られた結果からの考察には違いが認められた．

下北半島，朝日山地，上高地の3地域の比較研究では，各地域の行動圏サイズ，生息密度，冬の利用可能食物量が推定されている（Ochiai *et al.* 2010）．このデータを使うと，前述の試算にならって A/R 比や採食率を算出することができる．食物要求量（採食量）は山形市での試算（高槻ほか 1996b）と同じく 550 g/日を用い，積雪日数は下北半島で 90 日，朝日山地，上高地で 120 日として試算をおこなった（表 7.1）．なお，カモシカでは，冬の摂取カロリーの試算例（飯沢 1985）があるほかは，カロリーやタンパク質等の収支バランスの研究はおこなわれていない．

成獣メス1頭あたりの A/R 比は，下北半島で 8.1 であった．下北半島では，1頭の成獣メスが維持している行動圏の中に，一冬をこすために必要な食物量の 8.1 倍の利用可能食物量が存在していることになる．実際には，同じ場所を

表 7.1 3地域におけるニホンカモシカの A/R 比および生息率の試算結果.

項目	単位	青森県 下北半島	山形県 朝日山地	長野県 上高地[a]	長野県 上高地[b]	文献
1頭・1日あたりの食物要求量 (採食量) (r)	g/日・頭	550	550	550	550	千葉 (1991)
積雪日数 (d)	日	90	120	120	120	—
1頭・一冬あたりの食物要求量 (採食量) ($R=r\cdot d$)	g/冬・頭	49500	66000	66000	66000	—
m^2 あたりの利用可能食物量 (a)	g/m^2	3.8	2.3	1.4	4.6	Ochiai *et al.* (2010)
成獣メスの平均行動圏サイズ (s)	ha	10.5	29.8	51.7	51.7	Ochiai *et al.* (2010)
成獣メスの行動圏あたりの利用可能食物量 ($A=a\cdot s\cdot 10^4$)	g/行動圏	399000	685400	723800	2378200	—
成獣メスあたりの A/R 比 (A/R)	—	8.1	10.4	11.0	36.0	—
km^2 あたりの利用可能食物量 ($W=a\cdot 10^6$)	g/km^2	3800000	2300000	1400000	4600000	—
採食率 ($R/W\cdot 100$)	%	1.3	2.9	4.7	1.4	—
利用可能食物量から推定される最大生息可能密度 ($M=W/R$)	頭/km^2	76.8	34.8	21.2	69.7	—
実際の生息密度 (D)	頭/km^2	14.2	6.1	3.2	3.2	Ochiai *et al.* (2010)
生息率 ($D/M\cdot 100$)	%	18.5	17.5	15.1	4.6	—

[a] 常緑針葉樹をカモシカの食物から除外した場合.
[b] 常緑針葉樹も落葉広葉樹と同等にカモシカの食物として含めた場合.

つがい関係にある成獣オスや分散前の子も利用しているため，これほどの余裕はない．かりに3頭のカモシカが行動圏を共有しているとした場合，その行動圏の A/R 比は 2.7 となる．3地域の比較研究において，朝日山地の A/R 比は 10.4 と算出された．朝日山地の A/R 比は，先に平均 1.24 と算出されている（木内ほか 1979）．同じ朝日山地で値が異なるが，前者は成獣メス1頭あたりについて，後者は 2-4 頭の家族的集団あたりについて試算した値である．前者を3頭の家族的集団あたりの A/R 比として試算すると 3.5 となるが，なお先に算出された 1.24 の値（木内ほか 1979）のほうが小さい．利用可能食物量の推定方法の違い，あるいは調査の実施年や実施時期の違いによる積雪量の違いが関係しているのかもしれない．上高地の成獣メス1頭あたりの A/R 比は，常緑針葉樹も落葉広葉樹と同等の食物と考えた場合には 36.0，常緑針葉樹を食物から除外した場合には11.0であった．実際のA/R比はこの二つの値の間に位置すると想像されるが，常緑針葉樹の食物としての評価が判然とせず，試算の解釈がむずかしい．

利用可能食物量の面から推定される最大生息可能密度は，下北半島で76.8頭/km^2，朝日山地で34.8頭/km^2，上高地で21.2-69.7頭/km^{2}と推定された．これに対し，実際の生息密度はそれぞれ14.2頭/km^2，6.1頭/km^2，3.2頭/km^{2}と推定されている．そのため，利用可能食物量の面から推定される最大生息可能密度に対し，実際は下北半島では18.5%，朝日山地では17.5%，上高地では4.6-15.1%の頭数のカモシカが生息しているという試算結果となった．

実際の生息密度が利用可能食物量から推定される最大生息可能密度の18%前後かそれ以下という試算結果は，カモシカの利用可能食物量が冬でもあり余っていることを示すのであろうか．私は，必ずしもそう思わない．理由は二つある．一つは雪の影響である．これまで紹介した試算は，利用可能食物量に対する積雪の影響を考慮して調査を実施している．しかし，カモシカの行動圏サイズや生息密度等の諸特性は長い進化の過程をへて形成されており，そこには10年，20年に一度の大雪でも食物不足が生じない「余裕」が含まれているはずである．そう考えると，利用可能食物量から推定される最大生息可能密度と実際の生息密度との間に差異が認められることは，むしろ当然のことといえる．

もう一つの理由は，最大生息可能密度の算出方法に関しての問題による．ここまで紹介した試算は，いずれも冬の利用可能食物量をすべて食べつくすことを前提とし，すべての利用可能食物量のうちのどの程度を消費するかということを検討している．しかし，カモシカは特定の場所になわばりをかまえ，生涯そこで暮らす動物である．カモシカにとっては，少なくとも食べた分だけは植物の成長によって再生産され，その場所の食物条件が悪化しないことが重要である．たとえれば，銀行の預金で生活をおくる場合，元本を使って減らしてしまうのではなく，元本を減らすことなく毎年の利子・分配金で暮らすのがカモシカの生き方といえる．そう考えた場合，最大生息可能密度は，存在する利用可能食物量の全部ではなく，本当は利用可能食物量の全部の中から，採食植物が少なくとも現状と同程度の成長・再生産をおこなうために必要な量を除いた食物量を基準として算出されるべきものといえる．残念ながら，カモシカによる摂食度合いと低木類の成長・再生力の関係については不明な点が多い．また，この関係には，冬だけでなく春から秋の摂食による影響も大きい．そのため，冬の間に利用可能部位を食べつくすことを前提として算出された18%という生息率を，低木類の再生能力を基準として評価することは現時点ではむずかしい．実際の行動圏サイズや生息密度において，利用可能な食物量と必要な食物量の差異がどの程度のものであるかを解明することはなお今後の課題である．しかし，この点に関する検討結果の如何を問わず，カモシカの生息密度が基本的には利用可能食物量の影響をうけていることは，下北半島や群馬県における調査結果が示すとおりである．

調査結果をみる限り，カモシカでは食物条件が生息密度，行動圏サイズ，繁殖成功率に影響を与えていることは明らかである．そのため，利用可能食物量と必要食物量の両者からカモシカの最大生息可能密度を検討することは意味がある．また，利用可能食物量から推定される最大生息可能密度を環境収容力と考えることもできる．しかし，採食植物の再生能力を考慮にいれながら，利用可能食物量から最大生息可能密度を求めることは簡単でない．そもそも環境収容力という用語は，その環境下で当該の生物個体群を長期的に維持できるもっとも高い個体数と定義される（日本生態学会 2004）．カモシカでは食物条件を基盤としつつ，安定した生息環境では，なわばり性という社会関係を介して安定した生息密度が維持されることが明らかになっている（Ochiai *et al*. 1993a；Ochiai and Susaki 2002）．そのようなカモシカにおいては，一定の環境条件下において一定の期間（10 年ほど），生息密度が安定的に維持された場合には，その生息密度をその環境下における環境収容力とみなすことが可能であり，そのほうが現実的でもあると考えられる．

第8章　個体史研究

日本の哺乳類の研究史において，ニホンザルの研究は戦後まもない時期より突出した進展を示してきた．ニホンザルの研究では，当初から個体を1頭1頭識別して個体間の社会関係を解明することに力点が置かれた．その成果の豊富さは，哺乳類社会の研究における個体識別と長期研究の意義を，日本の哺乳類研究者の意識の中に自然に浸透させてきた．と同時に，個体識別と長期研究は，繁殖戦略および個体群動態に関する研究においても価値を示している．

8.1　個体ベースの長期研究の意義

哺乳類の社会関係は，どのような出自・経歴をもつ個体同士の間で，どのような行動のやりとりが示されるかを観察することによって明らかにされる．そのため，性，年齢，血縁関係，社会的地位等の個体属性は欠かせない情報であり，哺乳類社会の研究において個体識別は必須の手法である．とくに，寿命の長い大型哺乳類において，年齢，血縁関係，社会的地位を短期間の研究で明らかにすることは困難である．社会的地位および社会関係は，年齢や時間の経過とともに変化もする．したがって，寿命の長い大型哺乳類を研究対象とする場合，その社会関係の深い理解には個体識別と識別個体の長期研究が必然的に求められる．

一つの例として，図8.1に下北半島の調査地域において，調査年数の経過とともに出自（出生年および母親，あるいは調査地域への移入年および状況）の明らかな個体の割合が増加していく様子を示した．最初の1-2年では，出自の明らかな個体は調査地域に生息する全個体の半数以下であったが，その割合は5年ほどの間に80%近くまで増加した．これは基本的に，この間に調査の開始当初にいた出自不明な若齢個体が分散して移出する一方，若齢層のカモシカが調査開始後に生まれた個体に入れ替わったことによる．その後は，なわばり個体が出自不明な成獣から出自の明らかな成獣へと徐々に置き換わり，調査開始18年後に調査地域のすべての個体が出自の明らかな個体となった．この推

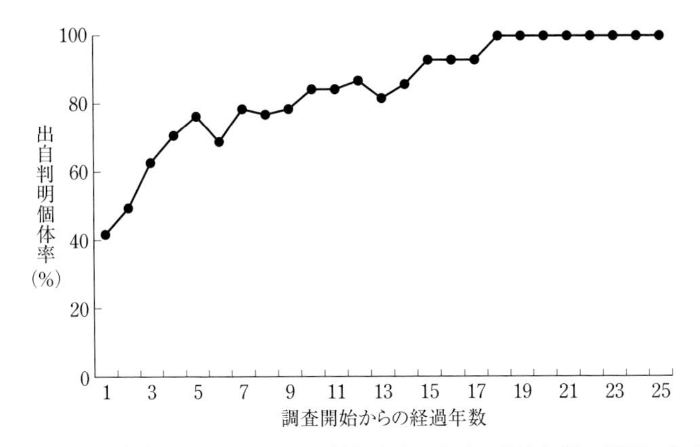

図 8.1　青森県下北半島のニホンカモシカ調査地域における調査年数の経過にともなう出自判明個体の割合の推移．出自判明個体率（%）は，出自判明個体数/全生息個体数．出自判明個体は，出生年・母親ないし調査地域へ移入した年・状況が明らかな個体を示す．

移の状況からは，調査を開始して少なくとも数年間は個体間関係の精密なデータが得にくいことがわかる．

識別個体の長期研究は，社会関係の解明のみならず，繁殖戦略および個体群動態の研究においても有用である（Festa-Bianchet and Côté 2008；Clutton-Brock and Sheldon 2010）．生物学において種や集団の特性は平均値で語られることが多い．この方法は種や集団の一般像を示すうえで有効である．一方，個々の個体は生得的な制約（遺伝的要因），出生時の制約（出生の場所・時期・体重，親の年齢・社会的地位など），環境要因（食物，気象，異性個体など）に応じて行動決定しており，繁殖成功度や繁殖戦略には個体変異が存在する．個体ベースの長期研究，すなわち“個体史研究”は，これらの個体変異と個体変異にかかわる選択圧の解明にもとづいて集団の実態をとらえ，個体変異が個体群動態におよぼす影響を明らかにする研究アプローチである．哺乳類の個体史研究はニホンザルやチンパンジーなどの霊長類で着手されたが，すぐにほかの哺乳類においても実施されるようになった．有蹄類で有名なのはスコットランドのラム島におけるアカシカの研究である（Clutton-Brock *et al.* 1982）．そのほか，ビッグホーン，マウンテンゴート，ノロジカ，アルプスアイベックス，アルプスシャモア，ピレネーシャモアなど，少なくとも13種19個体群において個体史研究が実施されている（Festa-Bianchet and Côté 2008）．日本では宮城県金華山島におけるニホンジカの個体史研究が着実な成果をあげている

（南 2008）．

カナダのアルバータ州コーリッジ（Caw Ridge）で継続されているマウンテンゴートの個体史研究を例にとると，この研究ではどのような要因が個体の生残および繁殖成功度の個体変異を産みだし，それらの個体変異がどのように個体群動態に影響を与えるかがさまざまに探究されている（Festa-Bianchet and Côté 2008）．近年は単一の調査地域の結果のみならず，ビッグホーン，マウンテンゴート，ノロジカといった複数種の個体史研究の成果の比較検討もおこなわれている（Hamel *et al.* 2009a, 2009b）．フェスタ・ビアンケとコテは，ビッグホーンおよびマウンテンゴートの成獣メスの繁殖成功度に対する密度効果を明らかにするうえで，短期の研究にくらべて長期の研究の結果がより高い信頼性をもつことを示している．そして，大型植食動物の長い寿命と複合的な個体群構成ゆえに，さらには個体群動態に影響を与える多くの要因の相互作用が年ごとに異なるゆえに，個体ベースの長期研究は有意義で有用であると述べている（Festa-Bianchet and Côté 2008）．

8.2　メスカモシカの繁殖成功度

（1）繁殖成功度となわばりの質

個体史研究の基本は個体識別と長期研究にある．そのうえ，すぐれた成果を産みだしている有蹄類の個体史研究は，さらに二つの条件をそなえている．一つは，同一個体をくり返し生け捕りすることである．継続的な再捕獲で体重や角長を計測することにより，それらと繁殖成功度の関係の解析が可能となる．遺伝子やホルモンの分析に供するための血液等の試料採取もできる．もう一つの条件は，血液試料等を用いた遺伝子解析の実施である．オスの繁殖成功度を明らかにするには，遺伝子解析による父性判定が不可欠である．下北半島におけるカモシカ研究は，捕獲による計測・試料採取と遺伝子解析を欠く．また，森林性，単独性のカモシカは，開放的環境に生息する群居性の種とくらべ，データの収集効率が低い．そのような不足と制限による限られたデータではあるが，子の出産・生残状況によって確認されたメスカモシカの繁殖成功度について紹介したい．

下北半島では，出生から死亡するまで観察されたメスが13頭，また初産年齢（3歳）以下の若齢時から死亡するまで観察されたメスが2頭いる（死亡には死亡と推定される消失を含む)．この15頭の生涯繁殖成功度（1歳まで生残した子の数）は，2.4±3.5頭（平均値 ± 標準偏差，範囲：0-10頭）であった．この15頭は，生後1年未満で死亡した8頭と，成獣に成長してなわばり個体となった7頭からなる．生後1年未満で死亡した8頭は当然のことながら子を残していない．なわばり個体となった7頭では，うち1頭が1歳以上まで育った子をもてなかった．そのため，15頭のうち9頭（60.0%）は生涯で1頭の子も残すことができなかった．なわばり個体となった7頭だけを対象とした場合，生涯繁殖成功度は5.1±3.6頭（平均値 ± 標準偏差，範囲：0-10頭）であった．なわばりをもつことができた個体でも，メスの生涯繁殖成功度は最小で0頭，次いで1頭，最大で10頭，次いで8頭と，個体変異の幅が大きい（表8.1）．カモシカの生涯繁殖成功度の個体変異の幅（標準偏差）は，ほかの有蹄類と比較して小さくない（表8.2）．

多くの有蹄類の一腹産子数は1頭である．そのこともあって，有蹄類のメスの生涯繁殖成功度には繁殖機会の数，つまりは寿命が強い影響をおよぼす（Festa-Bianchet and Côté 2008；Hamel *et al.* 2009b）．カモシカにおける生涯繁殖成功度と寿命の関係をみると（図8.2），やはり長生きの個体ほど高い生涯繁殖成功度を示す傾向が認められたが，この関係は有意でなかった（$R^2=0.31$, $p>0.05$）．有意でない理由としてはサンプルサイズの小ささがあげられる．それとともに，寿命が長くても生涯繁殖成功度の低いメスが存在していることが読みとれる．なわばり個体として長生きしても，あまり子を残すことのできない個体とはどのような個体なのだろうか．

なわばりメスの繁殖成功度に個体変異が認められることは，調査を開始して数年するとわかってきた．この変異はなわばり個体が入れ替わっても認められた．つまり，ある場所になわばりをもったメスは歴代高い繁殖成功度を示す一方，その逆の場合も認められた．そこで調査地域をメスのなわばりの境界にもとづいて五つの地区にわけ，歴代のなわばりメスの繁殖成功度を地区別に求めた．その結果，繁殖成功度は地区間で有意差が認められた（$p<0.01$，カイ二乗検定）．地区間の繁殖成功度の変異は大きく，もっとも高い地区ともっとも低い地区では10倍以上の差異が存在した（図8.3）．この結果は，カモシカのメスの繁殖成功度の変異は各個体の資質というより，なわばりとしている場所の生息地としての優劣に起因することを示している．

この結果に関して，なわばりの質を示す二つの指標で裏づけの資料を得ることができた．一つは，カモシカの主要食物である落葉広葉樹の利用可能食物量

表 8.1　青森県下北半島における年齢判明メスニホンカモシカの年齢別の繁殖履歴．●：
号および性別（F：メス）と愛称で示す．

種別	個体名	3	4	5	6	7	8	9	10
死亡[a]まで観察されたなわばり個体	1F カイコ	×	●	●	●	×	●	●	×
	4F ポン	×	×	×	×	×	×	×	×
	5F タマサブロウ	●	●	●	●	×	●	×	×
	21F ヒデ	×	●	●	×	●	×	×	●
	54F マツ	×	×	×	×	×	×	×	×
	56F スズ	×	×	×	×	●	●	×	×
	75F キヌコ	×	×	●	●	●	●	×	●
死亡[a]まで観察されていないなわばり個体	77F ユキ	×	×	●	×	●	×	?	×
	79F ハナ	×	×	×	×	×	×	×	×
	97F ツル	×	×	×	●	×	×	×	●
	101F セリ	×	×	×	×				
調査地域外へ分散した若齢成獣	8F フク	●	×						
	35F ヒロコ	×							
	90F アミ	×							
繁殖成功度（%）		14.3	25.0	45.5	36.4	40.0	40.0	11.1	30.0

[a] 死亡と推定される消失を含む．

表 8.2　有蹄類におけるメスの生涯繁殖成功度．

種	調査地域	対象メス	繁殖成功の基準
アカシカ	Isle of Rum（スコットランド）	3 歳以上	1 歳まで生存
ノロジカ	Trois Fontaines（フランス）	経産個体	離乳まで生存
ニホンジカ	宮城県金華山島（日本）	全個体	1 歳まで生存
	宮城県金華山島（日本）	経産個体	1 歳まで生存
マウンテンゴート	Caw Ridge（カナダ）	4 歳以上	出産
	Caw Ridge（カナダ）	4 歳以上	離乳まで生存
	Caw Ridge（カナダ）	4 歳以上	1 歳まで生存
	Caw Ridge（カナダ）	経産個体	離乳まで生存
ビッグホーン	Ram Mountain（カナダ）	経産個体	離乳まで生存
ニホンカモシカ	青森県下北半島（日本）	全個体	1 歳まで生存
	青森県下北半島（日本）	3 歳以上	1 歳まで生存

[a] 標準誤差とサンプルサイズより算出．

繁殖成功，×：繁殖失敗．繁殖成功は生後1年まで子が生残した場合．個体名を個体番

11	12	13	14	15	16	17	18	19歳	繁殖成功回数	繁殖機会年数	繁殖成功度(%)
×	●	●	×	×	×	●			8	15	53.3
×	×	×	×	×	×	×	●		1	16	6.3
×	●	●	●	●	×	×	●	×	10	17	58.8
×	●	●	×						6	12	50.0
									0	8	0.0
●	●	×	×	●	×	×	●	×	6	17	35.3
×	×	×							5	11	45.5
									2	7	28.6
×	×	●							1	11	9.1
×									2	9	22.2
									0	4	0.0
									1	2	50.0
									0	1	0.0
									0	1	0.0
12.5	57.1	57.1	20.0	50.0	0.0	25.0	100.0	0.0			

繁殖成功して残した子の数			サンプルサイズ	文献
平均	標準偏差	範囲		
1.5	1.4	0–7	267	McLoughlin *et al.*（2006）
7.2	5.5[a]	—	84	Hamel *et al.*（2009b）
1.0	—	0–5	86	Minami *et al.*（2009）
3.1	—	1–5	37	Minami *et al.*（2009）
5.7	3.0	0–10	26	Festa-Bianchet and Côté（2008）
4.6	2.7	0–9	26	Festa-Bianchet and Côté（2008）
3.6	2.4	0–9	26	Festa-Bianchet and Côté（2008）
4.7	2.4[a]	—	23	Hamel *et al.*（2009b）
4.0	3.3[a]	—	123	Hamel *et al.*（2009b）
2.4	3.5	0–10	15	落合（未発表資料）
5.1	3.6	0–10	7	落合（未発表資料）

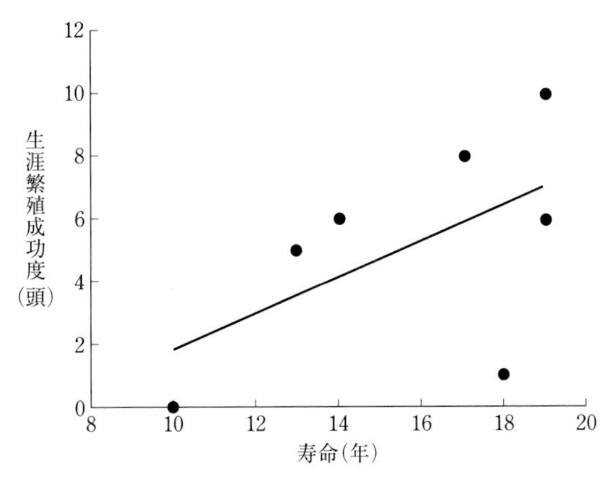

図 8.2　青森県下北半島における7頭のメスニホンカモシカの寿命と生涯繁殖成功度の関係．繁殖成功は生後1年まで子が生残した場合を示す．

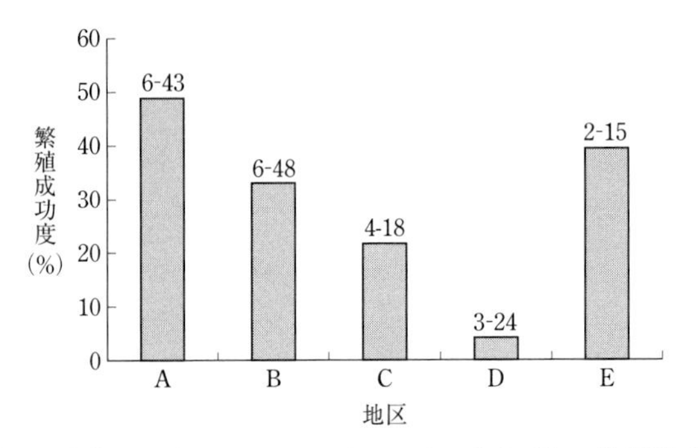

図 8.3　青森県下北半島におけるメスニホンカモシカのなわばりの位置別（A-E）の繁殖成功度（1976-2012年）．A-Eの地区はメスのなわばりの境界にもとづく（図4.7参照）．繁殖成功度（%）は，各地区に生息した歴代のメスの繁殖成功回数/のべ繁殖機会年数．繁殖成功は生後1年まで子が生残した場合を示す．図中の数字は各地区に生息した歴代のなわばりメスの数（ハイフンの左側）とのべ繁殖機会年数（右側）を示す．

（根元断面積合計を指標として使用）に関しての検討である．1997年の非積雪期に，もっとも繁殖成功度の高いA地区ともっとも低いD地区を選び，両地区において4m×5mの調査区をそれぞれ20個設けて毎木調査を実施した．その結果，採食対象種の低木層木本類の根元断面積は，A地区で339.6 mm^2/m^2，D地区で155.5 mm^2/m^2 と約2.2倍の差異が認められた（$p<0.001$，マン・ホイットニーのU検定）．さらに，年間の採食割合が5%を超える主要な食物種

5種（オオバクロモジ，ガマズミ，シナノキ，マルバマンサク，ムラサキシキブ）に限定すると，A 地区で 182.4 mm²/m²，D 地区で 47.1 mm²/m² と，こちらは約 3.9 倍の差異が認められた（$p<0.001$，マン・ホイットニーの U 検定）．この結果によって，食物の量において，繁殖成功度の高い A 地区は，繁殖成功度の低い D 地区よりよい場所であることが示された．

なわばりの質の違いを示すもう一つの裏づけは，食物の質を示す糞中窒素量の検討によって得られた．1995 年の冬に成獣メスの排糞行動を直接観察して個体別に糞を回収，分析し，糞中窒素量を個体間で比較した．その結果，各成獣メスの糞中窒素量と，その個体がなわばりとしている地区の通算の繁殖成功度との間に相関関係が認められた（$R^2=0.65, p<0.05$，図 8.4）．高い繁殖成功度を示す A 地区や E 地区は海岸線に面して積雪の少ない地区である．これらの地区では真冬でも積雪が風に飛ばされ，地面が露出した場所でスゲ類などが採食できる．このような要因が，A 地区や E 地区の冬の良好な栄養摂取をもたらしていると考えられた．余談ながら，冬に排泄直後のカモシカの糞をビニール袋に回収すると，袋越しに温かさを感じたり，温かい糞の水分でビニール袋の内側がくもったりした．排糞行動を観察して，その糞を回収しているのだから間違える可能性はほぼゼロなのだが，それでも観察していた個体がいま排泄した糞であることに確信がもてて，それだけでうれしさを感じた．

近年，有蹄類の研究においては，生息地の異質性が個体間の変異を産みだす源として着目されている（Coulson *et al.* 1997, 1999 ; Conradt *et al.* 1999 ; Pet-

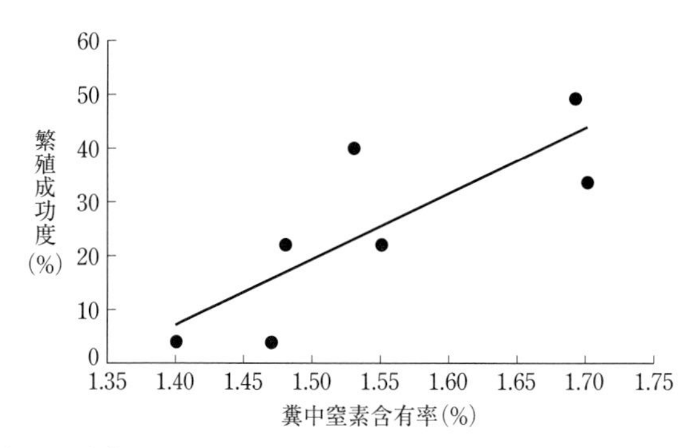

図 8.4　青森県下北半島におけるメスニホンカモシカのなわばりの位置別の繁殖成功度（1976-2012 年）とその場所をなわばりとしている 7 頭の成獣メスの冬の糞中窒素量（1995 年）の関係．糞中窒素量の平均試料数は 4.1 回/頭（値の幅：2-7 回/頭）の排糞．繁殖成功度（%）については図 8.3 を参照．

torelli *et al.* 2005；Zannese *et al.* 2006）．メスの繁殖成功度の個体変異と生息地の関係について，ラム島のアカシカでは生涯繁殖成功度とヌカボ属，ウシノケグサ属からなるイネ科草地との関係が指摘されている（McLoughlin *et al.* 2006）．フランスのノロジカでは，生涯繁殖成功度と草地ややぶ等との関係が明らかにされている（McLoughlin *et al.* 2007）．このように，それぞれのメスにとって自身の繁殖成功度を高めるには，不均一な環境を呈する生息地の中で良質な環境を選ぶことが重要な意味をもつ．しかし，この点でカモシカのメスがもつ選択の自由度は高いとは思えない．なぜなら，分散した若齢カモシカが自らのなわばりを確立するには，先住なわばり個体が不在となった場所に幸運にもめぐりあうか，あるいは高齢や負傷によって弱体化した先住なわばり個体からなわばりを奪うことが強いられ，その場所の質を見計らってなわばりをもうける余裕などないと考えられるからである．カモシカの場合，メスは運よくなわばりを確立できたとしても，本当によい運命かどうかは，そのなわばりの質にもとづく生涯繁殖成功度の結果次第ということになる．

（2）繁殖成功度と年齢

表8.1に年齢が判明しているメスについて，各年齢における繁殖成功（1歳まで子が生残）の成否を示した．1年ごとにみた齢別繁殖成功度は，サンプルサイズが小さいため振幅が目立つ．そのため，性成熟後の生涯を4クラスの年齢階級にわけて集計した．メスカモシカの繁殖成功度は，3・4歳では23.8%（$n=21$）と低く，その後は5-9歳で54.5%（$n=33$），10-14歳で54.2%（$n=24$），15-19歳で54.5%（$n=11$）と同等のレベルが保たれた．ビッグホーンなど多くの野生動物では高齢になると繁殖成功度が低下する（Festa-Bianchet and King 2007；Jones *et al.* 2008）．カモシカにおいても，岐阜・長野両県の捕獲個体集団では5-15歳の齢別妊娠率は72.5-80.0%であったが，16歳以上の妊娠率は66.7%と低下した（Miura *et al.* 1987）．また，14.5歳以上で妊娠率が低めになるとも報告されている（Kita *et al.* 1987a）．下北半島で高齢個体の繁殖成功度の低下が認められなかった理由は明らかでない．良好な生息条件が高齢個体の繁殖成功度を高めている可能性が考えられる一方，サンプルサイズの小ささが原因かもしれない．

死亡（死亡と推定される消失を含む）するまで観察された7頭のなわばりメスについてみると，死亡した年に産んだ子が繁殖成功となった例が2例，また死亡した前年に産んだ子が繁殖成功となった例が3例確認された．ビッグホーンでは死亡年齢にかかわらず，死亡する前の2繁殖期には子の夏の体重増加が小さい傾向が認められた（Martin and Festa-Bianchet 2011）．下北半島のカモシカでは，生涯の最後の時期に繁殖能力が低下することを示すデータは得られていないが，ビッグホーンのように子の体重に対する影響まではしらべられていない．

（3）繁殖年齢と子の性比

トリバースとウィラードの論文（Trivers and Willard 1973）は，親による子の性比調整について生態学のホットな論議をひきおこした（長谷川 1993）．一夫多妻の種で，繁殖成功度の変異がメスよりオスで著しい場合，オスでは大きな体で生まれる子ほど将来の繁殖優位性が見込まれる．“トリバース・ウィラード仮説”では，そのような大きな息子を産むことのできる高質な母親が息子を多く産むと考える．ラム島のアカシカでは，順位の高い母親は息子を多く産み，順位の低い母親は娘を多く産む傾向を示し（Clutton-Brock *et al.* 1984），トリバース・ウィラード仮説を強力に支持した．これに対し，“有利な娘仮説”あるいは“局所的資源競争仮説”では，トリバース・ウィラード仮説とは逆に，順位の高い母親は娘を多く産む傾向にあると考える．有利な娘仮説では，オスは性成熟とともに群れから分散するが，メスは群れに一生とどまる両性群を想定する．そして，順位の高い母親の娘は母親の影響をうけて高順位となり，繁殖成功度も高くなる．そのため，順位の高い母親は，群れを出てどのような順位になるかわからない息子を産むより，高い順位と高い繁殖成功度が期待できる娘を産むことを選ぶと考えられた（Altmann *et al.* 1988）．さらに，局所的資源競争仮説では，メス間の資源競争が激しい場合，順位の低い母親が息子を多く産むことを予測する．優位メスは，メス間の競争を減らすため劣位メスの娘に攻撃を加え，ときに死に至らしめる．そのため，劣位メスは娘を産むことによるリスクを避け，息子を多く産むと考えられた（Silk 1983）．親による子の性比調整には，繁殖成功度とそれに関係する諸要因，順位とその継承およびそれに関係する諸要因，資源競争の状況や程度，分散といったさまざまな要因が関係する．これまで報告された多くの研究結果をみると，哺乳類における子の性比の偏りの状況は混沌としている．それは，これらの要因が種および個体群ごとに異なり，さらに要因同士の相互作用が複雑に働いているためと考えられる．

カモシカの親による子の性比調整については，岐阜県の捕獲個体でしらべられた胎児の性比に関する報告がある．この地域の胎児の性比は，1980–1985年にはメスに偏っていたが，1988年以降の5年間はオスに偏った．その要因として，若齢造林地が多かった1980年代前半は食物が豊富な時期であり，母親は娘になわばりを分与することができたので性比はメスに偏ったと考える．そして，造林木の成長にともなう食物条件の悪化後は資源競争が激しくなり，分散傾向の強いオスに性比が偏ったという可能性が指摘されている（三浦 1998）．

下北半島における研究では，母親の年齢と子の性比について着目した．マウンテンゴートでは高齢な母親はメスよりオスの子を多く産む傾向が認められ，これは不確かながらもトリバース・ウィラード仮説で説明されている（Festa-Bianchet and Côté 2008）．カモシカではマウンテンゴートと逆の傾向，すなわち高齢な母親はメスの子を多く産む可能性を考えた．先に紹介したように，カモシカのメスの繁殖成功度はなわばりの質に左右される．そのため，高い繁殖成功度を得るためにはよいなわばりを確保することが重要であるが，それは同時に困難なことでもある．そのような状況において，娘にとって母親のなわばりは自身が生まれ育ったという事実があり，繁殖可能性についての保証がある場所といえる．そう考えると，メスは基本的に出生地に居残ることが第1の選択肢となるのであろう．しかし，同性間のなわばり性をもつカモシカでは，母親と成獣になった娘が同じ場所に暮らすことはできない．そのため娘も分散する．ただし，なわばりメスが高齢になったとき，死亡後になわばりを継承する個体が娘となるように，子の性比をメスに偏らせる可能性はあるのではないか．実際，私の調査地域では1976–2015年の間に，死亡（死亡と推定される消失を含む）するまで観察された7頭のなわばりメスのうち4頭で娘がなわばりを継承している．

そこで，母カモシカの年齢と子の性比の関係を，出生時の母親の年齢が判明しており，かつ子の性別が確認できた例で検討した．その結果，若齢・壮齢（3–12歳）で繁殖成功（1歳まで子が生残）した場合の子の性別は，12頭がメス，15頭がオスであった（性比：オス/メス＝1.25）．一方，高齢（13歳以上）で繁殖成功した場合の子の性別は，6頭がメス，4頭がオスであった（同0.67）．仮説のとおり，若齢・壮齢のときとくらべ，高齢のメスは息子より娘を多く育てあげてはいたが，有意差は認められなかった（$p=0.48$，フィッシャーの正確確率検定）．次いで，生後1年未満で死亡した子も含め，性別が確認できたすべての子を対象とすると，若齢・壮齢で出産した場合の子の性別は，16頭がメス，21頭がオスであった（同1.31）．一方，高齢で出産した場合の子の性別は，8頭がメス，7頭がオスであった（同0.88）．こちらも若齢・壮齢のときとくらべて高齢のメスは息子より娘を多く出産したが，有意差は認められなかった（$p=0.50$，カイ二乗検定）．なわばりを継承させるため，カモシカの高齢メスは娘に偏った出産をおこなうとする仮説は，サンプルサイズの小ささゆえか，データの支持を得るには至っていない．

第9章　カモシカの保全

日本の野生動物にとって，乱獲や生息地の破壊といった人による迫害が一番激しかったのは，明治時代から戦中および戦後まもなくの時代であった．その時代に日本のオオカミは絶滅し，カワウソ，ニホンアシカ，コウノトリ，トキなどはその時代の逆境から立ちなおれずに絶滅に至った．カモシカ，ニホンジカ，ニホンザルといった動物たちの分布もその時代に縮小した．生息地が奥山に限られた結果，人里周辺でこれらの動物の姿をみることは稀となり，野生動物による被害が発生することもほとんどない時代となった．獣害が大きな問題とならない時代は，明治時代から1970年代前半まで100年ほどつづいた．戦中・戦後の混乱期をへて，世の中が安定して保護施策が浸透し，また中山間地域における人の撤退や耕作放棄地の増加，人里周辺の森林の回復がすすんだ結果，野生動物たちは人里近くまで分布を急速に回復させてきた．そして，江戸時代以来再び，獣害問題に直面する時代を私たちは迎えている．

9.1　カモシカ問題

（1）絶滅の危機

この100年間ほどのカモシカの分布変化が明らかになっている（図9.1）．1922（大正11）年の分布は，当時の内務省地理課の照会に対する各県の回答がおおまかに図化されている．回答は山岳名や流域などを記載したもので，個々の分布域に関する信頼性は低い．分布面積は過小に示されていると考えられるが，分布の全国的な骨格に関しては有効な情報とされる．1977（昭和52）年度，1983（昭和58）年度，2003（平成15）年度の分布は環境庁・環境省によるアンケート調査にもとづく．1945-1955年の分布は，1983年の調査時に昭和20年代の生息範囲をあわせて聞いた結果である（常田 2012；文化庁文化財部記念物課 2013）．この図をみると，大正時代から昭和20年代のカモシカの分布が現在とくらべて限られたものであったこと，ならびに昭和20年代以降，

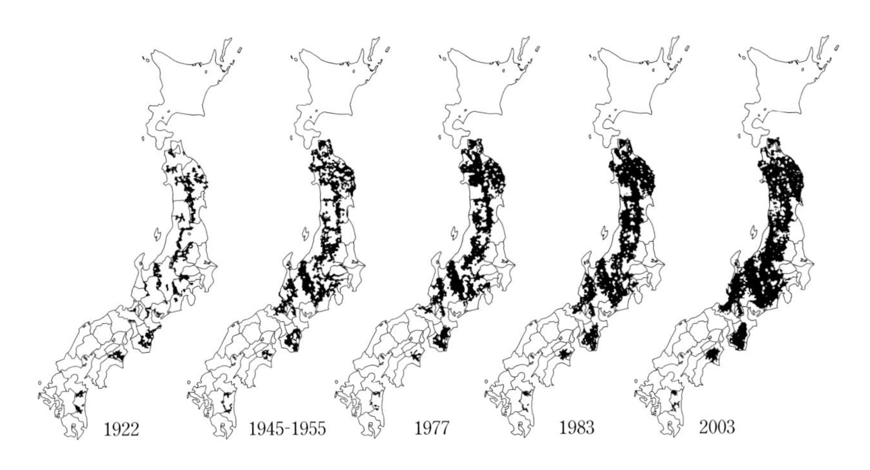

図 9.1 ニホンカモシカの分布域の推移．常田（2012），文化庁文化財部記念物課（2013）より．

分布が拡大していることがわかる．生息区画（5 km メッシュ）数は，1977 年が 2953 区画，1983 年が 3910 区画，2003 年が 5010 区画であり，1977 年から 2003 年の 26 年間に 1.7 倍となった．ただし，九州地方の分布の拡大は少ない（環境省自然環境局生物多様性センター 2004）．

分布拡大の状況がくわしく追跡されている地域として石川県がある（水野ほか 1982；水野 1989；上馬・野崎 2003）．石川県におけるカモシカの分布は，白山周辺域から日本海に向かって北西方向に拡大している．分布拡大図（水野 1989）から 1955-1989 年の 34 年間における分布拡大の速度を算出してみると，おおよそ 400-700 m/年と見積もられた．このほか，さまざまな環境要因を用いたカモシカの分布解析や将来分布予測が各地で試みられている（岩本・常田 1988；原科ほか 1999；Natori and Porter 2007；Doko and Chen 2013）．全国のカモシカの個体数は，1978 年の調査では 75000-90000 頭，1983 年の調査では 99000-102000 頭と推定されている（文化庁文化財部記念物課 2013）．

カモシカはかつて狩猟動物であり，山村住民の重要な資源であった．食料として貴重なタンパク源である肉はもちろんのこと，防水と保温にすぐれた敷物，手袋，足袋，腰皮・尻敷，着皮，背負い袋等の毛皮用品は，雪国の生活や山仕事・猟に欠かせないものであった．角は漁の疑似針や薬として，内臓や蹄も薬として利用された．毛皮や角は山村における貴重な現金収入となった（千葉 1972, 1981；鳥海 2005）．東北地方などの狩猟集団として知られるマタギはクマ猟師のイメージが強いが，もともとの主要な狩猟対象はむしろカモシカであった（千葉 1977；田口 1994）．その猟場は広域にわたり，近世から大正時代にかけて秋田県阿仁の旅マタギとよばれた人たちは，東北一帯から新潟，栃木，群馬，山梨，長野，静岡，岐阜，石川，富山，京都，奈良等の各府県まで遠征したという（田口 1994）．北アルプスでもクマとともにカモシカが主要な狩猟対象となっていた．北アルプスの明治時代から昭和時代のおもだった猟師たちは，生涯のうちにそれぞれ数百頭から2000頭のカモシカを仕留めたとされる（山本 1971；千葉 1981）．このような狩猟圧がカモシカの生息頭数を減少させ，分布域を縮小させたことは間違いない．

狩猟に関する全国的な規定は，鳥獣猟規則として1873（明治6）年にはじめて明文化された．この規則ではカモシカは狩猟獣として位置づけられ，このことは1925（大正14）年の狩猟法改正までつづいた．1934（昭和9）年にカモシカは史蹟名勝天然紀念物保存法にもとづく天然紀念物に指定され，文化財としても保護措置が講じられた（文化庁文化財部記念物課 2013）．この天然紀念物指定には，東京帝国大学の教授であった鏑木外岐夫博士による『カモシカの保存に関する卑見』（鏑木 1932）という報告が影響をおよぼしたと考えられる．鏑木博士の報告は以下のとおりである．「（前略）カモシカはその肉美味にして珍重せられ，毛皮は敷物に，皮は古来氈褥或は鞍褥に，又革として靴の材料に供せられ，角はカツオ鈎に，又犀角の如く漢方薬に利用せられ，可なり利用価値に富める動物である．往時は本州，四国，九州の山岳地方に広く分布蕃殖してゐたが，濫獲と森林伐採の影響を受けて近年著しくその数を低減し，既にその跡を絶った地方も少くない．（中略）先年狩猟法によってその種族保存の途が講じられてゐるが，密猟，森林の伐採による棲息所の喪失並に蕃殖の低率なることにより漸次減少の傾向にあるのが現状である．（中略）近年著しくその数を低減し，昔日の面影を止めないことは事実であって，徹底的にその種族保存の途を講ずることは現下の急務であると認める（後略）」．

その後，カモシカは1955（昭和30）年に文化財保護法にもとづき，「日本特有の動物で著名なもの」として特別天然記念物に指定された．しかし，このような法的な保護措置は，長らくカモシカを資源利用してきた山村住民には必ずしも浸透しなかった．密猟は1950年代まで半ば公然とおこなわれ，個体数の減少と山岳奥地への押し込めがつづいた．「奥山にすむ幻の動物」というかつてのイメージはこのような状況のもとで形成された．

密猟が公然とおこなわれる状況が変わるのは，1959（昭和34）年の全国一斉カモシカ密猟取り締まりを契機としてである．岡山県に端を発したこの事件では，26 都府県におよぶ捜査によって 324 頭の密猟と 1000 頭以上の毛皮売買が立証され，密猟者，仲買人，毛皮の加工・販売業者など 164 人が検挙された（大泰司 1984；文化庁文化財部記念物課 2013）．この事件により全国規模のカモシカ毛皮の流通ルートが壊滅するとともに，事件のマスコミ報道によってカモシカ保護の思想が普及した．この事件以降，大規模な密猟はなくなり，長年カモシカにかけられていた狩猟圧はほぼ完全に取り除かれることとなった．

（2）3 庁合意

過度の狩猟から徹底した捕獲禁止へと，カモシカと人の関係は 1950 年代に一転した．同じ時期，戦後の復興用材として急増する木材需要に対応するため，国有林生産力増強計画（1958 年）および国有林木材増産計画（1961 年）が策定された．これにより，奥地天然林まで大面積皆伐し，スギ・ヒノキの常緑針葉樹林へ転換を図る拡大造林政策が強力に推しすすめられた．第 7 章で紹介したとおり，拡大造林によってつくられる若い造林地はカモシカに豊富な食物を提供し，カモシカ密度の増加をもたらす．捕獲禁止措置の徹底と好適環境の出現という二つの要因が重なり，カモシカの生息頭数と分布は回復傾向を示すこととなる．

絶滅の危機を脱したのち，1970 年ころからカモシカによるヒノキ幼齢木の食害が岐阜県などで顕在化した（東 1975；中島 1985）．また，農作物に対する食害も発生するようになった．農作物被害がはじめに問題になったのは下北半島の脇野沢であった（平田 1975；森 1975）．脇野沢で私がはじめてカモシカをみたのは 1975 年 8 月であった．その直後に，長野県の飯田市，鼎町，清内路村の山林組合などが計 27 頭，岐阜県小坂町が 5 頭の捕獲申請を環境庁に提出し，許可される見通しであること，さらに脇野沢村で射殺申請の動きがあることが報じられた（朝日新聞 1975.10.1）．その後，新聞紙上にはカモシカ捕獲申請の不許可を求める文書を京都市の自然保護団体が環境庁長官と文化庁長官に送った記事（毎日新聞 1975.10.5），カモシカによる被害が目立ってきたことに関して「保護か捕獲か」を問う 1000 人アンケート調査結果を紹介する記事（産経新聞 1975.10.14），ふえすぎたカモシカを被害対策のために捕獲し，減少させることを望む岐阜県付知町長の投稿記事（朝日新聞「論壇」1975.11.13），日本自然保護協会，世界野生生物基金日本委員会，日本鳥類保護連盟，日本野鳥の会，全国自然保護連合など 15 の自然保護団体が，被害に対して捕獲でなく防護柵の設置で対応するために「ニホンカモシカ保護基金」を発足させた記事（読売新聞・毎日新聞 1975.12.6）など，「捕獲派」「保護派」双方の主張を紹介する記事が相次いで掲載された．いわゆる「カモシカ問題」が社会問題として表面化したのであった．

当時，捕獲に反対する保護派の声が強く示されたのは，日本の野生動物行政の遅れが目立つ状況の中で，特別天然記念物でさえ被害イコール駆除という図式があてはめられるようであれば，日本の野生動物保護や野生動物行政の後退をまねいてしまうという危機意識があったためといえる．また，生態，生息状況，食害の実態，食害発生の原因等の調査がほとんどおこなわれておらず，客観的な資料にもとづく議論が困難であったことも加わり，カモシカ問題をめぐっては被害者側，保護側，そして行政の間でさまざまな混乱や対立が生じた（林・森 1979；森・林 1979；伊藤 1986）．

岐阜・長野両県における捕獲は，当初は網やくくりわなによる生け捕りが条件とされ，1978 年になって麻酔銃による捕獲が許可された．また，1979 年 7 月に第 1 回全国カモシカ被害者総決起集会が開催された．この決起集会では次の 4 項目が議決された．①カモシカの棲息区域の設定と特別天然記念物の解除，②農林産物の被害に対する損失の補償，③被害農林地の復旧に対する全額助成，④みどりの公益機能を最優先する行政の確立（村上 1985a）．被害者の活動は，その後 1985 年に岐阜県内の林業者 429 名で結成された「御岳・恵那山系日本カモシカ喰害損失補償請求原告団」が国を相手に 16 億 5900 万円の補償を求める裁判に至った．この訴訟は，多人数の原告を対象とした損害の実地検証ができないことや，関係者の高齢化などにより公判維持が困難となったことから 1992 年にとりさげられた（高柳 1993；文化庁文化財部記念物課 2013）．

カモシカ問題は，自然保護運動が社会的な力をもつようになった時代を背景として，食害の社会問題化という事態の中で，カモシカの保護管理に関する新たな行政的対応を迫るものとなった．このような背景のもと，第 1 回全国カモシカ被害者総決起集会が開催された直後にあたる 1979 年 8 月 31 日に，環境庁，文化庁，林野庁は連名で「カモシカの保護及び対策について」という新たな方針を発表した．これが「3 庁合意」とよばれるものである．その骨子は次の 4 項目からなる．

1. 天然記念物指定について従来の種指定から地域指定へ転換する方向性にもとづき，保護地域を設定する．

2. 保護地域内では原則として捕獲は認めず，保護地域でのカモシカの保護および被害防止を徹底するため管理機関を設け，管理計画の策定，保護と被害防止対策の推進に努める．
3. 保護地域外では被害防止に努めるとともに，個体数調整を認める．
4. 現行制度・施策の適切な運用により，被害の補塡に対処する．

要点としては，保護地域内のカモシカのみを天然記念物として地域指定し，保護地域外のカモシカは天然記念物指定をはずして個体数調整を実施するという内容である．3庁合意は1979年9月2日の新聞各紙で大きくとりあげられ，「全面禁猟の方針転換」「保護政策変わるニホンカモシカ」（朝日新聞），「保護は地域指定で」「なぜ急ぐカモシカ射殺」（読売新聞），「食害ニホンカモシカ射殺やむなし」「無策な保護への反省」（毎日新聞）といった見出しが並んだ．3庁合意はさまざまな論議をひきおこしたが，天然記念物に指定するだけで生息状況の把握さえおこなわれていなかったカモシカの保護管理行政が大きな転機を迎えたことは確かであった．

3庁合意にもとづき，岐阜・長野両県において猟銃を用いたカモシカの捕獲が本格的に始まった．3庁合意後の全国における捕獲数は1980年代前半に急速に増加し，1983年度に年間で1000頭を超えた．その後，1990年代後半に約1300頭/年に達したが，最近では1000頭/年以下となっている（図9.2）．捕獲は，当初の岐阜県，長野県に加え，1989年度から愛知県，1990年度から山形

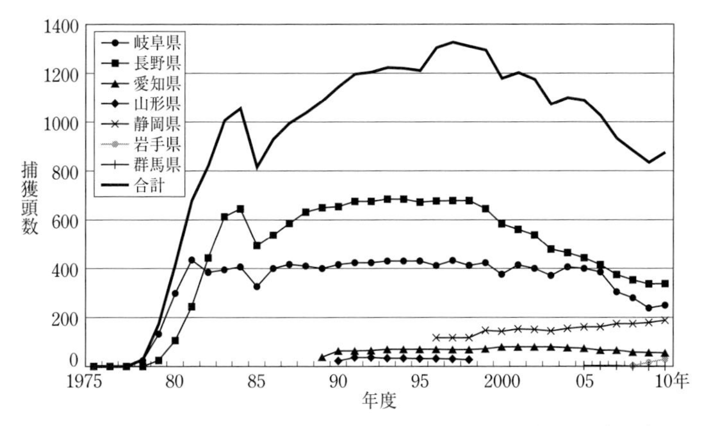

図9.2 ニホンカモシカの捕獲数の推移．文化庁文化財部記念物課（2013）より．

県（1998 年度まで），1996 年度から静岡県，2005 年度から岩手県，2007 年度から群馬県でも実施されている．1975 年度から 2010 年度までの 36 年間における捕獲数は，岐阜県が 12112 頭，長野県が 16670 頭，愛知県が 1508 頭，山形県が 304 頭，静岡県が 2280 頭，群馬県が 71 頭，岩手県が 23 頭，合計 32968 頭である（文化庁文化財部記念物課 2013）．

3 庁合意に記された保護地域については，1979 年から 1988 年の間に全国で 13 のカモシカ保護地域が設定された（図 9.3）．ただし，保護地域の設定が計画された 15 地域のうち，四国と九州については民有林の地権者など関係者の同意が得られず，設定が完了していない．保護地域の面積は，最小の鈴鹿山地保護地域で 142 km^2，最大の越後・日光・三国山系保護地域で 2179 km^2 である．平均は 921 km^2 である．13 の保護地域の合計面積は約 11973 km^2 で，こ

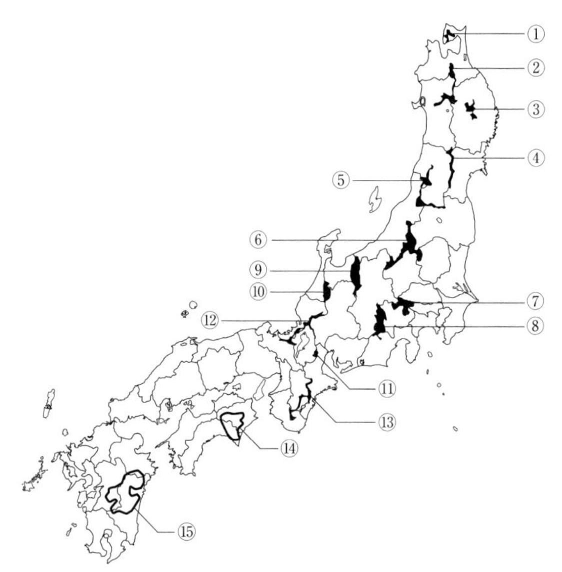

図 9.3　カモシカ保護地域の位置．設定が終了した地域：①下北半島（1981 年 3 月設定），②北奥羽山系（1984 年 2 月設定），③北上山地（1982 年 7 月設定），④南奥羽山系（1984 年 11 月設定），⑤朝日・飯豊山系（1985 年 3 月設定），⑥越後・日光・三国山系（1984 年 5 月設定），⑦関東山地（1984 年 11 月設定），⑧南アルプス（1985 年 2 月設定），⑨北アルプス（1979 年 11 月設定），⑩白山（1982 年 2 月設定），⑪鈴鹿山地（1983 年 9 月設定），⑫伊吹・比良山地（1986 年 3 月設定），⑬紀伊山地（1988 年 7 月設定）．現在準備中の地域：⑭四国山地，⑮九州山地．文化庁文化財部記念物課（2013）より．

れは1983年当時のカモシカの分布面積の20-30%程度にあたる（文化庁文化財部記念物課 2013）.

各保護地域については，文化財行政の一環として「特別調査」と「通常調査」の2種類のモニタリング調査が継続されている（文化庁文化財保護部記念物課 1994；文化庁文化財部記念物課 2013）．特別調査では6-8年ごとに生息状況（分布，生息密度），食害発生状況，生息環境等について調査を実施し，保護地域内のカモシカの生息動向の把握に努めている．特別調査は保護地域が複数の都府県にまたがる場合でも，関係都府県が共同して保護地域単位で調査の実施と結果のとりまとめをおこなっている．日本では都府県境をこえて生息する野生動物個体群に対して各都府県が別々に対応することが多く，課題の一つとなっている．その点，カモシカの特別調査の実施体制は高く評価される．通常調査はおもに地元に在住する調査員が年に8日程度おこなうモニタリング活動であり，特別調査を補完する．保護地域の設定および特別調査・通常調査の開始等にかかわる経緯については小野（2000）に紹介されている．

（3）カモシカ問題をふり返る

カモシカ問題は，カモシカが天然記念物に指定されていたため「問題」となった．もし天然記念物でなければ，被害が地域的に問題となった段階で，生息状況や被害の実態，被害発生要因等の調査がおこなわれないまま，駆除による被害対策がなされた可能性が高い．しかし，特別天然記念物という特別の地位にあったカモシカでは通例の駆除がおこなえなかった．その結果，カモシカ問題として，野生動物行政および文化財行政のあり方，野生動物の生息地としての森林管理のあり方，技術的な防除方法の検討不足，カモシカの生息状況や生態等に関する資料蓄積の不足といった，当時のわが国の野生動物保護管理にかかわるさまざまな問題点が一挙に提起されることとなった．このことは日本の野生動物保護管理におけるカモシカ問題の歴史的意義である．カモシカの天然記念物指定は，カモシカを絶滅の危機から回復させるのに貢献しただけでなく，日本の野生動物保護管理の転機をつくりだす要因ともなった．そう考えると，カモシカの天然記念物指定を後押しした鏑木博士に感謝の念が強まる．

カモシカ問題の発生以降，カモシカの生息状況および生物学的特性についての資料の蓄積がすすんだ．一時，カモシカの林産資源物利用論が主張されることもあったが（村尾 1984；大泰司 1984, 1985），森林施業の見直しを重視する立場からの反論や，カモシカの低い増加率や捕獲管理体制の懸念にもとづく反論が示された（寺西 1984；村上 1985a, 1985b；三浦 1993b）．資料の蓄積とともに，論点となっていたカモシカによる林業被害の発生機構も明らかとなった．岐阜・長野両県等におけるカモシカによる造林木の食害は，二つの要因によって激化したと結論される．一つは，人間の林業生産地域とカモシカの生息地域とが大きく重複するようになったことである．この重複は，カモシカが1950年代以降の捕獲禁止措置の徹底によって山岳奥地から分布拡大しつつあったことと，拡大造林政策にもとづき比較的標高の高い地域にまで林業生産活動がおこなわれるようになったことが同時期におこったことで促進された．もう一つの要因は，その重複地域において，拡大造林政策にもとづく皆伐およびヒノキ幼齢造林地の造成が大規模に実施されたことである．幼齢造林地は落葉広葉樹がやぶ状に繁茂し，非積雪期に豊富な食物を供してカモシカをひきつける．また，カモシカは食物条件の悪化する冬に，常緑針葉樹の採食頻度を高める習性を本来有している．とくに積雪地域では，冬に積雪に覆われた幼齢造林地は，植栽されたヒノキ幼齢木の上部だけが雪面上に並ぶ光景となる．そのような状況はヒノキを食することをカモシカに促し，強いるようなものである．こういった状況の大規模な創出が，カモシカ食害の激化をまねいたことは想像に難くない．同様の指摘はこれまで複数示されている（森 1985；三浦 1992；岸元 1994；落合 1996）．

食害の多くは，伐採後のカモシカ密度の増加以前に，伐採前から低密度で生息していた個体によってひきおこされている面が強い．このことは，カモシカの食害のほとんどは植栽後数年間の幼齢木で生じるのに対し，カモシカ密度の増加が顕著となるのは，伐採後10年ほど経過してからであることから推察される．この推察は下北半島におけるカモシカの密度変化パターンにもとづくが，気象条件を考えると岐阜・長野両県の標高1000 m前後からそれ以上の被害地でも大差ないものと予想される．実際，捕獲が継続された岐阜県小坂町では，カモシカ密度が0.5-1頭/km^{2}以下の低密度となっても被害が発生しつづけた（高柳 1988：三浦 1993b, 1999）．伐採後のカモシカ密度の増加は，その場所での被害の発生をまねくというより，その後のカモシカの分布拡大と被害地域の拡大につながるものと考えられる．

1970年代に顕在化したカモシカによる林業被害はカモシカの分布拡大を一因とするが，その分布拡大には保護施策の徹底とともに，皆伐方式による森林施業が拍車をかけた．さらに，カモシカの生息地において，天然林を皆伐してヒノキを一斉造林する施業法そのものが，深刻なカモシカ被害をひきおこす要因となった．カモシカ問題では，当初から大面積皆伐，針葉樹の大規模一斉造林，不適地造林等を中心に，森林施業について問題提起がなされた（東 1975；丸山 1975；宮尾 1975, 1977；古林 1976）．これらは，カモシカの生息を無視した大規模な皆伐・一斉造林による生息地の攪乱が被害の激化をまねいたという点で，的を射た問題提起であった．その後もカモシカの食害と幼齢造林地の関係や，カモシカの生息地の攪乱を極力まねかない森林施業のあり方が論じられてはいるが（山谷 1981；松江・落合 1986；伊藤ほか 1992；高柳 1993），野生動物の生息に配慮した森林施業法の研究や事業展開の動きは鈍い．

3庁合意にもとづくカモシカの保護管理方針は自然保護側の激しい批判をうけた（小野 2000）．保護地域設定に関しては，多くの問題点が指摘される（村上 1985a；高柳 1987；吉田 1991）と同時に，問題点はあっても大型野生動物を対象としたわが国初の生息地管理の実現として評価されるべきともされる（三浦 1993b, 1993c）．日本の野生動物保護管理の現状を俯瞰し，3庁合意にもとづくカモシカ保護管理の功罪を私なりに整理すると次のとおりとなる．

●プラスの評価

1. 主要な地域個体群を対象に全国規模で，総面積 12000 km^2 という広面積のカモシカ保護地域が設置されたこと（三浦 1993b, 1993c）．

2. 管理捕獲，捕獲個体の資料および試料の収集・解析，保護地域のモニタリング調査体制の構築など，日本の野生動物保護管理を前進させる先駆けとなったこと（常田 1991, 2007）．

3. 捕獲個体を材料とするカモシカの生物学的研究が進展したこと（三浦・常田 1993）．

●マイナスの評価

1. 保護地域はカモシカの生息地域の中心部ではなく，林業生産活動の対象とならない場所が中心となっており，高標高地に偏るものや面積的に不十分なものが多いこと（村上 1985a；常田 1985, 1991；高槻 1992b）．

2. 森林施業イコール野生動物の生息地管理という認識を林野行政に浸透させえなかったこと．関連して，カモシカの生息地管理として，保護地域内でも森林の施業内容や土地改変にかかわる新たな規定の創出に結びつけられなかったこと．

3. 被害の認定基準について，新たな進展に結びつけられなかったこと．

4. 被害実態の把握，被害防除効果の検証，捕獲の方法や実施の適否の評価・見直し等を適切におこなう科学的管理の好例となりえないまま，捕獲が継続されていること．

カモシカ問題を契機とする3庁合意によるカモシカ保護管理は，捕獲の管理，捕獲個体の解析，モニタリング調査の実施といった点に関し，その後の日本の野生動物保護管理のモデル的役割を果たしたと評価される．特別調査・通常調査によるモニタリング体制の構築と継続は，全国のカモシカの保護管理を安定的に推進するうえで欠かせない基盤となっている．一方，カモシカ問題で提起された問題点のうち，野生動物の生息地管理としての森林管理，被害の認定基準，捕獲実施における本来的な意味での科学的管理の実行といった諸点では，具体的な前進が得られなかった．これらの不足点は，そのまま現在の日本の野生動物保護管理における課題となっている．

9.2　カモシカによる被害

（1）造林木への加害

カモシカはヒノキ，スギ，アカマツなどの植栽幼齢木を摂食する．とくに主軸の頂端部が食されると成長が遅れ，通直な幹成長が妨げられる．くり返し摂食されると盆栽状となり，木材としての成長と商品価値が見込めなくなるとされる．カモシカによる造林木被害はもっぱら幼齢木の摂食である．これに対し，ニホンジカでは幼齢木の摂食だけでなく，壮齢木の樹皮食いおよび角こすりによる樹皮剝ぎの被害も生じる．その点，カモシカによる造林木の被害は，おもに植栽後5年程度以内の幼齢木を防除することで対処しうる．

長野県上伊那では，カモシカによるヒノキ摂食のほとんどは12–5月に発生した（橋渡 1979b）．秋田県におけるスギ摂食も冬を中心に生じた（長岐 2000）．一方，滋賀県土山町では夏でもヒノキ摂食が生じた（高柳・半田 1986）．岐阜県小坂町では，主軸形態を4タイプにわけてヒノキ幼齢木の摂食の実態が明らかにされた．これらの摂食タイプのうち，どれを被害とするかという被害の基準によって被害率が大幅に異なることが指摘されている（古林・森 1981）．

幼齢木のときにカモシカの摂食をうけた被害木は，その後どのような成長を示すのだろうか．このことはカモシカによる被害を評価するうえで重要である．ヒノキに関しては，摘葉試験によって摘葉量と植物体各部位の成長量との間に負の相関関係が確認されている（吉良・依田 1979）．また，ヒノキの幼齢林時の被害林分を対象として，摂食が激しかった地点（食痕確認木の本数割合：76-100%，主軸形態異常木の本数割合：51-75%）と，摂食がほとんどみられなかった地点（同 1-25%，0%）の受害 13 年後（林齢 18 年生）の成長状況がしらべられている．その結果によれば，除伐の影響が一部含まれるものの，被害林分と非被害林分との間で樹高および樹幹の曲がり量に差異は認められなかった（伊藤ほか 1997）．幼齢林当時の被害程度は不明ながら，同様の検討が林齢 18-20 年生のヒノキでもおこなわれている．この調査では，カモシカに摂食された木の樹高成長は，初期の停滞（最大で 3-4 年）を除けば，正常木と同様のパターンが示された（高橋・菅野 1983）．3-7 年生のスギの幼齢木では，主軸を除く枝葉の摂食は樹高成長に影響をおよぼさないこと，および主軸の摂食でも数回程度であれば樹高成長や樹形にほとんど影響がないことが報告されている（長岐 2000）．一方，2-6 年生のスギ幼齢木を対象とした別の調査では，主軸および全葉量の 20-50% が摂食された場合は樹高成長が正常木の 75-80%，主軸および全葉量の 50% 以上が摂食された場合は同じく 51% となり，樹高成長の遅れが認められた（金ほか 1984）．被害幼齢木の成長を追跡調査した事例は少なく，とくに柱適寸材まで成長したときの柱材としての品質や価格への影響までしらべた調査はみあたらない．

図 9.4 に全国のカモシカとニホンジカによる林業被害面積および針葉樹造林面積の推移を示した．前述のとおり，カモシカによる林業被害は，1970 年ころから岐阜・長野両県でヒノキに対する食害が顕著となった．同じ時期に，岩手県でもスギ，アカマツに対する食害が問題視されるようになっている（佐藤 1972；佐藤・伊藤 1976）．カモシカによる林業被害面積は，1970 年代半ばから 1970 年代後半に急増した．この時期はカモシカの食害が社会問題化した時代であり，実際の被害の増加とともに，民有林の自己申告にもとづく被害量が心理的，社会的に増幅された可能性が考えられる．野生動物の被害報告に明確な基準が存在しないのは当時も現在も変わりない．行政資料の被害量は，被害者の被害意識の指標という側面が多分に含まれる．被害面積は 1980 年代前半には減少し，その後もカモシカの加害対象林分の指標となる造林面積の減少とともに被害は減少傾向を示している．一方，ニホンジカによる被害面積は 1980 年代後半にカモシカより多くなり，その後もカモシカの数倍程度の被害

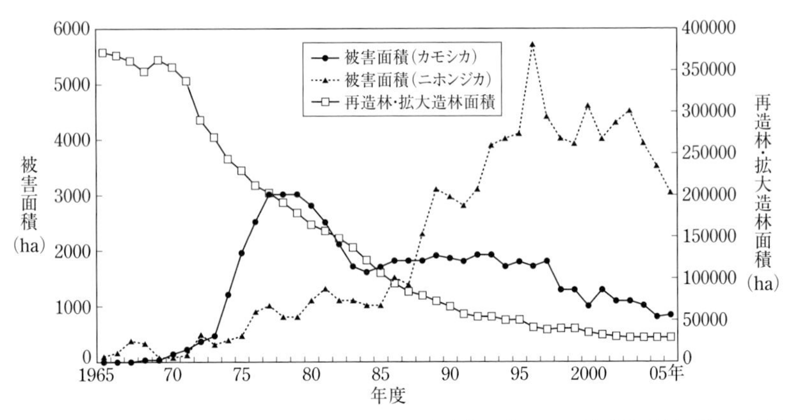

図 9.4　ニホンカモシカとニホンジカによる林業被害面積および針葉樹造林面積の推移. 文化庁文化財部記念物課（2013）より.

量を示している.

（2）農作物への加害

カモシカによる農作物の食害は，下北半島の脇野沢などで 1970 年代前半から問題となった．その後，1980 年代後半にかけて秋田県，山形県など東北地方を中心に食害が拡大した．1990-1998 年度に山形県で実施されたカモシカ捕獲は，山形市の農作物被害に対する防除事業であった．その後もカモシカによる農作物被害は，カモシカの人里周辺への分布拡大にともなって広域化している．2007 年度には群馬県でも農作物の被害防除を目的とする捕獲事業が開始された．カモシカによる農作物被害は一部の地域で深刻であるものの，全国的にみると激甚という状況ではない．近年ではニホンジカやイノシシによる農作物被害のほうがはるかに多い（図 9.5）.

カモシカはさまざまな農作物を加害する（図 9.6）．下北半島の脇野沢では，夏の調査で 30 種の被食農作物が確認された．マメ類（ダイズ，アズキ，ササゲ），ニンジン，クワの食害が激しく（図 9.7），イチゴ，キャベツなどが次ぐ．1979-1985 年のマメ類の調査結果で食害程度をみると，カモシカの摂食を少しでもうけた株の割合，および 3 分の 1 以上の葉が摂食された株の割合は，脇野沢内の九艘泊地区で 37.8% と 23.3%（調査株数 32082 株），滝山地区で 6.8% と 3.6%（同 30824 株），片貝地区で 12.6% と 7.2%（同 13195 株），源藤城地区で

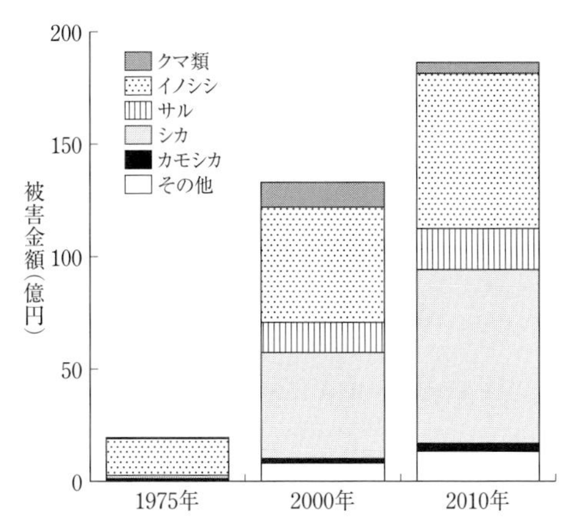

図 9.5　獣類による農作物被害金額の推移．農林水産省のウェブサイトの資料より作図．

図 9.6　夜，畑でキャベツを食するニホンカモシカ．青森県下北半島にて．

7.8% と 3.7%（同 33834 株）であった（木村ほか 1986）．脇野沢でカモシカの食害を問題視する声は，食害の多い九艘泊地区より食害の少ない滝山，片貝，源藤城の各地区で大きい．食害を問題視する声には心理的な許容性の違いが反映され，被害意識と実際の食害量とが必ずしも一致しない例となっている．山形市におけるアンケート調査では，被食農作物種としてダイズ，アズキ等のマメ類（5 種），リンゴ，オウトウ等の果樹（10 種），クワ，ダイコン，ニンジン，ホウレンソウ等の計 27 種があげられている（出口ほか 2000）．

図 9.7　ニホンカモシカの食害をうけたアズキ．青森県下北半島にて．

カモシカの農耕地への侵入状況および農耕地内での行動については，下北半島脇野沢の私の調査地域で直接観察によって（天笠・仲真 1986；落合 1992），山形市および秋田県五城目町でビデオ撮影によって（出口ほか 2001），しらべられている．これらの調査では，農耕地を利用するのは特定の個体であること，農耕地では農作物を採食するだけでなく，畑周辺に生えるいわゆる雑草の採食や座位休息もおこなうことが明らかとなっている．脇野沢では分散前の3歳のオスが，防護柵に囲まれた6.5 haの農耕地（人家，林，やぶなどを含む）を頻繁に利用した．この個体は26時間連続で柵内に滞在したり，調査員に追いだされても数時間後に再侵入したりするなど，防護柵内の場所に強い執着を示した（天笠・仲真 1986）．

確かな基準にもとづくものではないが，九艘泊集落の農耕地を常習的に利用する個体は9頭出現した．内訳は，1歳オスが1頭，2歳オスが2頭，3歳のメスおよびオスが各1頭（これら5頭は分散前の個体），壮齢のなわばりオスが1頭，なわばりを失った高齢個体が3頭（メス1頭，オス2頭）であった．このうち，壮齢のなわばりオスは農耕地を頻繁に利用した3歳メスと性的交渉をもつことが多く，3歳メスが分散したのちは農耕地を利用することが少なくなった．なわばりをもつ成獣が随時，農耕地に出没する場合も多いが，私の調査地域では農耕地を常習的に利用する個体は，分散前の若齢個体およびなわばりを失った高齢個体で目立った．農耕地は行動圏・なわばりの中の採食場所の一部としてときにさかんに利用されるが，農耕地そのものはカモシカにとって優先的ななわばり適地ではないようである．

山形市ではカモシカの全摂食量に対する農作物の摂食割合は，もっとも高い夏で11.7%，年間で6.9%と推定された（出口ほか 2000）．また，群馬県嬬恋村では，捕獲されたカモシカの胃内容物のうち，キャベツ，ジャガイモ等の農作物由来のものが平均して17%を占めた（姉崎 2014）．

（3）技術的な防除法

カモシカの被害防除には，個体の捕獲とともに，技術的な被害防除法が用いられる．

防護柵

農耕地を囲う防護柵には，材料に漁網・海苔網，有刺鉄線，合成繊維，金網，電線等を用いたさまざまなタイプがある．下北半島の脇野沢で金網防護柵（図9.8A，B）の破損の発生状況をしらべた結果では，当初の設置の際に金網の下に生じた隙間からカモシカが出入りをくり返していること，ならびに積雪等の影響によって設置後数年で多数の破損箇所が生じることが明らかとなった．また，農耕地だけでなく雑草地や木立までも広く防護柵で囲う方式は，設置単価を低くする一方，カモシカにとって防護柵内の利用価値が高くなること，管理体制が整っていないと欠損が放置されやすいといった欠点が指摘された（仲真 1986；落合 1992）．脇野沢では，防護ネットとよばれる方法も採用された（図9.8C）．防護ネットでは，柵の材料である化学繊維製の防風ネットと木製の杭が村から農耕者に配布され，農耕者が柵の設置，毎冬前のネットの撤去，管理補修をおこなう方式がとられた．防護ネットは柵に対する農耕者の自己管理意識が高まり，防除効果および農耕者の評判とも高かった（落合 1992）．その後，脇野沢のおもな農耕地には，北限のサルとして天然記念物指定されているニホンザルの食害防除のため堅固な金網電気柵が設置され（図9.8D），カモシカの食害が大きな問題となる状況はなくなった．このように脇野沢では，行政の支援をうけて簡易な柵の設置・管理補修を農耕者自らがおこなう方策（防護ネッ

図 9.8　青森県下北半島で使われている各種タイプの防護柵．A：金網防護柵（51 年型とよばれるタイプ），B：金網防護柵（53 年型とよばれるタイプ），C：防護ネット，D：猿害対策として設置された堅固な金網電気柵．

ト）と，多額の補助金を利用して行政が公共事業的に恒久性の高い防護柵を設置する方策（堅固な金網電気柵）という対照的な二つの方策の双方で有効性が認められた．一方，一般的といえる金網防護柵は，設置後数年で多くの破損が発生した．食害防除の効果を得るには管理補修を適切におこなうことが必要であるが，管理補修される金網防護柵は一部に限られた．

幼齢造林地のカモシカ食害に対する防護柵の防除効果，破損発生状況，問題点については，滋賀県土山町で調査が実施されている．土山町の防護柵では，高い防除効果が認められるもの，食害率を 20% 前後に抑えるもの，ほとんど効果のないものの 3 タイプが確認され，全般的には防護柵による食害の軽減効果が認められた．問題点としては，高額な設置費および管理補修費，ならびに防護柵の設置によってカモシカが幼齢造林地から排除され，カモシカの生息条件が悪化することの懸念があげられた（高柳・半田 1986；高柳・吉村 1988）．

土山町で設置された防護柵は，脇野沢の金網防護柵と同様，短期間のうちに破損が進行した．防護柵は設置して1年で7割が破損し，設置4年後にはすべての防護柵で破損が生じた（高柳・吉村 1988）．防護柵の設置にあたっては，防除対象地の面積や地形，予算規模，管理補修体制の見込み，積雪の多寡，カモシカ以外の防除すべき加害獣等を勘案し，その場所の条件にあった適切なタイプの防護柵を選択することが必要である．

単木ごとの防護資材

幼齢造林木を単木ごとに物理的に防御する資材としては，ポリネット，ツリーシェルターなどがある．ポリネットは植栽した幼齢木にポリエチレンネットをかぶせる防護資材で，安定した防除効果が認められている（木内 1979；津布久 1992）．問題点としては，植栽木へのネットの被覆と取り外しに労力がかかること，およびネットの被覆による伸長の阻害，樹形の萎縮，葉の裏が日にあたっての枯損などが林業者側からあげられている（高柳・半田 1986；津布久 1992）．ポリネットの食害防除効果の測定調査や有効な実施方法については，1979年に日本自然保護協会の下部組織として発足したカモシカ食害防除学生隊（現・かもしかの会）が活動をおこなっている（日本自然保護協会かもしかの会 1983；かもしかの会関西 1996）．ツリーシェルターはプラスチック製の筒で，植栽木の周囲を覆う防護資材である．ツリーシェルターも防除効果が認められ，また保温機能のため植栽木の成長促進効果があるとされる．一方，単価が高い，植栽木が蒸れる場合がある，風や雪に弱いといった問題点を有する（三浦 1999；丸山 2003；山梨県森林総合研究所 2009）．

忌避剤

植栽木に塗布する忌避剤として，おもにジラム水和剤やチウラム塗布剤が使用されている．これらの大半は高い忌避効果を発揮する．一方，2-6か月程度という持続期間の短さ，塗布に労力がかかること，生態系に対する薬剤の影響といった問題点を有する（神山・小林 1992；津布久 1992；高柳 1993；三浦 1999；山梨県森林総合研究所 2009）．

このほか，音，防雀テープ，異物（空き缶，反射テープなど）の吊り下げなどでおどす方法が試みられるが，いずれも効果を確認できていない（津布久 1992；高柳 1993）．下刈りの方法による被害回避についても効果は認められない（津布久 1992）．

以上のように，技術的な防除法には有効性が認められるものが少なくない．各方法には長所と短所があるため，被害地の状況にもっとも適する防除法を，場合によっては複数の防除法を組み合わせて施すこととなる（津布久 1992）．カモシカはニホンジカと異なり，生態系へのインパクトは小さく，加害対象の林地や農耕地も限られる．そのため，防除対象地を明確にし，技術的防除法を積極的に活用することが有効な方策となる．一方，技術的防除法には問題点も存在する．改善の道筋としてもっとも重要なことは，限られた予算で実施している技術的防除の方法の選択，実施や設置，管理補修を適切に実行することである．それには被害防除に関して知識，経験，技術を有する人材を各地で育て，現実的に技術的防除法を適正，確実に活用していくことが必要である．近年，いくつかの県において，鳥獣の被害対策専門員といった職種が設けられるようになってきた．今後，このような専門職員の必要性は増すばかりであろう．また，各都道府県には国家資格にもとづく農業の普及指導員および林業普及指導員が各地の普及指導センター等に配属されている．昨今の獣害の激化という社会的状況のもとにおいては，農業の普及指導員および林業普及指導員が，指導者，支援者として被害の現場対策に積極的にかかわることが求められる．

9.3　カモシカを脅かすもの

（1）感染症

カモシカでは感染症をはじめ多くの病気が報告されている（Suzuki *et al.* 1987；増井 1991；鈴木 1991；荒木ほか 2006）．ここでは個体群動態に影響をおよぼす可能性のある伝染性疾患として，パラポックスウイルス感染症と疥癬をとりあげる．

パラポックスウイルス感染症

パラポックスウイルス感染症はパラポックスウイルスを原因とする．伝染性膿疱性皮膚炎ともよばれる．伝播経路は，発症部の直接接触のほか，発症部や痂皮（かさぶた）が付着した木などから間接的に感染するとされる．症状は，口唇，眼瞼周囲，口腔内，耳介，外性器，蹄間等に発疹，び爛，痂皮を形成し，膿瘍，潰瘍まで進行する．口唇周辺や口腔内の病変による採食困難，蹄間部の病変による歩行困難，肺炎の併発，細菌や昆虫（ウジ）等の二次感染などにより衰弱し，死亡にも至る．ウシ，ヒツジ，ヤギも感染するが，カモシカはより重度となる．人にも感染する．ニホンジカの発症例および抗体陽性例は確認されていない（猪島 2013）．

カモシカにおけるパラポックスウイルス感染症と考えられるもっとも古い記録は，1973 年に岩手県岩泉地区で救護された個体である．同年には，岩手県の天然記念物滅失届にパラポックスウイルス感染症と推定される 2 個体の記録がある．確定診断された最初の記録は 1976 年の秋田県太平山系の例である．その後，1982 年までに東北各地で発生するようになった．捕獲事業が実施されていた岐阜・長野両県では，1979-1984 年の 5 年間は発症が疑われる個体は確認されなかった．ところが，1984 年 12 月から 1985 年 3 月の捕獲個体では 402 頭のうち 155 頭（38.6%）で病変が観察され，この地域で感染が急速に拡大したことが明らかとなった（Suzuki *et al.* 1986, 1987；Ikeda 1988；鈴木 1991, 2000；猪島 2013）．2012 年時点でカモシカにおけるパラポックスウイルス感染症は，京都府，和歌山県以北で確認されている（猪島 2013）．

下北半島の私の調査地域では，パラポックスウイルス感染症と考えられる病気が 2 回発生した．1 回めは 1978 年 10-11 月に確認された．発症したのは，成獣メス，その娘（2 年子），前記 2 頭と行動圏を隣接させる成獣メスの娘（当年子）の 3 個体であった．3 頭とも口唇に発疹，痂皮がみられたが，比較的軽症であった．発症が確認された 2-3 か月前の 8 月に観察した際には 3 頭とも病変は認められなかった．同年 12 月中旬には，患部が赤みをおびるものの発疹，痂皮は治癒していた．2 回めは 2002 年 11 月に 2 個体，翌年 2 月に別の 1 個体の計 3 個体で確認された．発症したのは，はじめの 2 頭は成獣オスとその隣接成獣メスであり，あとから発症した 1 頭ははじめの成獣オスのつがい相手の成獣メスであった．症状は，前回同様，3 頭とも口唇における発疹，痂皮であった．ただし，成獣オスではび爛が認められ，よだれを流していた（図 9.9）．はじめに発症した成獣メスは 2003 年 2 月には治癒していた．一方，成獣オスは 2003 年 2 月以降に生息が確認できず，死亡したと推測された．この個体の年齢は 9 歳であり，少なくとも高齢による死亡ではなかった．2003 年 2 月に発症した成獣メスはその後治癒した．このように，私の調査地域ではパラポックスウイルス感染症と考えられる 2 回の流行はいずれも 3 個体の発症でおさまり，1 個体が死亡したと推定されるものの，数か月程度で終息した．

秋田県仁別でも，1979-1985 年の調査期間の最初の 6 年間は毎年パラポックスウイルス感染症に感染した個体が確認された（岸元良輔氏の私信による）．

図 9.9　パラポックスウイルス感染症と考えられる病気に罹患したニホンカモシカ（成獣オス）．口唇から鼻にかけてと眼下腺に発疹が生じている．9歳のこの個体は撮影した3か月後には姿が確認できず，死亡したと推測された．青森県下北半島にて．

岸元さんによれば，とくに1980年は調査地に広く蔓延し，年齢を問わずに少なくとも25%（$n=77$）の個体が感染した．それ以外の年でも毎年1-8%程度（$n=60$-88）の個体（ほとんどが当年子または若獣）で感染がみられたという．感染個体のほとんどはわずかな発疹や痂皮程度の軽症で，口唇にび爛がみられた個体は，若獣（2-3歳）1個体，1年子1個体，当年子6個体であった．び爛がみられた個体のうち死亡したのは当年子1個体だけで，それ以外はいずれも完治が確認されたとのことであった．

下北半島と秋田県仁別における事例では，パラポックスウイルス感染症による死亡は限定的であった．しかし，パラポックスウイルス感染症がカモシカの個体群に与える影響は，その地域における本感染症の過去の流行履歴等によって異なる可能性があり，不明な点が多い．1973-1987年の滅失届による死亡個体では145件（7.7%）がパラポックスウイルス感染症に感染しており，一定程度の死亡要因となっていた（Ikeda 1988）．また，パラポックスウイルス感染症の流行を想定したカモシカの人口学的MVP（minimum viable population；最小存続可能個体数）に関するシミュレーションが試みられている．算定結果は用いるパラメータによって左右され，感染率，死亡率，流行間隔等の資料を蓄積することが重要である．このシミュレーションでは，感染率が高くて個体群サイズが小さい場合に，パラポックスウイルス感染症が地域的な絶滅要因となりうることが示された（三浦 1997）．

疥癬

日本の野生動物では，疥癬の罹患がタヌキ，キツネ，ハクビシン，イノシシ，ツキノワグマ，カモシカ，アライグマの各種で確認されている（柴田ほか 2003）．このほか，アンケート調査ではアナグマやノウサギなどにおける発症も報告されている（(株)野生動物保護管理事務所 1998）．疥癬は，ヒゼンダニという肉眼ではみえないほどの小さなダニが，寄主の皮膚内および皮膚表面に寄生することによって生じる．カモシカにおける疥癬は，*Chorioptes* 属および *Sarcoptes* 属のヒゼンダニによってひきおこされる．これまで，岩手県，栃木県，埼玉県，神奈川県，長野県，大分県，宮崎県でカモシカの発症例が報告されている（Ogata *et al.* 1977；馬場ほか 1996, 1998；Takahashi *et al.* 2001；Shibata *et al.* 2003；荒木ほか 2006）．伝播は個体の直接接触のほか，感染個体から落下した表皮や痂皮などに接触したときにおこる．典型的な病態は，大量のヒゼンダニの寄生によってもたらされる脱毛，皮膚の肥厚および皺壁化，厚い痂皮の形成であり（図 9.10），独特の異臭を放つ（柴田ほか 2003）．カモシカにおける疥癬の病変は，おもに頭部，頸部・胸部から背や前肢にかけてと，鼠蹊部でみられた（馬場ほか 1996, 1998）．重篤化した疥癬はカモシカを死に至らしめる．その流行はパラポックスウイルス感染症ほど顕著でないが，九州のカモシカでは無視できない死亡要因の一つとなっている（馬場ほか 1996, 1998；大分県教育委員会・熊本県教育委員会・宮崎県教育委員会 2013）．パラポックスウイルス感染症や疥癬といった感染症がカモシカの個体群動態におよ

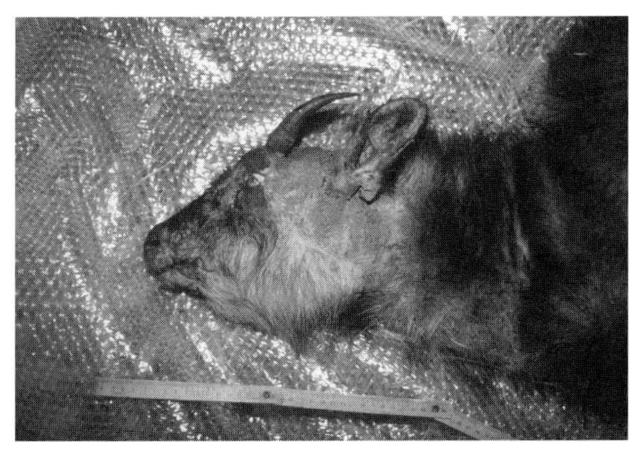

図 9.10　死体で発見された疥癬に罹患したニホンカモシカ．大分県竹田市にて．撮影：馬場 稔氏．

ぼす影響は未知の部分が多く，流行状況の把握に努める必要がある．

（2）シカとの競合

神奈川県丹沢山地ではカモシカは急峻地で目撃され，ニホンジカは傾斜がさほどきつくない場所でみることができる．そのような話を大学にはいってすぐに，すなわち1970年代半ばに聞いた．この2種の反芻動物の間で生息地分離が生じるのは確かなようであった．その後，栃木県足尾山地，岩手県北上山地，鈴鹿山地綿向山において，両種の生息地分離の進行動態が明らかにされた．足尾山地と綿向山では，一定地域のカモシカとニホンジカの生息密度が十数年間にわたって調査され，シカ密度が増加する一方，カモシカ密度が低下する状況が記録された（Koganezawa 1999；名和 2009）．北上山地では，空中センサスによって両種の密度分布が広域に調査され，ニホンジカの高密度地域にはカモシカがほとんど生息せず，ニホンジカの分布周辺部のシカ密度が低いか，まったくいない地域でのみカモシカが生息することが明らかにされた．そして，カモシカがいない地域でもかつてはカモシカが生息しており，そのカモシカは1970年代以降のシカの急増後に姿を消したと考えられた（大井 2004）．

カモシカとニホンジカの「置き換わり」が生じる要因について，二つの可能性が考えられる（大井 2004）．一つは，カモシカとニホンジカの競争を想定せず，生息環境の変化によって両種の置き換わりが生じるとする仮説である．かりにカモシカとニホンジカの間で選好する生息環境が異なる場合，環境変化によってニホンジカの好適な生息環境がふえ，その一方でカモシカにとっての好適な生息環境が減ると，カモシカからシカへの置き換わりが生じる可能性がある．もう一つは，カモシカとニホンジカの間における資源をめぐる種間競争によって置き換わりが生じるとする仮説である．種間競争には消費型競争と干渉型競争の2タイプがある．消費型競争は，個体同士が直接干渉することなしに資源をめぐって競争するタイプである．一方，干渉型競争は，争いなどの直接的な個体間交渉によって資源をめぐる競争がおこなわれるタイプである．

足尾山地では，カモシカとニホンジカの43回の個体間交渉の観察にもとづき，カモシカはニホンジカを避けることが多いのに対し，ニホンジカはカモシカに無関心であることが報告された．この結果より，この2種の間では空間をめぐる行動的な干渉，すなわち干渉型競争が生じていると考察された（Nowicki and Koganezawa 2002）．鈴鹿山地などで両種の個体間交渉を観察した結果では，87回の個体間交渉のうち78例（89.7%）が行動変化のない不干渉であった．干渉が観察された9例のうち2例で抗争的行動が示された．7月上旬にみられた1例では，カモシカとシカの母子同士が3mの距離におり，はじめに母シカが母カモシカを頭で押して追いはらい，その3分後に今度は母カモシカが母シカを頭で押して追いはらってシカ母子が離れていった．もう1例では体の接触はなかったが，成獣カモシカがシカ母子を3回にわたって追いはらった．この2例以外では，接近したカモシカに対しシカが移動した例が1例，シカの動き（必ずしもカモシカに対してのものでない）によってカモシカが移動した例が6例あった．これらの結果に関して，自分のなわばりに集団ではいってくるニホンジカに対して，カモシカが「いたたまれない気持ち」になるといった心理的な干渉の可能性が指摘されている（名和 2009）．

足尾山地における研究では，カモシカとニホンジカの間における栄養的な競争，すなわち消費型競争の可能性については，両種の食性の類似度が低いことを根拠として否定的な見解が示されている（Nowicki and Koganezawa 2002）．しかし，植物の良質な部位を選択的，持続的に食するカモシカと，より非選択的な採食によって嗜好植物の退行を顕著にひきおこすニホンジカの両種の採食特性を考えると，シカの採食による食物条件の悪化がカモシカの低密度化の要因となっている可能性は十分にありそうである．カモシカは預金の利子・分配金で暮らしているというたとえを再びもちだすならば，カモシカが手をつけない元本をシカが消費してしまうことによって利子・分配金が減少し，その結果，カモシカの持続的な生息が脅かされるという図式が考えられる．九州ではかつてカモシカが多数生息していた高標高地で低密度化がすすんでいるという．カモシカの低密度化というこの状況は，高標高地における広域伐採がシカの誘引，増加をもたらし，そこの下層植生をシカが貧弱化させたことで生じたと推測されている（大分県教育委員会・熊本県教育委員会・宮崎県教育委員会 2013）．カモシカとニホンジカの消費型競争に焦点をあてた精緻な研究をおこなうと，興味深い結果が得られるのではないだろうか．

（3）森林環境の変化

1970年代から1990年代にかけて，下北半島の脇野沢では10–20頭/km^{2}という高密度でカモシカが生息する地域が広範囲に存在した（第7章7.2節（2）項）．しかし，現在，そのような高い生息密度を示す地域はみあたらない．脇野沢におけるカモシカの個体数減少の要因として，捕獲，感染症の流行，ニホンジカの影響はいずれもあてはまらない．考えられる要因として，生息環境の変化のほかに思いあたるものはない.

第7章7.2節（2）項で紹介した脇野沢の4地域のうち，滝山，源藤城，田の頭の3地域はピーク時に14-18頭/km^{2}のカモシカ密度を示したが，現在は10頭/km^{2}以下となっている．この3地域の植生はスギ人工林が約4割から9割近くを占める．カモシカ密度がピークのころ，スギ人工林の多くは利用可能食物量の豊富な幼・若齢林であった．しかし，現在これらのスギ人工林は林齢が30-50年生の壮齢林となっており，カモシカの生息環境として好適でなくなっている．この3地域の生息密度の低下は，広面積のスギ人工林の壮齢林化によると考えて間違いないだろう．また，九艘泊地域はヒノキアスナロ・ブナ天然林が地域の約4割を，スギ人工林および落葉広葉樹二次林がそれぞれ2-3割を占め，植生の変化が少ない地域であった．九艘泊地域のカモシカ密度は17年間にわたり10-14頭/km^{2}で安定的であったが，この地域のカモシカ密度も現在は10頭/km^{2}以下に低下した．九艘泊地域の個体発見地点をみると，発見個体の減少は幼・若齢林から壮齢林へと成長したスギ人工林でも認められるが，それとともに落葉広葉樹二次林においても認められる．九艘泊地域の落葉広葉樹二次林は，薪炭林として短いサイクルで伐採，萌芽更新をくり返してきたが，近年は薪の利用が減少したため50年生以上の成長した林が多くなった．針葉樹人工林ほどではないにしろ，落葉広葉樹二次林におけるカモシカの利用可能食物量も，幼・若齢林から壮齢林・成熟林への成長にともない減少する．これらのことから，脇野沢ではスギ人工林の壮齢林化および落葉広葉樹二次林の成長といった森林の変化が，カモシカ密度の低下をもたらしていると考えられた．

近年，カモシカの生息密度は全国的に低下傾向にある（文化庁文化財部記念物課 2013）．その原因として，地域によってはニホンジカとの競合や被害防除のための捕獲が関係していると考えられる．しかし，これらの要因が影響しているのは限られた地域であり，これらの要因だけで全国的な密度低下傾向を説明することはむずかしい．おそらく，脇野沢でみられた状況，すなわち針葉樹人工林および落葉広葉樹二次林の成長にともなう森林環境の変化により，カモシカ密度が低下するという状況が全国規模で生じているものと推察された．

下記は二十数年前に書いた文章である．少し長くなるが，引用したい．

「現在，脇野沢の山林の約半分が人工林であり，その約7割は林齢が25年生以下の若い林となっている．そのため，カモシカの生息密度は全般的に高く，人の目にも触れやすくなっている．しかし，山にすむ動物はカモシカだけではない．天然林が伐られ，スギの若い林が広がるばかりとなれば，クマ，サル，テンといった動物たちやクマタカをはじめとする猛禽類は確実にすめなくなっていく．カモシカの姿ばかり目立つ脇野沢の山はやはりどこかいびつなのである．

そして，10年後，20年後，脇野沢の山の多くはスギの壮齢林となる．そのとき，源藤城，田の頭，滝山といった村内の多くの地域ではカモシカの数は今と比べてはるかに少なくなっているはずである．

脇野沢における現在のカモシカの高い密度は，天然林の皆伐を大々的に行った後に咲いたあだ花とも考えられる．そのため，これからの調査は，このあだ花がどのように，そしてどの程度にしぼんでいくかということを見つめるものと言えるかもしれない」(落合 1992)．

いま考えると，カモシカ密度の低下がすすむのは脇野沢に限った話ではなく，全国的に生じる現象であった．

9.4　カモシカ保全の今後

かつて，カモシカは過剰な捕獲によって絶滅の危機にさらされた．その危機から脱したいま，乱獲の歴史の轍を踏むことはもはやないと信じる．現在，被害防除のためのカモシカの捕獲は，地域的にも規模的にも限定された実施にとどまっている．捕獲の実施には，文化財保護法にもとづく文化庁長官の現状変更許可が必要である．その現状変更許可には，1999年の鳥獣保護法改正で創設された特定鳥獣保護管理計画（以下，特定計画）を都道府県が策定することが運用上の前提となっている．特定計画の策定，変更にあたっては，学識経験者を含む検討会による討議をへるのが通例である．この仕組みは，施策の実行に対し一定の科学性と透明性を保つ担保となるとともに，無原則な捕獲拡大に対する抑止の役割が期待される．検討会の多くはさまざまな立場の合意形成の場という性格が強く，特定計画を科学的に評価する場として機能しづらい．そのため，検討会の学識経験者を中心とする科学委員会あるいは評価委員会を設け，調査資料の解析や特定計画の評価をおこなう体制が望まれる．

被害防除のためのカモシカの捕獲は，その地域の生息密度をどこまでさげるかという密度管理でなく，加害個体，あるいは被害地域に生息している個体を捕獲するという個体管理であるべきである．捕獲に関してのこの基本的な考え方は，雌雄ともに強い定住性となわばり性を示すカモシカでは，被害地域に生息している特定の個体が加害しているという認識にもとづく．カモシカ保護管理の歴史をふり返ると，1980年代には高い増加率をもつシカ類の知見に半ばもとづいて，カモシカの個体数調整の必要性が主張されることがあった．しかし，現在ではカモシカの生物学的特性の理解が深まり，カモシカの捕獲を実施する際には個体管理，あるいは被害地周辺の捕獲実施団地に限定した捕獲を基本とする考え方が周知されるようになった（三浦 1993b, 1998, 1999；常田 2007；環境省 2010；大井 2012；文化庁文化財部記念物課 2013）．この経過は，野生動物の保護管理施策の進展に基礎研究の知見が重要な役割を果たした好例といえよう．

捕獲による防除については，①個体管理や被害地周辺の捕獲実施団地に限定した捕獲という指針が現場で本当に遵守されているのか，②捕獲によってどの程度の被害防除効果が得られているのか，③施策の評価と見直しがおこなわれないまま，1頭/km^{2}以下の低密度となっても捕獲が継続されている場合が多い（三浦 1993b, 1999；環境省 2010），といったことが問題としてあげられる．関連して，カモシカ保護管理にかかわる今後の研究としては，被害の査定・評価手法の開発，ならびに捕獲による被害防除効果の評価が重要である．捕獲による被害防除効果に関しては，岐阜県小坂町などにおいて捕獲の継続とともに生息密度の低下と被害面積の減少が認められ，捕獲の効果があらわれたと考えられている（三浦 1993b, 1999；文化庁文化財部記念物課 2013）．しかしながら，捕獲の実施地域以外でも，針葉樹人工林や落葉広葉樹二次林の成長といった森林環境の変化によってカモシカ密度が全国的に低下傾向にあることは，前述したとおりである．また，被害面積の減少についても，新植造林地の減少や技術的防除法の効果といった捕獲以外の要因がどの程度寄与しているのか，詳細な解析はおこなわれていない．実際，山形県では，捕獲開始とともに捕獲実施地域の農作物被害が減少し，捕獲の効果があったようにみえる一方，捕獲の非実施地域でも農作物被害は同様に減少した．このことから，防護柵の設置や捕獲によらない低密度化が，農作物被害の減少に関係したことが示唆される（揚妻 2012）．被害に対する各種対策の防除効果の評価は，野生動物保護管理の基本である順応的管理をすすめるうえで必須である．そのため，捕獲についてはたとえば捕獲実施団地を単位とし，捕獲および捕獲以外の被害防除対策の効果の程度を明らかにする実証的な研究が求められる．また，捕獲による防除は猟友会への委託費など相応の経費がかかる．被害防除のために捕獲を継続している地域と，下北半島脇野沢のように捕獲を実施しないでカモシカの被害問題がおさまっている地域を対象とし，対策の費用対効果の比較検討をおこなうことも興味深い研究課題となる．

被害に対しては，技術的防除法や捕獲による対処だけでなく，生息地管理による予防と防除が基本的で重要である．カモシカ問題が明らかにした教訓，すなわち大面積皆伐による拡大造林がカモシカの食害激化と被害地域の拡大をまねいたという歴史に学ぶならば，カモシカの生息地域における森林施業のあり方はおのずと明らかである．大規模な皆伐・新植造林地の造成を避けること，複層林施業や択伐施業といった非皆伐施業を中心とすること，小規模な皆伐をおこなう場合は伐採区の集中を避けることが，深刻な食害や顕著な分布拡大を予防するうえで重要である．カモシカやニホンジカなどの野生動物が生息する地域で林業生産活動をおこなう場合は，生息地の大きな攪乱をまねかない施業法を採用し，被害に対しては定例の保育作業の中に技術的防除法を組みこんで活用することが求められる．野生動物の生息に配意した森林施業のもとでは，カモシカによる被害は技術的防除法によって十分対処しうると考えられる．ニホンジカに関してであるが，シカが多く生息し被害が避けられない場所では，長伐期を前提として植栽本数や下刈り回数を減らすなど，柔軟で粗放的な森林施業に変えていくことも提案されている（三浦 2005）．

近年，イノシシやニホンジカによる農作物被害の軽減策として，山林から農耕地への侵入を防ぐために，農耕地周辺の樹木や下草を刈りはらう環境整備が推奨されている（江口 2003；井上・金森 2006）．また，ニホンジカによる農作物被害の発生状況には，農耕地周辺の森林率や農耕地と森林が接する境界長といった周辺環境が関係している（坂田ほか 2001；高田ほか 2010）．これらのことはカモシカにおいても共通する可能性が高い．環境整備による被害抑制効果の実証的な検証，あるいは農作物被害をひきおこしやすい環境条件の解析もまた，カモシカ保護管理にかかわる今後の研究課題である．

針葉樹人工林や落葉広葉樹二次林の成長といった森林環境の変化によるカモシカの低密度化は，今後も各地ですすむと予測される．この低密度化がカモシカの地域個体群の存続に対してどの程度脅威となるかは明らかでない．当面，森林の成長がカモシカの生息動態におよぼす影響について，資料蓄積に努めることが大切である．針葉樹人工林の成長にともなう環境条件の悪化が顕著な地域においては，小規模な皆伐を実施して生息条件の改善を図る試みがなされてよい．森林施業による生息環境の改善と，生息環境の改善前後におけるカモシカの生息動態のモニタリング調査が実施されれば，カモシカの生息地管理に関する貴重な資料がもたらされる．

ニホンジカの増加にともなうカモシカの低密度化もまた，今後いっそう，各地で顕在化すると予測される．ニホンジカの増加がカモシカにおよぼす影響の解明は，生態学的にも保全の面でも興味深く，重要である．現在，森林環境の変化により，カモシカの生息密度の低下傾向が全国的に認められている．そのため，ニホンジカの増加地域でカモシカの減少が認められたとしても，ただちにニホンジカのためと断じるのは早計である．カモシカ密度の低下要因として，森林環境の変化とニホンジカの増加の双方を吟味する必要がある．近年のニホンジカの増加は植生の退行と生態系へのさまざまな影響をもたらし，そのことを「増えすぎ」「異常」ととらえる向きも多い．これに対し，シカの急増が生じた1980年代以降の状況だけをみるのではなく，それ以前のシカの個体数が少なかった時代，およびそのまた前のシカが多数生息していた時代にまでさかのぼって日本の自然を考えることの重要性が指摘されている（揚妻 2010, 2013a, 2013b）．ニホンジカの増加によるカモシカの低密度化もいたずらに「問題」とみなすのではなく，日本列島の自然の長い歴史を視野に含め，両種の生息地分離を基本的には自然現象としてとらえる観点も必要と思われる．そのうえで，ニホンジカの増加に人為要因が大きくかかわっている場合，あるいはニホンジカの増加がカモシカの地域個体群の存続に重大な影響をおよぼすような場合などは，人間による干渉の必要性について論議することとなるであろう．

カモシカ保全の今後を考える場合，カモシカ保護地域は全国各地の生息地の核としての役割が期待される．その保護地域に関しては，それぞれの山塊の高標高部分に設定されるなど，カモシカの生息密度が高い中核的な生息地をカバーしていないという問題点を有する．その一方で，保護地域はカモシカの分布がもっとも縮小した時期の生息範囲と重なる場合が多いことから，生息状況の悪化時に地域個体群の避難場所としての役割をになえる可能性があるとされる（文化庁文化財部記念物課 2013）．これらのことは，カモシカの保全を保護地域のみを対象として考えるのでなく，保護地域と保護地域外の地域をあわせてカモシカの保全をすすめることの重要性を示している．とくに，北アルプス保護地域周辺の南部（岐阜県東濃地方，長野県木曽地方）や，鈴鹿山地保護地域周辺の岐阜県側では，保護地域の周辺で捕獲が継続されている．保護地域内外を一帯として実行する保護管理施策が今後のカモシカ保全にとっての重要な鍵となる．

3庁合意にもとづくカモシカ保護管理は，保護地域の設定にともない，保護地域外のカモシカの天然記念物指定を解除することを方針とした．しかし，種々の課題はあるものの，保護地域外における現行の限定的な捕獲は，被害防除（もしくは被害感情の抑制）とカモシカ保全の両面からみて現実的な行政対応となっており，天然記念物の種指定を解除することの必然性は現時点では薄くなっていると感じる．また，保護地域内のカモシカのみを天然記念物指定の対象とすることは，保護地域は文化財行政の管轄，保護地域外は環境行政の管轄という分担体制をいま以上に強める可能性が高い．このような分担は，保護地域内外における一帯としてのカモシカ保全が求められる状況の中で，後退につながると危惧される．カモシカの記念物としての価値は，植食動物の始原的な性質を残し，生物地理学上あるいは進化史上の有力な素材であることにみいだされる（小原 1972；小野 2000）．この価値は，カモシカの諸特性の解明とともに増すことはあっても減ずることはない．カモシカの特別天然記念物指定はこれまでカモシカの保全に大きな役割を果たしてきており，そのことは今後も同様と考えられる．

引用文献

Abé M. T. and Kitahara E. 1989. Practical application of an aerial driving census method to the Japanese serow and associated birds and mammals in rugged mountain forests. 森林総合研究所研究報告 (356) : 29-45.
阿部 学. 1992. 大型動物の個体数調査法. 森林科学 (5) : 51-56.
揚妻直樹. 2010.「シカの生態系破壊」から見た日本の動物と森と人. (池谷和信, 編 : 日本列島の野生生物と人) pp. 149-167. 世界思想社, 京都市.
揚妻直樹. 2012. 野生シカに対する順応的管理のための戦略的スキーム. 保全生態学研究 17 : 131-136.
揚妻直樹. 2013a. シカの異常増加を考える. 生物科学 65 : 108-116.
揚妻直樹. 2013b. 野生シカによる農業被害と生態系改変——異なる二つの問題の考え方. 生物科学 65 : 117-126.
Aikawa T., Horino S. and Ichihara Y. 2015. A novel and rapid diagnostic method for discriminating between feces of sika deer and Japanese serow by loop-mediated isothermal amplification. Mammalian Genome 26 : 355-363.
相見 満. 2002. 最古のニホンザル化石. 霊長類研究 18 : 239-245.
赤坂 猛. 1977. 秋田県仁別に生息するニホンカモシカの食性と採食行動について. 世界野生生物基金日本委員会年報 (1) : 67-80.
Akasaka T. and Maruyama N. 1977. Social organization and habitat use of Japanese serow in Kasabori. Journal of the Mammalogical Society of Japan 7 : 87-102.
赤坂 猛. 1978. 笠堀のカモシカの社会構造について. (日本自然保護協会, 編 : 特別天然記念物カモシカに関する調査報告書) pp. 95-116. 日本自然保護協会, 東京.
赤坂 猛. 1979. 秋田県仁別のカモシカの社会構造——社会単位. (日本自然保護協会, 編 : 特別天然記念物カモシカに関する調査報告書 II) pp. 5-17. 日本自然保護協会, 東京.
Akashi N. and Nakashizuka T. 1999. Effects of bark-stripping by sika deer (*Cervus nippon*) on population dynamics of a mixed forest in Japan. Forest Ecology and Management 113 : 75-82.
Akçay E. and Roughgarden J. 2007. Extra-pair paternity in birds : review of the genetic benefits. Evolutionary Ecology Research 9 : 855-868.
Altmann J., Hausfater G. and Altmann S. A. 1988. Determinants of reproductive success in savannah baboons. *In* (Clutton-Brock T. H., ed.) Reproductive Success, pp. 403-418. The University of Chicago Press, Chicago.
天笠敏文・仲真 悟. 1986. 防護柵内のカモシカの行動. (下北野生動物研究グループカモシカ班, 編 : カモシカとの共存をめざして——脇野沢村ニホンカモシカ調査総合報告書) pp. 180-187. 下北野生動物研究グループカモシカ班, 青森県脇野沢村.
An J., Okumura H., Lee Y.-S., Kim K.-S., Min M.-S. and Lee H. 2010. Organization and variation of the mitochondrial DNA control region in five Caprinae species. Genes & Genomics 32 : 335-344.
Anderson S. H. and Gutzwiller K. J. 1996. Habitat evaluation methods. *In* (Bookhout T. A., ed.) Research and Management Techniques for Wildlife and Habitats, 5th ed., revised, pp. 592-606. The Wildlife Society, Maryland.
Ando M. and Shibata E. 2009. Bark-stripping preference of sika deer and its seasonality on Mt. Ohdaigahara, central Japan. *In* (McCullough D. R., Takatsuki S. and Kaji K., eds.) Sika Deer : Biology and Management of Native and Introduced Populations, pp. 207-216. Springer, Tokyo, Berlin, Heidelberg, New York.
姉崎智子. 2014. 群馬県嬬恋村と昭和村で捕獲されたニホンカモシカの繁殖状況と食性. 群馬県立自然史博物館研究報告 (18) : 173-178.
青森県教育委員会. 1975. 青森県天然記念物調査報告書第 6 集 特別天然記念物カモシカ調査報告書. 青森県教育委員会, 青森市.
青森県教育委員会. 1976. 青森県天然記念物調査報告書第 7 集 特別天然記念物カモシカ調査報告書. 青森県教育委員会, 青森市.
敖日格楽 (Aorigele)・竹田謙一・松井寛二・久馬 忠. 2003. 放牧牛の身繕い行動, 食草行動および休息行動に及ぼす夏季飛来昆虫の影響．日本草地学会誌 49 : 148-162.
敖日格楽・竹田謙一・松井寛二・久馬 忠．2009．夏季飛来昆虫が育成牛の心拍数に及ぼす影響．信州大学農学部 AFC 報告（7）: 73-76.
荒木千尋・倉持 好・辻本恒徳・御領政信・岡田幸助．2006．岩手県において保護・剖検されたニホンカモシカ 36 例の病理学的観察．岩手県獣医師会会報 32 : 45-50.
Asada M. and Ochiai K. 1999. Nitrogen content in feces and the diet of Sika deer on the Boso Peninsula, central Japan. Ecological Research 14 : 249-253.
Asakura G., Kaneshiro Y. and Takatsuki S. 2014. A comparison of the fecal compositions of sympatric populations of sika deer and Japanese serows on Mt. Sanrei in Shikoku, southwestern Japan. Mammal Study 39 : 129-132.
Atoji Y., Hori Y., Sugimura M. and Suzuki Y. 1987. Lectin histochemical study on the infraorbital gland of the Japanese serow (*Capricornis crispus*). Acta Morphologica Neerlando-Scandinavica 25 : 201-213.
Atoji Y., Suzuki Y. and Sugimura M. 1988. Lectin histochemistry of the interdigital gland in the Japanese serow (*Capricornis crispus*) in winter. Journal of Anatomy 161 : 159-170.
Atoji Y., Sugimura M. and Suzuki Y. 1989. *Ulex europaeus* agglutinin I binding in the apocrine glands of the interdigital gland and skin in the Japanese serow *Capricornis crispus*. The Japanese Journal of Veterinary Science 51 : 194-196.
Atoji Y. and Suzuki Y. 1990. Apocrine gland of the infraorbital gland of the Japanese serow, *Capricornis crispus*. Zoological Science 7 : 913-921.
Atoji Y., Yamamoto Y. and Suzuki Y. 1993. Apocrine secretion in the infraorbital gland of the Japanese serow, *Capricornis crispus* : a scanning electron-microscopic study. Acta Anatomica 148 : 1-13.
Atoji Y., Yamamoto Y. and Suzuki Y. 1995. Myoepithelial cells and innervation in the infraorbital gland of the Japanese serow (*Capricornis crispus*). European Journal of Morphology 33 : 237-246.
Augustine D. J. and McNaughton S. J. 1998. Ungulate effects on the functional species composition of plant communities : herbivore selectivity and plant tolerance. Journal of Wildlife Management 62 : 1165-1183.
東 滋．1975．被害の実情とその背景——各地からの調査報告　岐阜．自然保護（163）: 13-14.
馬場 稔・土肥昭夫・岩本俊孝・中園敏之．1996．九州のニホンカモシカにおける疥癬の発生状況．日本哺乳類学会 1996 年度大会プログラム・講演要旨集，p. 80.
馬場 稔・土肥昭夫・河野淳一・志水輝昭．1997．ニホンカモシカの糞場利用．北九州市自然史博物館研究報告（16）: 105-111.
馬場 稔・土肥昭夫・岩本俊孝．1998．九州のニホンカモシカにみられる疥癬（続報）．日本哺乳類学会 1998 年度大会プログラム・講演要旨集，p. 73.
Bell R. 1971. A grazing ecosystem in the Serengeti. Scientific American 225 : 86-93.
Berg J. K. 1987. Behaviour of the Japanese serow (*Capricornis crispus*) at the San Diego Wild Animal Park. *In* (Soma H. ed.) The Biology and Management of *Capricornis* and Related Mountain Antelopes, pp. 165-181. Croom Helm, London.
Bibi F., Vrba E. and Fack F. 2012. A new african fossil caprin and a combined molecular and morphological bayesian phylogenetic analysis of caprini (Mammalia : Bovidae). Journal of Evolutionary Biology 25 : 1843-1854.
Blanchard P., Festa-Bianchet M., Gaillard J.-M. and Jorgenson J. T. 2003. A test of long-term fecal nitrogen monitoring to evaluate nutritional status in bighorn sheep. Journal of Wildlife Management 67 : 477-484.
Borries C., Savini T. and Koenig A. 2011. Social monogamy and the threat of infanticide in large mammals. Behavioral Ecology and Sociobiology 65 : 685-693.
Boutin S. 1990. Food supplementation experiments with terrestrial vertebrates : patterns, problems, and the future. Canadian Journal of Zoology 68 : 203-220.
Brashares J. S. and Arcese P. 1999a. Scent marking in a territorial African antelope : I. The maintenance of borders between male oribi. Animal Behaviour 57 : 1-10.
Brashares J. S. and Arcese P. 1999b. Scent marking in a territorial African antelope : II. The economics of marking with faeces. Animal Behaviour 57 : 11-17.
Brotherton P. N. M. and Rhodes A. 1996. Monogamy without biparental care in a dwarf antelope. Proceedings of the Royal Society B 263 : 23-29.
Brotherton P. N. M. and Manser M. B. 1997. Female dispersion and the evolution of monogamy in the dik-dik. Animal Behaviour 54 : 1413-1424.
Brotherton P. N. M., Pemberton J. M., Komers P. E. and Malarky G. 1997. Genetic and behavioural evidence of monogamy in a mammal, kirk's dik-dik (*Madoqua kirkii*). Proceedings of the Royal

Society B 264 : 675–681.
Brotherton P. N. M. and Komers P. E. 2003. Mate guarding and the evolution of social monogamy in mammals. *In* (Reichard U. H. and Boesch C., eds.) Monogamy : Mating Strategies and Partnerships in Birds, Humans and Other Mammals, pp. 42–58. Cambridge University Press, Cambridge.
Brown J. L. 1964. The evolution of diversity in avian territorial systems. Wilson Bulletin 76 : 160–169.
文化庁文化財部記念物課．2013．特別天然記念物カモシカとその保護地域の管理について．文化庁文化財部記念物課，東京．
文化庁文化財保護部記念物課．1994．カモシカ保護管理マニュアル．文化庁文化財保護部記念物課，東京．
Canova L., Maistrello L. and Emiliani D. 1994. Comparative ecology of the Wood mouse *Apodemus sylvaticus* in two differing habitats. Zeitschrift für Säugetierkunde 59 : 193–198.
Caughley G. 1978. Analysis of Vertebrate Population. John Wiley & Sons, Chichester.
千葉彬司．1966．飼育下におけるカモシカの生態　第1報　飼育舎内の行動の季節的変化．哺乳動物学雑誌 3 : 8–14.
千葉彬司．1968．後立山連峯におけるニホンカモシカの食性の数例．哺乳動物学雑誌 4 : 20–25.
千葉彬司．1972．カモシカ日記．毎日新聞社，東京．
千葉彬司・山口佳秀．1975．北アルプス・高瀬川流域におけるニホンカモシカの食性について．神奈川県立博物館研究報告（自然科学）(8) : 21–36.
千葉彬司．1979．カモシカとトウホクノウサギによる食痕等の比較（最終報告）．（大町市，編：鳥獣害性調査報告書）pp. 53–72．環境庁，東京．
千葉彬司．1981．カモシカ物語．中央公論社，東京．
千葉彬司．1991．年間摂取量と成長．（大町山岳博物館，編：カモシカ――氷河期を生きた動物）pp. 96–100．信濃毎日新聞社，長野市．
千葉徳爾．1977．狩猟伝承研究　後篇．風間書房，東京．
千葉徳爾．1991．増補改訂　はげ山の研究．そしえて，東京．
Chikuni K., Mori Y., Tabata T., Saito M., Monma M. and Kosugiyama M. 1995. Molecular phylogeny based on the *k*-casein and cytochrome *b* sequences in the mammalian suborder Ruminantia. Journal of Molecular Evolution 41 : 859–866.
Choo G. M., Waterman P. G., McKey D. B. and Gartlan J. S. 1981. A simple enzyme assay for dry matter digestibility and its value in studying food selection by generalist herbivores. Oecologia 49 : 170–178.
Clutton-Brock T. H., Guinness F. E. and Albon S. D. 1982. Red Deer : Behavior and Ecology of Two Sexes. The University of Chicago Press, Chicago.
Clutton-Brock T. H., Albon S. D. and Guinness F. E. 1984. Maternal dominance, breeding success and birth sex ratios in red deer. Nature 308 : 358–360.
Clutton-Brock T. H. 1989. Female transfer and inbreeding avoidance in social mammals. Nature 337 : 70–72.
Clutton-Brock T. and Sheldon B. C. 2010. Individuals and populations : the role of long-term, individual-based studies of animals in ecology and evolutionary biology. Trends in Ecology & Evolution 25 : 562–573.
Clutton-Brock T. H. and Lukas D. 2012. The evolution of social philopatry and dispersal in female mammals. Molecular Ecology 21 : 472–492.
Cockburn A., Scott M. P. and Scotts D. J. 1985. Inbreeding avoidance and male-biased natal dispersal in *Antechinus* sp. (Marsupialia : Dasyuridae). Animal Behaviour 33 : 908–915.
Cohas A. and Allainé D. 2009. Social structure influences extra-pair paternity in socially monogamous mammals. Biology Letters 5 : 313–316.
Conradt L., Clutton-Brock T. H. and Guinness F. E. 1999. The relationship between habitat choice and lifetime reproductive success in female red deer. Oecologia 120 : 218–224.
Corbet G. B. and Hill J. E. 1980. A World List of Mammalian Species. British Museum (Natural History) and Comstock Publishing Associates, a division of Cornell University Press, London and Ithaca, New York.
Corbet G. B. and Hill J. E. 1992. The Mammals of the Indomalayan Region. Oxford University Press, Oxford.
Cotterill F. P. D., Taylor P. J., Gippoliti S., Bishop J. M. and Groves C. P. 2014. Why one century of phenetics is enough : response to "are there really twice as many bovid species as we thought ?". Systematic Biology 63 : 819–832.
Coulson T., Albon S. D., Guiness F., Pemberton J. and Clutton-Brock T. 1997. Population substructure, local density, and calf winter survival in red deer (*Cervus elaphus*). Ecology 78 :

852-863.
Coulson T., Albon S. D., Pilkington J. and Clutton-Brock T. 1999. Small-scale spatial dynamics in a fluctuating ungulate population. Journal of Animal Ecology 68 : 658-671.
Coulson T., Milner-Gulland E. J. and Clutton-Brock T. 2000. The relative roles of density and climatic variation on population dynamics and fecundity rates in three contrasting ungulate species. Proceedings of the Royal Society B 267 : 1771-1779.
Dasmann R. F. 1964. Wildlife Biology. John Wiley & Sons, New York.
Decker J. E., Pires J. C., Conant G. C., McKay S. D., Heaton M. P., Chen K., Cooper A., Vilkki J., Seabury C. M., Caetano A. R. *et al.* 2009. Resolving the evolution of extant and extinct ruminants with high-throughput phylogenomics. Proceedings of the National Academy of Sciences of the United States of America 106 : 18644-18649.
出口善隆・佐藤衆介・菅原和夫・伊藤健雄．2000．食害状況から推定された山形市に生息するニホンカモシカの農作物への依存割合．野生生物保護 5 : 13-20.
Deguchi Y., Sato S. and Sugawara K. 2001. Relationship between some chemical components of herbage, dietary preference and fresh herbage intake rate by the Japanese serow. Applied Animal Behaviour Science 73 : 69-79.
出口善隆・佐藤衆介・菅原和夫・伊藤健雄．2001．耕作地におけるニホンカモシカ（*Capricornis crispus*）の摂食行動．野生生物保護 7 : 49-62.
Deguchi Y., Sato S. and Sugawara K. 2002. Food plant selection by the wild Japanese serow (*Capricornis crispus*) with reference to the trace eaten. Animal Science Journal 73 : 67-72.
Dobson F. S. 1982. Competition for mates and predominant juvenile male dispersal in mammals. Animal Behaviour 30 : 1183-1192.
Dobson F. S. and Jones W. T. 1985. Multiple causes of dispersal. The American Naturalist 126 : 855-858.
Dobson F. S., Way B. M. and Baudoin C. 2010. Spatial dynamics and the evolution of social monogamy in mammals. Behavioral Ecology 21 : 747-752.
Dobson F. S. 2013. The enduring question of sex-biased dispersal : Paul J. Greenwood's (1980) seminal contribution. Animal Behaviour 85 : 299-304.
土肥昭夫・小野勇一．1984．祖母山系のニホンカモシカの生態．（大分県教育庁文化課，編：祖母山系のニホンカモシカの生態　大分県文化財調査報告第 67 輯）pp. 1-26．大分県教育委員会，大分市．
土肥昭夫・永山容子・小野勇一．1984．ニホンカモシカ（*Capricornis c. crispus*）の採食生態．（大分県教育庁文化課，編：祖母山系のニホンカモシカの生態　大分県文化財調査報告第 67 輯）pp. 27-38．大分県教育委員会，大分市．
Doi T., Ono Y., Iwamoto T. and Nakazono T. 1987. Distribution of Japanese serow in its southern range, Kyushu. *In* (Soma H., ed.) The Biology and Management of *Capricornis* and Related Mountain Antelopes, pp. 93-103. Croom Helm, London.
土肥昭夫・小野勇一．1988．カモシカの餌植物の選択性と餌植物の栄養価．（小野勇一，研究代表者：カモシカの生態と保護に関する基礎的研究　昭和 62 年度科学研究費補助金特定研究（1）研究成果報告書）pp. 137-142.
Doko T. and Chen W. 2013. The geographical distribution and habitat use of Japanese serow (*Naemorhedus crispus*) in the Fuji-Tanzawa region, Japan. Journal of Environmental Information Science 41 (5) : 53-62.
土光智子・金治 佑・村瀬弘人・佐々木裕子・望月翔太．2013．ハビタット解析って何？　ハビタットモデルを用いた分布域推定の最新手法．哺乳類科学 53 : 197-199.
江口祐輔．2003．イノシシから田畑を守る——おもしろ生態とかしこい防ぎ方．農山漁村文化協会，東京．
Emlen S. T. and Oring L. W. 1977. Ecology, sexual selection, and the evolution of mating systems. Science 197 : 215-223.
遠藤 晃．2001．西南日本における植生の相観によるニホンジカの糞の消失および加入パターンの違いについて．哺乳類科学 41 : 13-22.
Estes R. D. 1972. The role of the vomeronasal organ in mammalian reproduction. Mammalia 36 : 315-341.
Estes R. D. 1974. Social organization of the African Bovidae. *In* (Geist V. and Walther F., eds.) IUCN Publication new series No. 24 : The Behaviour of Ungulates and its Relation to Management, pp. 166-205. IUCN, Morges.
Favre L., Balloux F., Goudet J. and Perrin N. 1997. Female-biased dispersal in the monogamous mammal *Crocidura russula* : evidence from field data and microsatellite patterns. Proceedings of the Royal Society B 264 : 127-132.
Festa-Bianchet M. 1991. The social system of bighorn sheep : grouping patterns, kinship and female

dominance rank. Animal Behaviour 42 : 71-82.
Festa-Bianchet M. and King W. J. 2007. Age-related reproductive effort in bighorn sheep ewes. Écoscience 14 : 318-322.
Festa-Bianchet M. and Côté S. D. 2008. Mountain Goats : Ecology, Behavior, and Conservation of an Alpine Ungulate. Island Press, Washington.
Fisher J. T. and Wilkinson L. 2005. The response of mammals to forest fire and timber harvest in the North American boreal forest. Mammal Review 35 : 51-81.
Ford W. M., Johnson A. S. and Hale P. E. 1994. Nutritional quality of deer browse in southern Appalachian clearcuts and mature forests. Forest Ecology and Management 67 : 149-157.
Fowler C. W. 1981. Density dependence as related life history strategy. Ecology 62 : 602-610.
Fowler C. W. 1987. A review of density dependence in populations of large mammals. *In* (Genoways H. H., ed.) Current Mammalogy, pp. 401-441. Plenum Publishing, New York.
Frutos P., Hervás G., Giráldez F. J. and Mantecón A. R. 2004. Review. Tannins and ruminant nutrition. Spanish Journal of Agricultural Research 2 : 191-202.
藤田博己．1978．カモシカの発する音声について．日本生態学会東北地区会会報（36-38）: 57-58.
降旗 正．1985．夜の行動．（羽田健三，監修：ニホンカモシカの生活）pp. 32-36．築地書館，東京．
古林賢恒．1976．森林施業からみたカモシカの被害問題．山と博物館 21 : 2-4.
古林賢恒．1979．カモシカによる造林木への食害と植生の関係．（群馬県教育委員会，編：天然記念物カモシカ調査報告）pp. 53-90．群馬県教育委員会，前橋市．
古林賢恒・森 美文．1981．ヒノキ主軸の形態的特徴からみたカモシカ被害調査．（日本野生生物研究センター，編：特別天然記念物カモシカ緊急調査報告書——岐阜県）pp. 29-45．岐阜県教育委員会・日本野生生物研究センター，岐阜市・東京．
古林賢恒．1989．けものとの積極的なつきあい方を求めて．生物科学 41 : 130-139.
古林賢恒．1995．丹沢山地札掛地区における植物成長期のニホンジカの食物利用可能量．野生生物保護 1 : 97-106.
Gaillard J.-M., Festa-Bianchet M., Yoccoz N. G., Loison A. and Toïgo C. 2000. Temporal variation in fitness components and population dynamics of large herbivores. Annual Review of Ecology and Systematics 31 : 367-393.
Gatesy J., Amato G., Vrba E., Schaller G. and DeSalle R. 1997. A cladistic analysis of mitochondrial ribosomal DNA from the Bovidae. Molecular Phylogenetics and Evolution 7 : 303-319.
Gatesy J., Milinkovitch M., Waddell V. and Stanhope M. 1999. Stability of cladistic relationships between Cetacea and higher-Level Artiodactyl taxa. Systematic Biology 48 : 6-20.
Gaulin S. J. C. 1979. A Jarman/Bell model of primate feeding niches. Human Ecology 7 : 1-20.
Geist V. 1971. Mountain Sheep. The University of Chicago Press, Chicago and London.
Geist V. 1974. On the relationship of social evolution and ecology in ungulates. American Zoologist 14 : 205-220.
Geist V. 1987. On the evolution of the Caprinae. *In* (Soma H., ed.) The Biology and Management of *Capricornis* and Related Mountain Antelopes, pp. 3-40. Croom Helm, London.
Geist V. 1998. Deer of the World. Stackpole Books, Mechanicsburg.
Gentry A. W. 1992. The subfamilies and tribes of the family Bovidae. Mammal Review 22 : 1-32.
Gill R. M. A. 1992. A review of damage by mammals in North temperate forests : impact on trees and forests. Forestry 65 : 363-388.
Gill R. M. A., Johnson A. L., Francis A., Hiscocks K. and Peace A. J. 1996. Changes in roe deer (*Capreolus capreolus* L.) population density in response to forest habitat succession. Forest Ecology and Management 88 : 31-41.
Gippoliti S., Cotterill F. P. D. and Groves C. P. 2013. Mammal taxonomy without taxonomists : a reply to Zachos and Lovari. Hystrix, Italian Journal of Mammalogy 24 : 3-5.
Gippoliti S. and Groves C. P. 2013. "Taxonomic inflation" in the historical context of mammalogy and conservation. Hystrix, Italian Journal of Mammalogy 23 : 6-9.
Gorman M. L. and Mills M. G. L. 1984. Scent marking strategies in hyaenas. Journal of Zoology 202 : 535-547.
Gorman M. L. 1990. Scent marking strategies in mammals. Revue Suisse De Zoologie 97 : 3-29.
Gosling L. M. 1981. Demarcation in a gerenuk territory : an economic approach. Zeitschrift für Tierpsychologie 56 : 305-322.
Gosling L. M. 1982. A reassessnent of the function of scent-marking in territories. Zeitschrift für Tierpsychologie 60 : 89-118.
Gosling L. M. 1987. Scent marking in an antelope lek territory. Animal Behaviour 35 : 620-622.
Gosling L. M. and Roberts S. C. 2001a. Scent-marking by male mammals : cheat-proof signals to competitors and mates. Advances in the Study of Behavior 30 : 169-217.

Gosling L. M. and Roberts S. C. 2001b. Testing ideas about the function of scent marks in territories from spatial patterns. Animal Behaviour 62 : F7-F10.
Graur D. and Higgins D. G. 1994. Molecular evidence for the inclusion of cetaceans within the order Artiodactyla. Molecular Biology and Evolution 11 : 357-364.
Greenwood P. J. 1980. Mating system, philopatry and dispersal in birds and mammals. Animal Behaviour 28 : 1140-1162.
Groves C. P. and Grubb P. 1985. Reclassification of the serows and gorals (*Nemorhaedus* : Bovidae). *In* (Lovari S., ed.) The Biology and Management of Mountain Ungulates, pp. 45-50. Croom Helm, London.
Groves C. P. and Shields G. F. 1996. Phylogenetics of the Caprinae based on cytochrome *b* sequence. Molecular Phylogenetics and Evolution 5 : 467-476.
Groves C. P. and Shields G. F. 1997. Cytochrome *b* sequences suggest convergent evolution of the Asian takin and Arctic muskox. Molecular Phylogenetics and Evolution 8 : 363-374.
Groves C. P. and Grubb P. 2011. Ungulate Taxonomy. The Johns Hopkins University Press, Baltimore.
Groves C. P. and Leslie D. M., Jr. 2011. Family Bovidae (Hollow-horned Ruminants). *In* (Wilson D. E. and Mittermeier R. A., eds.) Handbook of the Mammals of the World Vol. 2. Hoofed Mammals, pp. 444-779. Lynx Edicions, Barcelona.
Grubb P. 1993. Order Artiodactyla. *In* (Wilson D. E. and Reeder D. M., eds.) Mammal Species of the World : A Taxonomic and Geographic Reference, 2nd ed., pp. 377-414. Smithsonian Institution Press, Washington and London.
Grubb P. 2005. Order Artiodactyla. *In* (Wilson D. E. and Reeder D. M., eds.) Mammal Species of the World : A Taxonomic and Geographic Reference, 3rd ed., pp. 637-722. The Johns Hopkins University Press, Baltimore.
Gubernick D. J., Wright S. L. and Brown R. E. 1993 The significance of father's presence for offspring survival in the monogamous California mouse, *Peromyscus californicus*. Animal Behaviour 46 : 539-546.
Gubernick D. J. and Teferi T. 2000. Adaptive significance of male parental care in a monogamous mammal. Proceedings of the Royal Society B 267 : 147-150.
Gundersen G. and Andreassen H. P. 1998. Causes and consequences of natal dispersal in root voles, *Microtus oeconomus*. Animal Behaviour 56 : 1355-1366.
浜 昇．1976．ニホンカモシカの求愛及び交尾について．哺乳動物学雑誌 6 : 265-267.
浜 昇．1977．追われゆくカモシカたち．筑摩書房，東京．
Hamel S., Côté S. D., Gaillard J.-M. and Festa-Bianchet M. 2009a. Variation in the costs of reproduction among individuals : high quality females always do better. Journal of Animal Ecology 78 : 143-151.
Hamel S., Gaillard J.-M., Festa-Bianchet M. and Côté S. D. 2009b. Individual quality, early life conditions, and reproductive success in contrasted populations of large herbivores. Ecology 90 : 1981-1995.
花輪伸一・丸山直樹・仲真 悟・森 治．1980．脇野沢村におけるニホンカモシカ *Capricornis crispus* の生態．哺乳動物学雑誌 8 : 70-77.
花輪伸一．1986．調査活動の歴史――あおししのあゆみ．(下北野生動物研究グループカモシカ班，編：カモシカとの共存をめざして――脇野沢村ニホンカモシカ調査総合報告書) pp. 8-19．下北野生動物研究グループカモシカ班，青森県脇野沢村．
塙 登志子・鈴木義孝・杉村 誠・阿閉泰郎．1985．ニホンカモシカ指（趾）間洞腺の形態学的研究．(杉村 誠，研究代表者：ニホンカモシカの繁殖，形態，病態および個体群特性に関する基礎的研究 昭和 59 年度科学研究費補助金総合研究 A 研究成果報告書) pp. 170-185．岐阜大学農学部，岐阜市．
羽田健三・千葉彬司．1959．針ノ木岳における大型哺乳類の社会生態学的研究 第 1 次基礎調査 (1958 年度)．(大町山岳博物館，編：針ノ木岳――自然とその保護) pp. 63-72．大町市商工観光課・大町市教育委員会，大町市．
羽田健三・山田 拓・木内忠一・中川孝雄・香川敏明・小林建夫・母袋卓也・秋山吉幸・中村浩志・木内 清．1965．カモシカの生活史の研究 I 1965 年度の志賀山に於ける糞の分布解析について．志賀高原生物研究所研究業績 (4) : 1-18.
羽田健三・山田 拓・木内忠一・江碕良彦・伊藤国保・緑川忠一・秋山吉幸・木内 清・宮下 光・中村浩志・岡部剛士．1966．カモシカの生活史の研究 II 1966 年度の志賀山に於ける糞の分布について．志賀高原生物研究所研究業績 (5) : 1-8.
羽田健三・中山 洌・山田 拓．1967．会津駒ヶ岳周辺におけるカモシカ・クマ・サルの生活について．(日本自然保護協会，編：会津駒ケ岳・田代山・帝釈山自然公園学術調査報告) pp. 77-93．日本自然保護協会，東京．

羽田健三・山田 拓．1967．カモシカの生活史の研究　Ⅲ　1967年度の志賀山に於ける糞の分布について．志賀高原生物研究所研究業績（6）：11-16.
羽田健三・吉良竜夫・依田恭二・撫養明美・橋渡勝也．1979．ニホンカモシカ生息環境調査研究報告書．長野営林局，長野市.
羽田健三・撫養明美・浜中満男・橋渡勝也．1983．木曾岩倉国有林における夏のニホンカモシカへの食物供給量．信州大学環境科学論集（5）：66-71.
羽田健三（監修）．1985．ニホンカモシカの生活．築地書館，東京.
Happe P. J., Jenkins K. J., Starkey E. E. and Sharrow S. H. 1990. Nutritional quality and tannin astringency of browse in clear-cuts and old-growth forests. Journal of Wildlife Management 54 : 557-566.
原科幸爾・恒川篤史・武内和彦・高槻成紀．1999．本州における森林の連続性と陸生哺乳類の分布．ランドスケープ研究 62 : 569-572.
長谷川順一．2000．ニホンジカの食害による日光白根山の植生の変化．植物地理分類研究 8 : 47-57.
長谷川真理子．1993．大きい息子と育ちのよい娘．科学 64 : 27-34.
長谷川政美．2011．新図説　動物の起源と進化——書きかえられた系統樹．八坂書房，東京.
長谷川善和．1977．脊椎動物の変遷と分布．（日本第四紀学会，編：日本の第四紀研究——その発展と現状）pp. 227-243．東京大学出版会，東京.
長谷川善和・冨田幸光・甲能直樹・小野慶一・野苅家 宏・上野輝彌．1988．下北半島尻屋地域の更新世脊椎動物群集．国立科学博物館専報（21）：17-36, pls. 1-8.
橋渡勝也．1979a．カモシカの生息環境．（社団法人日本林業技術協会，編：ニホンカモシカ生息環境調査研究報告書）pp. 81-116．長野営林局，長野市.
橋渡勝也．1979b．植林木の被害．（社団法人日本林業技術協会，編：ニホンカモシカ生息環境調査研究報告書）pp. 161-170．長野営林局，長野市.
Hassanin A., Pasquet E. and Vigne J. D. 1998. Molecular systematics of the subfamily Caprinae (Artiodactyla, Bovidae) as determined from cytochrome *b* sequences. Journal of Mammalian Evolution 5 : 217-236.
Hassanin A. and Douzery E. 1999. The tribal radiation of the family Bovidae (Artiodactyla) and the evolution of the mitochondrial cytochrome *b* gene. Molecular Phylogenetics and Evolution 13 : 227-243.
Hassanin A., Ropiquet A., Couloux A. and Cruaud C. 2009. Evolution of the mitochondrial genome in mammals living at high altitude : new insights from a study of the tribe Caprini (Bovidae, Antilopinae). Journal of Molecular Evolution 68 : 293-310.
Hassanin A., Delsuc F., Ropiquet A., Hammer C., van Vuuren B. J., Matthee C., Ruiz-Garcia M., Catzeflis F., Areskoug V., Nguyen T. T. and Couloux A. 2012. Pattern and timing of diversification of Cetartiodactyla (Mammalia, Laurasiatheria), as revealed by a comprehensive analysis of mitochondrial genomes. Comptes Rendus Biologies 335 : 32-50.
林 進・森 美文．1979．ニホンカモシカの林業問題——林木食害問題に関する林学的検討　その 1．食害問題の理解に向けて．岐阜大学農学部研究報告（42）：99-108.
Hazumi Y., Maruyama N. and Ozawa K. 1987. Nutritional estimation of Japanese serow by faecal analysis. *In* (Soma H., ed.) The Biology and Management of *Capricornis* and Related Mountain Antelopes, pp. 355-364. Croom Helm, London.
Heller R., Frandsen P., Lorenzen E. D. and Siegismund H. R. 2013. Are there really twice as many bovid species as we thought? Systematic Biology 62 : 490-493.
Heller R., Frandsen P., Lorenzen E. D. and Siegismund H. R. 2014. Is diagnosability an indicator of speciation? response to "why one century of phenetics is enough". Systematic Biology 63 : 833-837.
ヘンドリックス H.・ヘンドリックス U.（柴崎篤洋，訳）．1979．ディクディクとゾウ．思索社，東京.
Heymann E. W. 2000. Spatial patterns of scent marking in wild moustached tamarins, *Saguinus mystax* : no evidence for a territorial function. Animal Behaviour 60 : 723-730.
平田貞雄・藤田博己・山居賢一・工藤能継・三浦正憲・古西作治・江川正幸．1973．ニホンカモシカの分布北限における生態について　1．1972年6月-1973年3月の調査結果．弘前大学教育学部紀要（30B）：23-36.
平田貞雄．1975．下北半島脇野沢村の脇野沢川流域山地におけるニホンカモシカの生態，特に畑作物への加害との関連について．弘前大学教育学部紀要（34）：35-42.
Hobbs, N. T. 1987. Fecal indices to dietary quality : a critique. Journal of Wildlife Management 51 : 317-320.
Hofmann R. R. 1973. The ruminant stomach : stomach structure and feeding habits of East African game ruminants. (East African Monographs in Biology, Vol. 2). East Africa Literature Bureau,

Nairobi.
Hofmann R. R. 1985. Digestive physiology of deer : their morphophysiological specialization and adaptation. *In* (Drews K. R. and Fennessy P. F., eds.) Biology of Deer Production, pp. 393-407. The Royal Society of New Zealand, Wellington.
Hofmann R. R. 1989. Evolutionary steps of ecophysiological adaptation and diversification of ruminants : a comparative view of their digestive system. Oecologia 78 : 443-457.
Holand O., Askim K. R., Røed K. H., Weladji R. B., Gjøstein H. and Nieminen M. 2007. No evidence of inbreeding avoidance in a polygynous ungulate : the reindeer (*Rangifer tarandus*). Biology Letters 3 : 36-39.
Holechek J. L., Vavra M. and Arthun D. 1982. Relationships between performance, intake, diet nutritive quality and fecal nutritive quality of cattle on mountain range. Journal of Range Management 35 : 741-744.
Horino S. and Kuwahata K. 1986. Food habits of Japanese serow (*Capricornis crispus*) and Japanese deer (*Cervus nippon*) in a co-habitat. 林業試験場報告 (341) : 47-61.
堀野眞一・大井 徹・三浦慎悟. 1994. 赤外線によるニホンジカ空中センサス法の開発. 哺乳類科学 33 : 99-107.
Howard W. E. 1960. Innate and environmental dispersal of individual vertebrates. American Midland Naturalist 63 : 152-161.
Hrdy S. B. 1979. Infanticide among animals : a review, classification, and examination of the implications for the reproductive strategies of females. Ethology and Sociobiology 1 : 13-40.
Hughes J. W. and Fahey T. J. 1991. Availability, quality, and selection of browse by white-tailed deer after clearcutting. Journal of Forestry 89 : 31-36.
Igota H., Sakuragi M. and Uno H. 2009. Seasonal migration of sika deer on Hokkaido Island, Japan. *In* (McCullough D. R., Takatsuki S. and Kaji K., eds.) Sika Deer : Biology and Management of Native and Introduced Populations, pp. 251-272. Springer, Tokyo, Berlin, Heidelberg, New York.
飯沢 隆. 1985. 冬の一日の摂食カロリー. (羽田健三, 監修 : ニホンカモシカの生活) pp. 72-75. 築地書館, 東京.
Ikeda H. 1988. Parapox infection on the wild Japanese serow. (小野勇一, 研究代表者 : カモシカの生態と保護に関する基礎的研究　昭和 62 年度科学研究費補助金特定研究 (1) 研究成果報告書) pp. 91-99.
池田浩一・岩本俊孝. 2004. 糞粒法を利用したシカ個体数推定の現状と問題点. 哺乳類科学 44 : 81-86.
池田浩一・遠藤 晃・岩本俊孝. 2006. 糞塊法を用いたシカ生息密度の調べ方. 森林防疫 55 (8) : 9-16.
池田昭七・高槻成紀. 1999. ニホンジカとニホンカモシカの採食植物の栄養成分の季節変化——仙台地方の例. 東北畜産学会報 49 : 1-8.
池田善英. 1988. ニホンカモシカの水泳能力. 哺乳類科学 28 : 25-26.
今泉吉典. 1960. 原色日本哺乳類図鑑. 保育社, 大阪市.
猪島康雄. 2013. 野生ニホンカモシカにおけるパラポックスウイルス感染症. 日本獣医師会雑誌 66 : 557-563.
井上雅央・金森弘樹. 2006. 山と田畑をシカから守る——おもしろ生態とかしこい防ぎ方. 農山漁村文化協会, 東京.
Irwin L. L., Cook J. G., Mcwhirter D. E., Smith S. G. and Arnett E. B. 1993. Assessing winter dietary quality in bighorn sheep via fecal nitrogen. Journal of Wildlife Management 57 : 413-421.
石田 健・山根明臣・赤岩朋敏・五十嵐勇治. 1993. 東京大学秩父演習林における冬期のカモシカ *Capricornis crispus* およびシカ *Cervus nippon* の分布. 東京大学農学部演習林報告 (89) : 99-111.
Ishida K., Igarashi Y., Sawada H. and Sakai H. 2003. An aerial survey of large mammals in Chichibu mountains, central Japan. 東京大学農学部演習林報告 (109) : 65-71.
伊谷純一郎. 1954. 高崎山のサル (今西錦司, 編 : 日本動物記. 2). 光文社, 東京.
伊藤栄一・森 美文・林 進・日比博史・寺田 晃・松本あゆみ. 1984. ニホンカモシカの生息地管理に関する研究——食物量の推定. 日本林学会中部支部大会講演集 (32) : 51-54.
伊藤栄一・林 進・奥村宣禎・川畑裕二. 1992. 野生生物の生息環境管理に関する研究——ニホンカモシカによる食害地と幼齢造林地の分布. 岐阜大学農学部研究報告 (57) : 1-8.
伊藤栄一・吉田 羊・野尻智周. 1997. ヒノキ造林木の樹幹形質について——ニホンカモシカによる摂食を受けた林分での検討. 日本林学会論文集 (108) : 163-166.
伊藤健雄・奥山武夫・大津正英・奥村栄朗・渋間淳一. 1996. 山形市滝山地区におけるカモシカの個体配置——エアカウント法及び区画法によるセンサス. (特別天然記念物カモシカ保護地域管理技術策定調査会, 編 : 西蔵王のカモシカ——特別天然記念物カモシカ保護地域管理技

術策定調査報告書）pp. 9-17．山形県教育委員会，山形市．
伊藤武吉．1970．カモシカの四季．自然 25（12）: 82-85.
伊藤武吉．1971．ニホンカモシカの発情周期および妊娠期間について．哺乳動物学雑誌 5 : 104-108.
伊藤祐朔．1986．カモシカ騒動記——天然記念物は害獣か．築地書館，東京．
岩本俊孝・常田邦彦．1988．カモシカの分布拡大モデル．（小野勇一，研究代表者：カモシカの生態と保護に関する基礎的研究　昭和 62 年度科学研究費補助金特定研究（1）研究成果報告書）pp. 151-160.
岩本俊孝．1997．採食——生きる糧を得る．（土肥昭夫・岩本俊孝・三浦慎悟・池田 啓，著：哺乳類の生態学）pp. 75-120．東京大学出版会，東京．
岩本俊孝・坂田拓司・中園敏之・歌岡宏信・池田浩一・西下勇樹・常田邦彦・土肥昭夫．2000．糞粒法によるシカ密度推定式の改良．哺乳類科学 40 : 1-17.
岩瀬純二．1972．ニホンカモシカの顔面紋様による個体識別について．哺乳動物学雑誌 5 : 191.
岩瀬純二．1973．ニホンカモシカの休息穴について．哺乳動物学雑誌 5 : 239-240.
伊沢紘生．1998．金華山のニホンザルの生態学的研究——いわゆる警戒音＜クワン＞について．宮城教育大学紀要 33 : 237-272.
泉山茂之・望月敬史．2008．南アルプス北部の亜高山帯に生息するニホンジカ（*Cervus nippon*）の季節的環境利用．信州大学農学部 AFC 報告（6）: 25-32.
Jarman P. J. 1974. The social organization of antelope in relation to their ecology. Behaviour 48 : 215-267.
Jass C. N. and Mead J. I. 2004. Capricornis crispus. Mammalian Species (750) : 1-10.
姜 兆文（Jiang Z.）. 1998. Feeding ecology and digestive systems of ruminants : a case study of the Mongolian gazelle (*Procapra gutturosa*) and the Japanese serow (*Capricornis crispus*). Ph.D. thesis, Tokyo University, Tokyo.
Jiang Z., Torii H., Takatsuki S. and Ohba T. 2008. Local variation in diet composition of the Japanese serow during winter. Zoological Science 25 : 1220-1226.
金（Jin）昌柱・河村善也．1996．中国東北部の後期更新世哺乳動物群——マンモス・ケサイと旧石器を伴う動物群．地球科学 50 : 315-330.
Johnson M. D. 2007. Measuring habitat quality : a review. Condor 109 : 489-504.
Jones O. R., Gaillard J.-M. and 32 others. 2008. Senescence rates are determined by ranking on the fast-slow life-history continuum. Ecology Letters 11 : 653-663.
蒲谷 肇．1988．東京大学千葉演習林荒樫沢における常緑広葉樹林の下層植生の変化とニホンジカの食害による影響．東京大学演習林報告 78 : 67-82.
鏑木外岐雄．1932．カモシカの保存に関する卑見．（文部省，編：天然紀念物調査報告　動物之部第 2 輯）pp. 85-86．文部省，東京．
株式会社野生動物保護管理事務所．1998．平成 9 年度環境庁委託調査　里地性の獣類に関する緊急疫学調査報告書．株式会社野生動物保護管理事務所，川崎市．
梶 光一．1993．シカが植生をかえる——洞爺湖中島の例．（東 正剛・阿部 永・辻井達一，編：生態学からみた北海道）pp. 242-249．北海道大学図書刊行会，札幌．
亀井節夫．1962．象のきた道——日本の第四紀哺乳動物群の変遷についてのいくつかの問題点．地球科学（60・61）: 23-34.
亀井節夫．1979．日本列島の新生代哺乳動物について．哺乳類科学（38）: 1-11.
亀井節夫・樽野博幸・河村善也．1988a．日本列島の第四紀地史への哺乳動物相のもつ意義．第四紀研究 26 : 293-303.
亀井節夫・河村善也・樽野博幸．1988b．日本の第四系の哺乳動物化石による分帯．地質学論集 30 : 181-204.
神山安生・小林光憲．1992．新忌避剤によるカモシカ被害防止．岩手県林業試験場成果報告（24）: 17-25.
Kamler J., Homolka M. and Kracmar S. 2003. Nitrogen characteristics in ungulate faeces : effect of time on exposure and storage. Folia Zoologica 52 : 31-35.
かもしかの会関西（編）．1996．土山活動報告書——滋賀県甲賀郡土山町でのカモシカ食害防除活動．かもしかの会関西，京都市．
金城芳典．2012．カモシカ死亡個体の分析．（徳島県教育委員会・高知県教育委員会・（特）四国自然史科学研究センター，編：四国山地カモシカ特別調査報告書平成 22・23 年度）pp. 48-55．徳島県教育委員会・高知県教育委員会・（特）四国自然史科学研究センター，徳島市・高知市・須崎市．
環境省．2010．特定鳥獣保護管理計画作成のためのガイドライン（カモシカ編）．環境省，東京．
環境省自然環境局生物多様性センター．2004．種の多様性調査　哺乳類分布調査報告書．環境省自然環境局生物多様性センター，富士吉田市．
菅野美樹夫・土本信幸・杉村 誠・鈴木義孝．1982．ニホンカモシカ骨格の計測形態学的研究　I．

脊柱及び肢骨．岐阜大学農学部研究報告（46）: 205-214.
鹿股幸喜・伊沢 学．1982．ニホンカモシカめすの発情周期と徴候について．動物園水族館雑誌 24 : 61-63.
Kawamichi T. and Kawamichi M. 1979. Spatial organization and territory of tree shrews (*Tupaia glis*). Animal Behaviour 27 : 381-393.
Kawamoto Y., Shotake T., Nozawa K., Kawamoto S., Tomari K., Kawai S., Shirai K., Morimitsu Y., Takagi N., Akaza H., Fujii H., Hagihara K., Aizawa K., Akachi S., Oi T. and Hayaishi S. 2007. Postglacial population expansion of Japanese macaques (*Macaca fuscata*) inferred from mitochondrial DNA phylogeography. Primates 48 : 27-40.
河村善也．1982．日本の第四紀哺乳動物の生物地理．哺乳類科学（43・44）: 99-130.
河村善也・亀井節夫・樽野博幸．1989．日本の中・後期更新世の哺乳動物相．第四紀研究 28 : 317-326.
河村善也．1990．日本列島の哺乳動物相の生いたち——大陸の動物相との関係．モンゴロイド（5）: 24-27.
Kawamura Y. 1991. Quaternary mammalian faunas in the Japanese Islands. 第四紀研究 30 : 213-220.
河村善也．1992．広島県帝釈峡遺跡群における哺乳類の層序学的分布．第四紀研究 31 : 1-12.
河村善也．1998．第四紀における日本列島への哺乳類の移動．第四紀研究 37 : 251-257.
河村善也．2003．風穴洞穴の完新世および後期更新世の哺乳類遺体．（百々幸雄・瀧川 渉・澤田純明，編：北上山地に日本更新世人類化石を探る——岩手県大迫町アバクチ・風穴洞穴遺跡の発掘）pp. 284-386．東北大学出版会，仙台．
河村善也．2007．日本の第四紀哺乳類化石研究の最近の進展．哺乳類科学 47 : 107-114.
木村敦子・仲真 悟・福島 淳．1986．食害の状況．（下北野生動物研究グループカモシカ班，編：カモシカとの共存をめざして——脇野沢村ニホンカモシカ調査総合報告書）pp. 162-179．下北野生動物研究グループカモシカ班，青森県脇野沢村．
Kingdon J. 1982. East African Mammals. An Atlas of Evolution in Africa. Vol. III, Part D (Bovids). Academic Press, London.
吉良竜夫・依田恭二．1979．カモシカに食害されたヒノキ稚樹の成長解析．（社団法人日本林業技術協会，編：ニホンカモシカ生息環境調査研究報告書）pp. 171-188．長野営林局，長野市．
桐生尊義．1985．単調な一日の行動．（羽田健三，監修：ニホンカモシカの生活）pp. 24-27．築地書館，東京．
岸元良輔．1986．ニホンカモシカのなわばり性と臭いつけ行動．第 33 回日本生態学会大会講演要旨集 : 163.
Kishimoto R. 1987. Family break-up in Japanese serow *Capricornis crispus*. *In* (Soma H., ed.) The Biology and Management of *Capricornis* and Related Mountain Antelopes, pp. 104-109. Croom Helm, London.
Kishimoto R. 1988. Age and sex determination of the Japanese serow *Capricornis crispus* in the field study. Journal of Mammalogical Society of Japan 13 : 51-58.
Kishimoto R. 1989a. Social organization of a solitary ungulate, Japanese serow *Capricornis crispus*. Ph.D. thesis, Osaka City University, Osaka.
Kishimoto R. 1989b. Early mother and kid behavior of a typical "follower", Japanese serow *Capricornis crispus*. Mammalia 53 : 165-176.
岸元良輔．1992．森林生活者のなわばり社会　ニホンカモシカ．（週刊朝日百科　動物たちの地球 56　哺乳類Ⅱ⑧バイソン，カモシカ，ヌーほか）pp. 9-246-9-249．朝日新聞社，東京．
岸元良輔．1994．カモシカの社会構造と食害問題．森林科学（11）: 26-32.
岸元良輔．1996．ニホンカモシカ．（伊沢紘生・粕谷俊雄・川道武男，編：日本動物大百科第 2 巻哺乳類Ⅱ）pp. 106-111．平凡社，東京．
Kishimoto R. and Kawamichi T. 1996. Territoriality and monogamous pairs in a solitary ungulate, the Japanese serow, *Capricornis crispus*. Animal Behaviour 52 : 673-682.
Kishimoto R. 2003. Social monogamy and social polygyny in a solitary ungulate, the Japanese serow (*Capricornis crispus*). *In* (Reichard U. H. and Boesch C., eds.) Monogamy : Mating Strategies and Partnerships in Birds, Humans and Other Mammals, pp. 147-158. Cambridge University Press, Cambridge.
Kishimoto R. 2005. Scent-marking and territoriality of the Japanese serow, *Capricornis crispus*. *In* (The Science Council of Japan and the Mammalogical Society of Japan, eds.) Abstract of plenary, symposium, poster and oral papers presented at IMC 9, pp. 266.
岸元良輔．2006．平成 15（2003）年度におけるカモシカの特定鳥獣保護管理計画に基づく胃内容物分析．長野県環境保全研究所研究報告（2）: 101-104.
喜多 功・杉村 誠・鈴木義孝・千葉敏郎．1983．卵巣の肉眼的所見および受胎状況からみた雌ニホンカモシカの繁殖状況．岐阜大学農学部研究報告（48）: 137-146.

Kita I., Sugimura M., Suzuki Y., Tiba T. and Miura S. 1987a. Reproduction of female Japanese serow based on the morphology of ovaries and fetuses. *In* (Soma H. ed.) The Biology and Management of *Capricornis* and Related Mountain Antelopes, pp. 321–331. Croom Helm, London.

Kita I., Tiba T., Sugimura M., Suzuki Y. and Miura S. 1987b. Frequency of past parturition estimated by retrograde corpora lutea of pregnancy, elastoid bodies, in Japanese serow ovary (Mammalia). Zoologischer Anzeiger 219 : 40–49.

Kita I., Miura S., Kojima Y. and Tiba T. 1995. Macroscopic observations of mammary glands and teats of Japanese serows, *Capricornis crispus*, with special reference to past gestation. The Journal of Veterinary Medical Science 57 : 447451.

喜多 功・鈴木法子・丹羽範郎・坪田敏男．1996．ニホンカモシカ *Capricornis crispus* 子宮壁動脈の妊娠性硬変――経産歴との関連において．日本野生動物医学会誌 1 : 113–117.

北原正宣．1979．白沢天狗岳におけるニホンカモシカの生活史（昭和 53 年度　第 3 次報告）．（大町市，編：鳥獣害性調査報告書）pp. 73–112．環境庁，東京．

Kitamura T., Sato Y. and Takatsuki S. 2010. Altitudinal variation in the diet of sika deer on the Izu Peninsula : patterns in the transitional zone of geographic variation along the Japanese archipelago. Acta Theriologica 55 : 89–93.

木内正敏・工藤父母道・加藤正一・吉田正人・宮坂 恵・星野真理子・山崎慶太．1978．朝日連峰朝日川流域のニホンカモシカ．（日本自然保護協会，編：特別天然記念物カモシカに関する調査報告書）pp. 27–93．日本自然保護協会，東京．

木内正敏．1979．カモシカ被害防除の一方策．林業技術（446）: 7–10.

木内正敏・工藤父母道・吉田正人・宮坂 恵・星野真理子・山崎慶太・加藤正一・梅津千恵子．1979．朝日連峰・朝日川流域におけるニホンカモシカ（第二報）．（日本自然保護協会，編：特別天然記念物カモシカに関する調査報告書 II）pp. 19–72．日本自然保護協会，東京．

Kleiber M. 1961. The Fire of Life : An Introduction to Animal Energetics. Wiley, Hoboken.

Kleiman D. G. 1977. Monogamy in mammals. Quarterly Review of Biology 52 : 39–69.

Klinger R. C., Kutilek M. J. and Shellhammer H. S. 1989. Population responses of black-tailed deer to prescribed burning. Journal of Wildlife Management 53 : 863–871.

Kobayashi K. and Takatsuki S. 2012. A comparison of food habits of two sympatric ruminants of Mt. Yatsugatake, central Japan : sika deer and Japanese serow. Acta Theriologica 57 : 343–349.

Koda R., Agetsuma N., Agetsuma-Yanagihara Y., Tsujino R. and Fujita N. 2011. A proposal of the method of deer density estimate without fecal decomposition rate : a case study of fecal accumulation rate technique in Japan. Ecological Research 26 : 227–231.

Kodera S., Suzuki Y. and Sugimura M. 1982. Postnatal development and histology of the infraorbital glands in the Japanese serow, *Capricornis crispus*. Japanese Journal of Veterinary Science 44 : 839–843.

小金沢正昭．1994．足尾山地におけるカモシカ *Capricornis crispus* の移動様式と行動圏サイズ．日本生態学会大会講演要旨集 41 : 72.

Koganezawa M. 1999. Changes in the population dynamics of Japanese serow and sika deer as a result of competitive interactions in the Ashio Mountains, central Japan. Biosphere Conservation 2 : 35–44.

Kokko H. and Ots I. 2006. When not to avoid inbreeding. Evolution 60 : 467–475.

Komers P. E. 1996. Obligate monogamy without paternal care in Kirk's dikdik. Animal Behaviour 51 : 131–140.

Komers P. E. and Brotherton P. N. M. 1997. Female space use is the best predictor of monogamy in mammals. Proceedings of the Royal Society B 264 : 1261–1270.

小森 厚．1975．飼育下のニホンカモシカの繁殖についての一考察．動物園水族館雑誌 17（3）: 53–61.

金 豊太郎・加藤宏明・小坂淳一・小西 明．1984．カモシカ食害によるスギ幼齢木の回復過程．日本林学会東北支部会誌（36）: 244–246.

近藤憲久．1982．日本の哺乳類相――種の生態，古環境および津軽海峡の影響について．哺乳類科学（43・44）: 131–144.

小西省吾・吉川周作．1999．トウヨウゾウ・ナウマンゾウの日本列島への移入時期と陸橋形成．地球科学 53 : 125–134.

Kozaki M., Oura R. and Sekine J. 1991 Studies on digestion physiology of herbivorous feral animals. 2. The comparison of intake of total digestible nutrients among diverse sizes of ruminant and monogastric animals. Journal of the Faculty of Agriculture, Tottori University 27 : 61–68.

高山帯大型哺乳動物研究グループ（千葉彬司・古林賢恒・泉山茂之）．1994．亜高山帯・高山帯におけるニホンカモシカ・ニホンザルの生態研究．（プロ・ナトゥーラ・ファンド第 1 期・第 2 期助成成果報告書）pp. 125–147．日本自然保護協会，東京．

Kunisaki T., Miyazawa S., Homma T. and Aoi T. 2006. Effects of canopy tree characteristics and forest floor vegetation on defication site selection of a Japanese serow (*Capricornis crispus*) population in lowland managed forests in northern Japan. Journal of Forest Planning 11 : 77–83.
Lalueza-Fox C., Castresana J., Sampietro L., Marque's-Bonet T., Alcover J. A. and Bertranpetit J. 2005. Molecular dating of caprines using ancient DNA sequences of *Myotragus balearicus*, an extinct endemic Balearic mammal. BMC Evolutionary Biology 5 : 70.
Langguth A. and Jackson J. 1980. Cutaneous scent glands in pampas deer *Blastoceros bezoarticus* (L., 1758). Zeitschrift für Säugetierkunde 45 : 82–90.
Lawson Handley L.-J. and Perrin N. 2007. Advances in our understanding of mammalian sex-biased dispersal. Molecular Ecology 16 : 1559–1578.
Le Galliard J.-F., Gundersen G., Andreassen H. P. and Stenseth N. C. 2006. Natal dispersal, interactions among siblings and intrasexual competition. Behavioral Ecology 17 : 733–740.
Leader-Williams N., Scott T. A. and Pratt R. M. 1981. Forage selection by introduced reindeer on South Georgia and its consequences for the flora. Journal of Applied Ecology 18 : 83–106.
Lent P. C. 1974. Mother-infant relationships in ungulates. *In* (Geist V. and Walther F., eds.) IUCN Publication new series No. 24 : The Behaviour of Ungulates and its Relation to Management, pp. 14–55. IUCN, Morges.
Leslie D. M., Jr. and Starkey E. E. 1985. Fecal indices to dietary quality of cervids in old-growth forests. Journal of Wildlife Management 49 : 142–146.
Leslie D. M., Jr. and Starkey E. E. 1987. Fecal indices to dietary quality : a reply. Journal of Wildlife Management 51 : 321–325.
Leslie D. M., Jr., Bowyer R. T. and Jenks J. A. 2008. Facts from feces : nitrogen still measures up as a nutritional index for mammalian herbivores. Journal of Wildlife Management 72 : 1420–1433.
Leuthold W. 1977. African Ungulates. Springer-Verlag, Berlin, Heidelberg, New York.
Liberg O. and von Schantz, T. 1985. Sex-biased philopatry and dispersal in birds and mammals : the Oedipus hypothesis. The American Naturalist 126 : 129–135.
Liu W., Yao Y-f., Yu Q., Ni Q-y., Zhang M-w., Yang J-d., Mai M-m. and Xu H-l. 2013. Genetic variation and phylogenetic relationship between three serow species of the genus *Capricornis* based on the complete mitochondrial DNA control region sequences. Molecular Biology Reports 40 : 6793–6802.
Lledo-Ferrer Y., Pelacz F. and Heymann E. W. 2011. The equivocal relationship between territoriality and scent marking in wild saddleback tamarins (*Saguinus fuscicollis*). International Journal of Primatology 32 : 974–991.
Loew S. S. 1999. Sex-biased dispersal in eastern chipmunks, *Tamias striatus*. Evolutionary Ecology 13 : 557–577.
Lovari S. 1985. Behavioural repetoire of the Abruzzo chamois, *Rupicapra pyrenaica ornata*, Neumann 1899 (Artiodactyla : Bovidae). Säugetierkundliche Mitteilungen 32 : 113–136.
Lovari S. and Apollonio M. 1994. On the rutting behaviour of the Himalayan goral *Nemorhaedus goral* (Hardwicke, 1825). Journal of Ethology 12 : 25–34.
Lue K. Y. 1987. A preliminary study on the ecology of Formosan serow *Capricornis crispus swinhoei*. *In* (Soma H., ed.) The Biology and Management of *Capricornis* and Related Mountain Antelopes, pp. 125–133. Croom Helm, London.
Lukas D. and Clutton-Brock T. H. 2013. The evolution of social monogamy in mammals. Science 341 (6145) : 526–530.
前迫ゆり．2006．春日山原始林とニホンジカ．（湯本貴和・松田裕之，編：世界遺産をシカが喰う——シカと森の生態学）pp. 147–165．文一総合出版，東京．
前迫ゆり・高槻成紀（編）．2015．シカの脅威と森の未来——シカ柵による植生保全の有効性と限界．文一総合出版，東京．
米田一彦．1976．野生のカモシカ——その謎の生活を追う．無明舎出版局，秋田市．
Martin J. G. A. and Festa-Bianchet M. 2011. Age-independent and age-dependent decreases in reproduction of females. Ecology Letters 14 : 576–581.
Maruhashi T. 1980. Feeding behavior and diet of the Japanese monkey (*Macaca fuscata yakui*) on Yakushima Island, Japan. Primates 21 : 141–160.
丸山直樹．1975．カモシカの保護．自然保護（163）: 3–5.
丸山直樹・古林賢恒．1980．ニホンカモシカの分布域・生息密度・生息頭数の推定について．環境庁，東京．
丸山直樹・岩野泰三．1980．表日光におけるニホンジカのエアカウントの精度．哺乳動物学雑誌 8 : 139–143.
丸山直樹．1981．ニホンジカの季節的移動と集合様式に関する研究．東京農工大学農学部学術報告（23）: 1–85.

Maruyama N. and Nakama S. 1983. Block count method for estimating serow populations. Japanese Journal of Ecology 33 : 243–251.
Maruyama N. 1985. Kidney and marrow fats as indices of fat reserves of Japanese serow. Japanese Journal of Ecology 35 : 31–35.
丸山哲也．2003．ツリーシェルターの現地適用試験――生分解ネットと生分解チューブ．野生鳥獣研究紀要（29）: 77–81.
増井光子．1978．野生ニホンカモシカの求愛行動と交尾について．哺乳動物学雑誌 7 : 155–157.
Masui M. 1987. Social behaviour of Japanese serow, *Capricornis crispus crispus*. *In* (Soma H., ed.) The Biology and Management of *Capricornis* and Related Mountain Antelopes, pp. 134–144. Croom Helm, London.
増井光子．1991．飼育下の主な病気．（大町山岳博物館，編：カモシカ――氷河期を生きた動物）pp. 100–113．信濃毎日新聞社，長野市．
Masuko T. and Souma K. 2009. Nutritional physiology of wild and domesticated Japanese sika deer. *In* (McCullough D. R., Takatsuki S. and Kaji K., eds.) Sika Deer : Biology and Management of Native and Introduced Populations, pp. 61–82. Springer, Tokyo, Berlin, Heidelberg, New York.
Matsubayashi H., Lagan P., Majalap N., Tangah J., Sukor J. R. A. and Kitayama K. 2007. Importance of natural licks for the mammals in Bornean inland tropical rain forests. Ecological Research 22 : 742–748.
松林尚志．2008．熱帯雨林の塩場と哺乳類．（熱帯雨林の自然誌――東南アジアのフィールドから）pp. 100–127．東海大学出版会，秦野市．
松林尚志．2009．熱帯アジア動物記――フィールド野生動物学入門．東海大学出版会，秦野市．
松江正彦．1983．脇野沢村ガンケ山周辺におけるニホンカモシカの植生利用．東京農工大学卒業論文．
松江正彦．1986a．ガンケ山周辺におけるカモシカの日周行動．（下北野生動物研究グループカモシカ班，編：カモシカとの共存をめざして――脇野沢村ニホンカモシカ調査総合報告書）pp. 85–88．下北野生動物研究グループカモシカ班，青森県脇野沢村．
松江正彦．1986b．ガンケ山周辺におけるカモシカの植生利用．（下北野生動物研究グループカモシカ班，編：カモシカとの共存をめざして――脇野沢村ニホンカモシカ調査総合報告書）pp. 73–84．下北野生動物研究グループカモシカ班，青森県脇野沢村．
松江正彦・落合啓二．1986．脇野沢村における森林施業とカモシカの生活．（下北野生動物研究グループカモシカ班，編：カモシカとの共存をめざして――脇野沢村ニホンカモシカ調査総合報告書）pp. 210–215．下北野生動物研究グループカモシカ班，青森県脇野沢村．
松本充夫・中村修美・清水古寿・磯田亮洋・斉藤　貴・町田和彦．1984．秩父山地の河原沢地域におけるニホンカモシカの生活痕について．埼玉県立自然史博物館研究報告（2）: 1–12.
松谷真輔．1985．ササとカモシカ．（羽田健三，監修：ニホンカモシカの生活）pp. 118–121．築地書館，東京．
McLoughlin P. D., Boyce M. S., Coulson T. and Clutton-Brock T. 2006. Lifetime reproductive success and density-dependent, multi-variable resource selection. Proceedings of the Royal Society B 273 : 1449–1454.
McLoughlin P. D., Gaillard J.-M., Boyce M. S., Bonenfant C., Messier F., Duncan P., Delorme D., Moorter B., Said S. and Klein F. 2007. Lifetime reproductive and composition of the home range in a large herbivore. Ecology 88 : 3192–3201.
McNutt J. W. 1996. Sex-biased dispersal in African wild dogs, *Lycaon pictus*. Animal Behaviour 52 : 1067–1077.
Mead J. I. 1989. Nemorhaedus goral. Mammalian Species (335) : 1–5.
三重県教育委員会・奈良県教育委員会・和歌山県教育委員会．2010．紀伊山地カモシカ保護地域第 4 回特別調査報告書　平成 20・21 年度．三重県教育委員会，津市．
御厨正治・小原　巌．1970．奥日光産ニホンカモシカの胃内容物．哺乳動物学雑誌 5 : 80–81.
Min M.-S., Okumura H., Jo D.-J., An J.-H., Kim K.-S., Kim C.-B., Shin N.-S., Lee M.-H., Han C.-H., Voloshina I. V. and Lee H. 2004. Molecular phylogenetic status of the Korean goral and Japanese serow based on partial sequences of the mitochondrial cytochrome *b* gene. Molecules and Cells 17 : 365–372.
Minami M. and Kawamichi T. 1992. Vocal repertoires and classification of the sika deer *Cervus nippon*. Journal of Mammalogical Society of Japan 17 : 71–94.
南　正人．2008．個体史と繁殖成功――ニホンジカ．（高槻成紀・山極寿一，編：日本の哺乳類学②中大型哺乳類・霊長類）pp. 123–148．東京大学出版会，東京．
Minami M., Ohnishi N., Higuchi N., Okada A. and Takatsuki S. 2009. Life-time reproductive success of female sika deer on Kinkazan Island, northern Japan. *In* (McCullough D. R., Takatsuki S. and Kaji K., eds.) Sika Deer : Biology and Management of Native and Introduced Populations, pp. 319–326. Springer, Tokyo, Berlin, Heidelberg, New York.

三浦慎悟・安井國彦．1979．カモシカの年令査定（予報）．（日本自然保護協会，編：特別天然記念物カモシカに関する調査報告書II）pp. 105–113．日本自然保護協会，東京．
Miura S. 1985. Horn and cementum annulation as age criteria in Japanese serow. Journal of Wildlife Management 49 : 152–156.
Miura S. and Yasui K. 1985. Validity of tooth eruption-wear patterns as age criteria in the Japanese serow, *Capricornis crispus*. Journal of Mammalogical Society of Japan 10 : 169–178.
Miura S. 1986. Body and horn growth patterns in the Japanese serow, *Capricornis crispus*. Journal of Mammalogical Society of Japan 11 : 1–13.
Miura S. and Maruyama N. 1986. Winter weight loss in Japanese serow. Journal of Wildlife Management 50 : 336–338.
Miura S., Kita I. and Sugimura M. 1987. Horn growth and reproductive history in female Japanese serow. Journal of Mammalogy 68 : 826–836.
三浦慎悟．1991a．日本産偶蹄類の生活史戦略とその保護管理．（朝日 稔・川道武男，編：現代の哺乳類学）pp. 244–273．朝倉書店，東京．
三浦慎悟．1991b．年齢と繁殖．（大町山岳博物館，編：カモシカ――氷河期を生きた動物）pp. 72–81．信濃毎日新聞社，長野市．
三浦慎悟．1992．森林被害をめぐるニホンカモシカの20年（I）．森林防疫41（12）: 2–8.
三浦慎悟．1993a．森林被害をめぐるニホンカモシカの20年（II）．森林防疫42（1）: 3–9.
三浦慎悟．1993b．森林被害をめぐるニホンカモシカの20年（III）．森林防疫42（2）: 8–13.
三浦慎悟．1993c．森林被害をめぐるニホンカモシカの20年（IV）．森林防疫42（3）: 6–12.
三浦慎悟・常田邦彦．1993．ニホンカモシカの個体群管理技術の到達点と今後の課題．哺乳類科学32 : 149–157.
三浦慎悟．1997．保全生物学における野生動物医学と個体群生態学の連携――カモシカ研究を通して学んだこと．日本野生動物医学会誌2 : 19–24.
三浦慎悟．1998．哺乳類の生物学④社会．東京大学出版会，東京．
三浦慎悟．1999．野生動物の生態と農林業被害．全国林業改良普及協会，東京．
三浦慎悟．2005．シカの農林業被害対策としての個体群管理．（農林水産技術情報会議，編：共生をめざした鳥獣害対策）pp. 11–20．全国農業会議所，東京．
Miyaki M. and Kaji K. 2009. Shift to litterfall as year-round forage for sika deer after a population crash. *In* (McCullough D. R., Takatsuki S. and Kaji K., eds.) Sika Deer : Biology and Management of Native and Introduced Populations, pp. 171–180. Springer, Tokyo, Berlin, Heidelberg, New York.
宮木雅美．2011．高密度エゾシカ個体群が植生に与える影響と植生回復の目標――洞爺湖中島の植生モニタリングからわかったこと．森林科学（61）: 11–16.
宮尾嶽雄．1975．被害の実情とその背景――各地からの調査報告　長野．自然保護（163）: 10–12.
宮尾嶽雄．1976．胃内容物からみた北アルプス南部産ニホンカモシカの食性．哺乳動物学雑誌6 : 199–209.
宮尾嶽雄．1977．山の動物たちはいま．藤森書店，東京．
宮崎 学．1974a．ニホンカモシカ．あかね書房，東京．
宮崎 学．1974b．中央アルプスのニホンカモシカ――その冬の生活誌．アニマ（10）: 5–24.
宮崎 学．1976．伐採地で増えるカモシカ．科学朝日36（1）: 7–14.
宮澤俊一・青井俊樹・出口善隆．2005．都市近郊林に生息するニホンカモシカのため糞の分布とそれにおよぼす人為的影響．岩手大学演習林報告（36）: 11–19.
宮沢佳寛．1985．歩行スピード．（羽田健三，監修：ニホンカモシカの生活）pp. 28–31．築地書館，東京．
水野昭憲・上馬康生・茂木友男．1982．石川県におけるニホンカモシカの分布域および生息頭数の推定．石川県白山自然保護センター研究報告（8）: 59–72.
水野昭憲・八神徳彦．1987．白山地域のニホンカモシカの被害と食性．石川県白山自然保護センター研究報告（14）: 57–66.
水野昭憲．1989．石川県におけるニホンカモシカの分布域の拡大．石川県白山自然保護センター研究報告（16）: 29–34.
百瀬文雄．1940．天然記念物カモシカ．自然科学と博物館11（2）: 3–8.
Montgelard C., Catzeflis F. M. and Douzery E. 1997. Phylogenetic relationships of artiodactyls and cetaceans as deduced from the comparison of cytochrome *b* and 12S rRNA mitochondrial sequences. Molecular Biology and Evolution 14 : 550–559.
Monthey R. W. 1984. Effects of timber harvesting on ungulates in northern Maine. Journal of Wildlife Management 48 : 279–285.
Moore J. and Ali R. 1984. Are dispersal and inbreeding avoidance related? Animal Behaviour 32 : 94–112.
森 治．1975．被害の実情とその背景――各地からの調査報告　青森（脇野沢村）．自然保護

(163) : 8-10.
森 美文・林 進．1979．ニホンカモシカの林業問題——林木食害問題に関する林学的検討　その2．食害の「問題化」の経緯と現在までの対策について．岐阜大学農学部研究報告（42）: 109-115.
森 美文・林 進・植田正治．1981．ヒノキ幼齢造林地におけるニホンカモシカの食性．岐阜大学農学部研究報告（45）: 55-65.
森 美文．1985．カモシカ問題を考える．動物と自然 15（11）: 21-24.
森下正明・村上興正．1970．ニホンカモシカの生態学的研究．（日本自然保護協会中部支部白山学術調査団，編：白山の自然）pp. 276-321．石川県，金沢市．
森下正明．1976．動物の社会．共立出版，東京．
森下正明・村上興正・小野勇一．1979．糞調査によるニホンカモシカの密度推定．（森下正明生態学論集　第二巻）pp. 273-299．思索社，東京．
Mould E. D. and Robbins C. T. 1981. Nitrogen metabolism in elk. Journal of Wildlife Management 45 : 323-334.
村上興正．1985a．カモシカの保護と管理．動物と自然 15（11）: 8-14.
村上興正．1985b．シンポジウム"野生動物の生息状況と保護・管理"について．哺乳類科学（51）: 13-17.
村尾行一．1984．人間・森林系の経済学——人間にとって自然とは何か．都市文化社，松戸市．
撫養明美．1979．カモシカ社会．（社団法人日本林業技術協会，編：ニホンカモシカ生息環境調査研究報告書）pp. 13-80．長野営林局，長野市．
撫養明美．1984．匂いづけの意味は何か．アニマ（133）: 85-88.
撫養明美．1985a．社会行動．（羽田健三，監修：ニホンカモシカの生活）pp. 37-41．築地書館，東京．
撫養明美．1985b．行動圏と眼下腺こすりつけ．（羽田健三，監修：ニホンカモシカの生活）pp. 53-57．築地書館，東京．
長岐昭彦．2000．里山における森林管理とニホンカモシカの利用——林相別餌植物量と利用頻度の関係およびスギ摂食による被害の推定．森林野生動物研究会誌（25・26）: 71-84.
長野県．2011．平成22年度特別天然記念物カモシカ捕獲個体調査報告書．長野県，長野市．
長野県．2015．平成26年度特別天然記念物カモシカ捕獲個体調査報告書．長野県，長野市．
長野県教育委員会．2003．平成14年度特別天然記念物カモシカ捕獲効果測定調査報告書　特別天然記念物カモシカ捕獲個体調査報告書．長野県教育委員会，長野市．
Nagata J., Masuda R., Tamate H. B., Hamasaki S., Ochiai K., Asada M., Tatsuzawa S., Suda K., Tado H. and Yoshida M. C. 1999. Two genetically distinct lineages of the sika deer, *Cervus nippon*, in Japanese islands : comparison of mitochondrial d-loop region sequences. Molecular Phylogenetics and Evolution 13 : 511-519.
永田純子．2005. DNAに刻まれたニホンジカの歴史．（増田隆一・阿部 永，編：動物地理の自然史）pp. 32-44．北海道大学図書刊行会，札幌市．
中川尚史．1994．サルの食卓——採食生態学入門．平凡社，東京．
中川尚史．1999．食べる速さの生態学——サルたちの採食戦略．京都大学学術出版会，京都市．
中島 稔．1985．カモシカの食害問題——山村住民の立場から．動物と自然 15（11）: 15-20.
中島全二・桑野幸夫．1957．下北半島尻屋崎における第四紀哺乳類化石の産出状況について．資源科学研究所彙報（43・44）: 153-159.
仲真 悟・丸山直樹・花輪伸一・森 治．1980．青森県脇野沢村におけるニホンカモシカの直接観察にもとづく個体数推定．哺乳動物学雑誌 8 : 59-69.
仲真 悟．1986．カモシカ防護柵の設置とその状況．（下北野生動物研究グループカモシカ班，編：カモシカとの共存をめざして——脇野沢村ニホンカモシカ調査総合報告書）pp. 135-161．下北野生動物研究グループカモシカ班，青森県脇野沢村．
中西安男．1995．カモシカに会った日．高知新聞社，高知市．
中西安男．1998．四国産ニホンカモシカの生態と課題．くろしお——高知大学黒潮圏研究所所報（13）: 35-40.
鳴海健太郎．1977．下北の海運と文化．北方新社，弘前市．
Natori Y. and Porter W. P. 2007. Model of Japanese serow (*Capricornis crispus*) energetics predicts distribution on Honshu, Japan. Ecological Applications 17 : 1441-1459.
夏目（高野）明香・子安和弘・織田銑一．2013．本州におけるニホンカモシカ（*Capricornis crispus*）の頭蓋形態とサイズの地理的変異．哺乳類科学 53 : 43-56.
名和 明．1991．鈴鹿山地霊仙山におけるニホンカモシカの生態．（滋賀県自然誌編集委員会，編：滋賀県自然誌　総合学術調査研究報告）pp. 1459-1472．滋賀県自然保護財団，大津市．
名和 明．2009．森の賢者カモシカ——鈴鹿山地の定点観察記．サンライズ出版，彦根市．
Nelson M. E. and Mech L. D. 1987. Demes within a northeastern Minnesota deer population. *In* (Chepko-Sade B. D. and Halpin Z. T., eds.) Mammalian Dispersal Patterns, pp. 27-40. The University of Chicago Press, Chicago and London.

日本ナチュラリスト協会カモシカ調査グループ．1986．朝日連峰・朝日川流域におけるニホンカモシカの生態（第三報）．日本ナチュラリスト協会，東京．
日本生態学会（編）．2004．生態学入門．東京化学同人，東京．
日本自然保護協会かもしかの会（カモシカ食害防除学生隊）（編）．1983．カモシカ保護を考える――カモシカ食害防除学生隊の活動記録．日本自然保護協会，東京．
Nikaido M., Rooney A. P. and Okada N. 1999. Phylogenetic relationships among cetaritodactyls based on insertions of short and long interspersed elements : Hippopotamuses are the closest extant relatives of whales. Proceedings of the National Academy of Sciences of the United States of America 96 : 10261-10266.
西村貴志・松原和衛・出口善隆・高橋寿太郎・青井俊樹・辻本恒徳・岡田幸助．2007．ポリアクリルアミドゲル電気泳動法によるニホンカモシカ（*Capricornis crispus*）の血清タンパク質多型の分析――特にアルブミンおよびトランスフェリンについて．野生動物医学会誌 12 : 105-109.
Nishimura T., Yamauchi K., Saitoh Y., Deguchi Y., Aoi T., Tsujimoto T. and Matsubara K. 2010. Sex determination of the Japanese serow (*Capricornis crispus*) by fecal DNA anallysis. Japanese Journal of Zoo and Wildlife Medicine 15 : 73-78.
Nishimura T., Yamauchi K., Deguchi Y., Aoi T., Tsujimoto T. and Matsubara K. 2011. Development of microsatellite marker assay for individual identification in Japanese serows (*Capricornis crispus*). Japanese Journal of Zoo and Wildlife Medicine 16 : 75-78.
Nomiya H., Suzuki W., Kanazashi T., Shibata M., Tanaka H. and Nakashizuka T. 2003. The response of floor vegetation and tree regeneration to deer exclosion and disturbance in a riparian deciduous forest, central Japan. Plant Ecology 164 : 263-276.
能勢 峰・青井俊樹．2003．岩手大学滝沢演習林におけるニホンカモシカの環境利用について．岩手大学農学部演習林報告（34）: 1-10.
Nowak R. M. and Paradiso J. L. 1983. Walker's Mammals of the World, 4th ed. The Johns Hopkins University Press, Baltimore and London.
Nowak R. M. 1999. Walker's Mammals of the World, 6th ed. The Johns Hopkins University Press, Baltimore and London.
Nowicki P. and Koganezawa M. 2001. Densities and habitat selection of the sika deer and the Japanese serow in Nikko National Park, central Japan, as revealed by aerial censuses and GIS analysis. Biosphere Conservation 3 : 71-87.
Nowicki P. and Koganezawa M. 2002. Space as the potential limiting resource in the competition between the Japanese serow and the sika deer in Ashio, central Japan. Biosphere Conservation 4 : 69-77.
野澤 謙・庄武孝義．1985．中部山岳地帯南部のニホンカモシカの遺伝的変異，特に木曽川両岸集団間の遺伝的分化について．（杉村 誠，研究代表者：ニホンカモシカの繁殖，形態，病態および個体群特性に関する基礎的研究　昭和 59 年度科学研究費補助金総合研究 A 研究成果報告書）pp. 295-303．岐阜大学農学部，岐阜市．
野澤 謙・庄武孝義．1988．ニホンカモシカの遺伝的変異．（小野勇一，研究代表者：カモシカの生態と保護に関する基礎的研究　昭和 62 年度科学研究費補助金特定研究（1）研究成果報告書）pp. 45-50.
Oba T., Kato M., Kitazato H., Koizumi I., Omura A., Sakai T. and Takayama T. 1991. Paleoenvironmental changes in the Japan Sea during the last 85,000 years. Paleoceanography 6 : 499-518.
小原秀雄．1969．カモシカ．自然 24（10）: 64-72.
小原秀雄．1972．日本野生動物記．中央公論社，東京．
落合啓二．1979．下北半島北海岬に生息するニホンカモシカの個体間関係．千葉大学卒業論文．
落合啓二．1981．九艘泊のニホンカモシカの家族関係となわばり制．東京農工大学修士論文．
落合啓二．1983a．脇野沢村九艘泊におけるニホンカモシカのつがい関係と母子関係．哺乳動物学雑誌 9 : 192-203.
落合啓二．1983b．脇野沢村九艘泊におけるニホンカモシカのなわばり性．哺乳動物学雑誌 9 : 253-259.
落合啓二．1992．カモシカの生活誌．どうぶつ社，東京．
Ochiai K. 1993. Dynamics of population density and social interrelation in the Japanese serow *Capricornis crispus*. Ph.D. thesis, Kyushu University, Fukuoka.
Ochiai K., Nakama S., Hanawa S. and Amagasa T. 1993a. Population dynamics of Japanese serow in relation to social organization and habitat conditions. I. Stability of Japanese serow density in stable habitat conditions. Ecological Research 8 : 11-18.
Ochiai K., Nakama S., Hanawa S. and Amagasa T. 1993b. Population dynamics of Japanese serow in relation to social organization and habitat conditions. II. Effects of clear-cutting and planted tree growth on Japanese serow populations. Ecological Research 8 : 19-25.

落合啓二．1996．森林施業がカモシカに与える影響——ハビタットの保全によせて．哺乳類科学 36 : 79-87.
落合啓二．1997．カモシカ生息頭数既知の場所における区画法の精度検討．哺乳類科学 36 : 175-185.
Ochiai K. 1999. Diet of the Japanese serow (*Capricornis crispus*) on the Shimokita Peninsula, northern Japan, in reference to variations with a 16-year interval. Mammal Study 24 : 91-102.
Ochiai K. and Susaki K. 2002. Effects of territoriality on population density in the Japanese serow (*Capricornis crispus*). Journal of Mammalogy 83 : 964-972.
Ochiai K. and Susaki K. 2007. Causes of natal dispersal in a monogamous ungulate, the Japanese serow, *Capricornis crispus*. Animal Behaviour 73 : 125-131.
落合啓二．2008．社会構造と密度変動——ニホンカモシカ．（高槻成紀・山極寿一，編：日本の哺乳類学②中大型哺乳類・霊長類）pp. 172-199．東京大学出版会，東京．
Ochiai K. 2009. Method for estimation of winter browse availability for the Japanese serow from stem diameter-forage weight relationships. Natural History Research 10 : 49-55.
Ochiai K., Susaki K., Mochizuki T., Okasaka Y. and Yamada Y. 2010. Relationships among habitat quality, home range size, reproductive performance and population density : comparison of three populations of the Japanese serow (*Capricornis crispus*). Mammal Study 35 : 265-276.
Ochiai K. 2015. *Capricornis crispus* (Temminck, 1836). *In* (Ohdachi S. D., Ishibashi Y., Iwasa M. A., Fukui D. and Saitoh T., eds.) The Wild Mammals of Japan, Second Edition, pp. 314-317. Shoukadoh Book Sellers and the Mammal Society of Japan, Kyoto and Tokyo.
Ogata M., Itagaki H. and Wakuri H. 1977. A case of *Chorioptes* mite infestation of a Japanese serow *Capricornis crispus* (Temminck) in Morioka, Iwate Prefectures, Japan. Bulletin of the Azabu Veterinary College 2 : 223-225.
Oh J. H., Jones M. B., Longhurst W. M. and Connolly G. E. 1970. Deer browsing and rumen microbial fermentation of Douglas-fir as affected by fertilization and growth stage. Forest Science 16 : 21-27.
Ohdachi S. D., Ishibashi Y., Iwasa M. A., Fukui D. and Saitoh T. (eds.). 2015. The Wild Mammals of Japan, Second Edition. Shoukadoh Book Sellers and the Mammal Society of Japan, Kyoto and Tokyo.
Ohnishi N., Uno R., Ishibashi Y., Tamate H. B. and Oi T. 2009. The influence of climatic oscillations during the Quaternary Era on the genetic structure of Asian black bears in Japan. Heredity 102 : 579-589.
岡田弥一郎・角田 保．1963．鈴鹿山脈哺乳類．（三重県自然科学研究会，編：鈴鹿山脈自然科学調査報告書）pp. 49-64．三重県自然科学研究会，津市．
Okada Y. and Kakuda T. 1964. Studies on the Japanese serow, *Capricornis crispus* (TEMMINCK). Bulletin Biogeographical Society of Japan 23 (4) : 17-22.
奥村栄朗．1989．ラジオ・テレメトリーによるニホンカモシカの行動と行動圏の季節的変化の研究．日本林学会大会発表論文集（100）: 609-611.
奥村栄朗・伊藤健雄・三浦慎悟．1996．山形県滝山地区におけるカモシカの行動圏と移動分散——ラジオ・テレメトリー法による行動解析．（特別天然記念物カモシカ保護地域管理技術策定調査会，編：西蔵王のカモシカ——特別天然記念物カモシカ保護地域管理技術策定調査報告書）pp. 19-55．山形県教育委員会，山形市．
奥村栄朗．2003．北限と南限のニホンカモシカ——生息環境と個体群の状況．森林科学（38）: 59-63.
Okumura H. 2004. Complete sequence of mitochondrial DNA control region of the Japanese serow *Capricornis crispus* (Bovidae : Caprinae). Mammal Study 29 : 137-145.
小野勇一・東 和敬．1973．傾・祖母山系におけるニホンカモシカの生息状況に関する調査報告 大分県文化財調査報告第 29 輯．大分県教育委員会，大分市．
小野勇一・東 和敬・土肥昭夫・山口 迪．1976．祖母山系（障子岩，大障子岳一帯）のニホンカモシカの生息状況に関する調査報告．（祖母山系［障子岩・大障子岳一帯］のカモシカの生息状況に関する調査報告　大分県文化財調査報告第 36 輯）pp. 1-12．大分県教育委員会，大分市．
小野勇一・東 和敬・土肥昭夫．1978．祖母・傾山系におけるカモシカの二次林の利用について．（日本自然保護協会，編：特別天然記念物カモシカに関する調査研究報告書）pp. 189-199．日本自然保護協会，東京．
小野勇一・土肥昭夫．1983．祖母山系のニホンカモシカ生態調査中間報告Ⅳ（昭和 57 年度報告）．（大分県教育庁管理部文化課，編：祖母山系のニホンカモシカ生態調査中間報告Ⅳ　大分県文化財調査報告第 64 輯）pp. 1-20．大分県教育委員会，大分市．
Ono Y., Doi T., Ikeda H., Baba M., Takeishi M., Izawa M. and Iwamoto T. 1988. Territoriality of Guenther's dikdik in the Omo National Park, Ethiopia. African Journal of Ecology 26 : 33-49.

小野勇一．2000．ニホンカモシカのたどった道．中央公論新社，東京．
大橋春香・星野義延・大野啓一．2007．東京都奥多摩地域におけるニホンジカ（*Cervus nippon*）の生息密度増加に伴う植物群落の種組成変化．植生学会誌 24 : 123-151.
大井 徹・鈴木一生・堀野眞一・三浦慎吾．1993．ニホンジカの空中カウントと地上追い出しカウントの比較．哺乳類科学 33 : 1-8.
大井 徹．2004．獣たちの森．東海大学出版会，秦野市．
大井 徹．2009．ツキノワグマ――クマと森の生物学．東海大学出版会，秦野市．
大井 徹．2012．農林業被害と野生動物管理．（羽山伸一・三浦慎悟・梶 光一・鈴木正嗣，編：野生動物管理――理論と技術）pp. 79-93．文永堂出版，東京．
大分県教育庁文化課．1996．特別天然記念物カモシカ食害対策事業保護管理技術策定調査報告書 大分県文化財調査報告第 95 輯．大分県教育委員会，大分市．
大分県教育委員会・熊本県教育委員会・宮崎県教育委員会．2013．平成 23・24 年度九州山地カモシカ特別調査報告書．大分県教育委員会・熊本県教育委員会・宮崎県教育委員会，大分市・熊本市・宮崎市．
大嶋和雄．1990．第四紀後期の海峡形成史．第四紀研究 29 : 193-208.
大泰司紀之．1984．カモシカの管理法――その個体群動態とマネジメント．科学 54 : 50-53.
大泰司紀之．1985．カモシカ管理の理解のために．科学 55 : 319.
大槻晃太・伊藤健雄．1996．ニホンカモシカ（*Capricornis crispus*）の行動圏における環境利用の季節的変化．日本林学会論文集（107）: 291-294.
Opie C., Atkinson Q. D., Dunbar R. I. M. and Shultzd S. 2013. Male infanticide leads to social monogamy in primates. Proceedings of the National Academy of Sciences of the United States of America 110 : 13328-13332.
Osborn R. G. and Ginnett T. F. 2001. Fecal nitrogen and 2, 6-diaminopimelic acid as indices to dietary nitrogen in white-tailed deer. Wildlife Society Bulletin 29 : 1131-1139.
Ostfeld R. S. 1986. Territoriality and mating system of California voles. Journal of Animal Ecology 55 : 691-706.
乙益正隆．1985．熊本県におけるカモシカ生息地の植生調査報告．（熊本県教育委員会，編：熊本県文化財調査報告第 71 集　特別天然記念物カモシカ生息分布調査報告書）pp. 41-86．熊本県教育委員会，熊本市．
Owen-Smith N., Mason D. R. and Ogutu J. O. 2005. Correlates of survival rates for 10 African ungulate populations : density, rainfall and predation. Journal of Animal Ecology 74 : 774-788.
Packer C. 1979. Inter-group transfer and inbreeding avoidance in *Papio anubis*. Animal Behaviour 27 : 1-36.
Packer C. 1985. Dispersal and inbreeding avoidance. Animal Behaviour 33 : 676-678.
Palo R. T. 1984. Distribution of birch (*Betula* spp.), willow (*Salix* spp.), and poplar (*Populus* spp.) secondary metabolites and their potential role as a chemical defense against herbivores. Journal of Chemical Ecology 10 : 499-520.
Perrin N. and Mazalov V. 2000. Local competition, inbreeding, and the evolution of sex-biased dispersal. The American Naturalist 155 : 116-127.
Pettorelli N., Gaillard J.-M., Yoccoz N. G., Duncan P., Maillard D., Delorme D., Van Laere G. and Toigo C. 2005. The response of fawn survival to changes in habitat quality varies according to cohort quality and spatial scale. Journal of Animal Ecology 74 : 972-981.
Pusey A. E. 1987. Sex-biased dispersal and inbreeding avoidance in birds and mammals. Trends in Ecology & Evolution 2 : 295-299.
Pusey A. and Wolf M. 1996. Inbreeding avoidance in animals. Trends in Ecology & Evolution 11 : 201-206.
Quay W. B. and Müller-Schwarze D. 1970. Functional histology of integumentary glandular regions in black-tailed deer (*Odocoileus hemionus columbianus*). Journal of Mammalogy 51 : 675-694.
Ralls K. 1971. Mammalian scent marking. Science 171 : 443-449.
Reichard U. H. 2003. Monogamy : past and present. *In* (Reichard U. H. and Boesch C., eds.) Monogamy : Mating Strategies and Partnerships in Birds, Humans and Other Mammals, pp. 3-25. Cambridge University Press, Cambridge.
Renecker, L. A. and Hudson R. J. 1985. Estimation of dry matter intake of free-ranging moose. Journal of Wildlife Management 49 : 785-792.
Renecker L. A. and Schwartz C. C. 1997. Food habits and feeding behavior. *In* (Franzmann A. W. and Schwartz C. C., eds.) Ecology and Management of the North American Moose, pp. 403-439. Smithsonian Institution Press, Washington and London.
Rioux-Paquette E., Festa-Bianchet M. and Coltman D. W. 2010. No inbreeding avoidance in an isolated population of bighorn sheep. Animal Behaviour 80 : 865-871.
Robbins C. T., Hanley T. A., Hagerman A. E., Hjeljord O., Baker D. L., Schwartz C. C. and Mautz W.

W. 1987. Role of tannins in defending plants against ruminants : reduction in protein availability. Ecology 68 : 98-107.
Robbins C. T. 1993. Wildlife Feeding and Nutrition, 2nd ed. Academic Press, San Diego.
Roberts S. C. and Lowen C. 1997. Optimal patterns of scent marks in klipspringer (*Oreotragus oreotragus*) territories. Journal of Zoology 243 : 565-578.
Roberts S. C. 2012. On the relationship between scent-marking and territoriality in callitrichid primates. International Journal of Primatology 33 : 749-761.
Rood J. P. 1987. Dispersal and intergroup transfer in the dwarf mongoose. *In* (Chepko-Sade B. D. and Halpin Z. T., eds.) Mammalian Dispersal Patterns, pp. 85-103. The University of Chicago Press, Chicago and London.
Ropiquet A. and Hassanin A. 2005a. Molecular phylogeny of caprines (Bovidae, Antilopinae) : the question of their origin and diversification during the Miocene. Journal of Zoological Systematics and Evolutionary Research 43 : 49-60.
Ropiquet A. and Hassanin A. 2005b. Molecular evidence for the polyphyly of the genus *Hemitragus* (Mammalia, Bovidae). Molecular Phylogenetics and Evolution 36 : 154-168.
Ropiquet A., Li B. and Hassanin A. 2009. SuperTRI : a new approach based on branch support analyses of multiple independent data sets for assessing reliability of phylogenetic inferences. Comptes Rendus Biologies 332 : 832-847.
Sæther B. E. 1997. Environmental stochasticity and population dynamics of large herbivores : a search for mechanisms. Trends in Ecology & Evolution 12 : 143-149.
坂田宏志・濱崎伸一郎・岸本真弓・三橋弘宗・三橋亜紀・横山真弓・三谷雅純．2001．兵庫県におけるニホンジカの生息密度指標と捕獲圧，農業被害の関連．人と自然 12 : 63-72.
桜井道夫．1974．ニホンカモシカ（*Capricornis crispus*）の積雪期における生息状況．石川県白山自然保護センター研究報告（1）: 109-121.
桜井道夫．1976．積雪期におけるニホンカモシカ *Capricornis crispus*（TEMMINCK）の活動と行動．生理生態 17 : 33-41.
桜井道夫．1977．豪雪地　白山に冬の行動を追って．アニマ（50）: 25-31.
Sakurai M. 1981. Socio-ecological study of the Japanese serow *Capricornis crispus* (TEMMINCK) (Mammalia ; Bovidae) with special reference to the flexibility of its social structure. Physiology and Ecology Japan 18 : 163-212.
更科孝夫・佐藤和男・籠田勝基．1982．北海道における放牧牛寄生アブ，ハエ類の生態．Ⅳ．放牧牛に及ぼすアブ，ハエ類の直接的被害．北海道立滝川畜産試験場研究報告（19）: 49-56.
佐竹　昭．2009．石見銀山領における猪被害とたたら製鉄．広島大学総合博物館研究報告（1）: 77-84.
佐藤平典．1972．カモシカによる造林木の被害．岩手県林業試験場成果報告（4）: 39-47.
佐藤平典・伊藤　巌．1976．カモシカによる造林木の被害実態とその防止方法（中間報告）．岩手県林業試験場成果報告（8）: 35-42.
沢田雅治・千葉敏郎・喜多　功．1987．雄ニホンカモシカの包皮腺の形態学的観察——血中テストステロン値の変動との関連について．岐阜大学農学部研究報告（52）: 243-255.
van Schaik C. P. and Dunbar R. I. M. 1990. The evolution of monogamy in large primates : a new hypothesis and some crucial tests. Behaviour 115 : 30-62.
van Schaik C. P. and Kappeler P. M. 2003. The evolution of social monogamy in primates. *In* (Reichard U. H. and Boesch C., eds.) Monogamy : Mating Strategies and Partnerships in Birds, Humans and Other Mammals, pp. 59-80. Cambridge University Press, Cambridge.
Schaller G. B. 1977. Mountain Monarchs : Wild Sheep and Goats of the Himalaya. The University of Chicago Press, Chicago and London.
Schwartz C. C. and Renecker L. A. 1998. Nutrition and energetics. *In* (Franzmann A. W. and Schwartz C. C., eds.) Ecology and Management of the North American Moose, pp. 441-478. Smithsonian Institution Press, Washington and London.
Seip D. R. and Bunnell F. L. 1985. Nutrition of Stone's sheep on burned and unburned ranges. Journal of Wildlife Management 49 : 397-405.
Shafer A. B. A. and Hall J. C. 2010. Placing the mountain goat : a total evidence approach to testing alternative hypotheses. Molecular Phylogenetics and Evolution 55 : 18-25.
柴田明子・神田栄次・今井壮一．2003．疥癬——とくに野生動物における疥癬の現状．獣医寄生虫学会誌 2 : 1-12.
Shibata A., Yachimori S., Morita T., Kanda E., Ike K. and Imai S. 2003. Chorioptic mange in a wild Japanese serow. Journal of Wildlife Diseases 39 : 437-440.
Shikama T. 1949. The Kuzuü Ossuaries : geological and palaeontological studies of the limestone fissure deposits, in Kuzuü, Totigi Prefecture. Science Reports of the Tohoku University, 2nd Series (Geology), Special Volume 23 : 1-201, pls. 1-32.

鹿間時夫．1962．化石哺乳類等よりみた日本列島と大陸との陸地接続．第四紀研究 2 : 146-153.
Shikama T. and Hasegawa Y. 1962. Discovery of the fossil giant salamander (*Megalobatrachus*) in Japan. Transactions and Proceedings, Palaeontological Society of Japan, New Series (45) : 197-200.
島田卓哉．2008．野ネズミと堅果との関係――アカネズミのタンニン防御メカニズム．（本川雅治，編：日本の哺乳類学①小型哺乳類）pp. 273-297．東京大学出版会，東京．
Shimamura M., Yasue H., Ohshima K., Abe H., Kato H., Kishiro T., Goto M., Munechika I. and Okada M. 1997. Molecular evidence from retroposons that whales form a clade within even-toed ungulates. Nature 388 : 666-670.
下北半島ニホンカモシカ調査会．1980．下北半島のニホンカモシカ．下北半島ニホンカモシカ調査会，仙台．
Shinozaki K., Yoda K., Hozumi L. and Kira T. 1964. A quantitative analysis of plant form : the pipe model theory. I. Basic analysis. Japanese Journal of Ecology 14 : 97-105.
Silk J. B. 1983. Local resource competition and facultative adjustment of sex ratios in relation to competitive ability. The American Naturalist 121 : 56-66.
Simpson G. G. 1945. The principles of classification and a classification of mammals. The Bulletin of the American Museum of Natural History 85 : 1-350.
Sinclair A. R. E., Mduma S. and Brashares J. S. 2003. Patterns of predation in a diverse predator-prey system. Nature 425 : 288-290.
Smith C. 1968. The adaptive nature of social organization in the genus of three squirrels *Tamiasciurus*. Ecological Monographs 38 : 31-63.
相馬廣明．1982．カモシカのきた道，染色体からさぐる．アニマ（117）: 92-96.
Soma H., Kada H. and Matayoshi K. 1987. Evolutionary pathways of karyotypes of the tribe Rupicaprini. *In* (Soma H., ed.) The Biology and Management of *Capricornis* and Related Mountain Antelopes, pp. 62-71. Croom Helm, London.
Sone K., Okumura H., Abe M. and Kitahara E. 1999. Biomass of food plants and density of Japanese serow, *Capricornis crispus*. Memoirs of the Faculty of Agriculture, Kagoshima University 35 : 7-16.
総理府統計局．1983．昭和 55 年国勢調査報告　第 3 巻　その 2　02　青森県．総理府統計局，東京．
総理府統計局．2002．平成 12 年国勢調査報告　第 3 巻　その 2　都道府県・市区町村編　02　青森県．総理府統計局，東京．
Stewart D. R. M. 1967. Analysis of plant epidermis in faeces : a technique for studying the food preferences of grazing herbivores. Journal of Applied Ecology 4 : 83-111.
杉森文夫・丸山直樹．1971．丹沢山塊におけるカモシカの観察．哺乳動物学雑誌 5 : 144-148.
Sugimura M., Suzuki Y., Kamiya S. and Fujita T. 1981. Reproduction and prenatal growth in the wild Japanese serow, *Capricornis crispus*. Japanese Journal of Veterinary Science 43 : 553-555.
Sugimura M., Suzuki Y., Kita I., Kodera S. and Yoshizawa M. 1983. Prenatal development of Japanese serow, *Capricornis crispus*, and reproduction in females. Journal of Mammalogy 64 : 302-304.
Sugimura M., Kita I., Suzuki Y., Atoji Y. and Tiba T. 1984. Histological studies on two types of retrograde corpora lutea in the ovary of Japanese serow, *Capricornis crispus*. Zoologischer Anzeiger 213 : 1-11.
Sugimura M., Suzuki Y., Atoji Y., Hanawa T. and Hanai K. 1987. Morphological characteristics of Japanese serow, with special reference to the interdigital glands. *In* (Soma H., ed.) The Biology and Management of *Capricornis* and Related Mountain Antelopes, pp. 227-242. Croom Helm, London.
杉村　誠．1991．解剖学的にみたカモシカの特徴．（大町山岳博物館，編：カモシカ――氷河期を生きた動物）pp. 67-72．信濃毎日新聞社，長野市．
杉村　誠・鈴木義孝．1992．ニホンカモシカの解剖図説．北海道大学図書刊行会，札幌市．
Sutherland W. J. 1996. From Individual Behaviour to Population Ecology. Oxford University Press, Oxford, New York, Tokyo.
Suzuki A. 1965. An ecological study of wild Japanese monkeys in snowy areas : focused on their food habits. Primates 6 : 31-72.
鈴木　惇．1998．反芻動物の消化管の形態．（佐々木康之，監修；小原嘉昭，編：反芻動物の栄養生理学）pp. 33-49．農山漁村文化協会，東京．
鈴木一生．1983．カモシカの食餌植物現存量の季節変化．日本林学会大会発表論文集（94）: 531-532.
Suzuki K. and Takatsuki S. 1986. Winter foods habits and sexual monomorphism in Japanese serow. Proceedings of the Biennial Symposium of the Northern Wild Sheep & Goat Council 5 : 396-

402.
Suzuki K. 1987. Food passage rate in Japanese serow : a preliminary experiment. Ecological Review 21 : 107–110.
Suzuki M., Miyashita T., Kabaya H., Ochiai K., Asada M. and Tange T. 2008. Deer density affects ground-layer vegetation differently in conifer plantations and hardwood forests on the Boso Peninsula, Japan. Ecological Research 23 : 151–158.
鈴木茂忠・宮尾嶽雄・西沢寿晃・高田靖司．1978．木曽駒ヶ岳の哺乳動物に関する研究　第Ⅶ報　木曽駒ヶ岳東斜面低山帯上部におけるニホンカモシカの食性――採食痕の調査を中心に．信州大学農学部紀要 15 : 47–79.
Suzuki Y., Sugimura M., Atoji Y., Minamoto N. and Kinjo T. 1986. Widespread of parapox infection in wild Japanese serow, *Capricornis crispus*. Japanese Journal of Veterinary Science 48 : 1279–1282.
Suzuki Y., Sugimura M. and Atoji Y. 1987. Pathological studies on Japanese serow (*Capricornis crispus*). *In* (Soma H., ed.) The Biology and Management of *Capricornis* and Related Mountain Antelopes, pp. 283–298. Croom Helm, London.
鈴木義孝．1991．野生のカモシカの病気．（大町山岳博物館，編：カモシカ――氷河期を生きた動物）pp. 113–118．信濃毎日新聞社，長野市．
鈴木義孝．2000．ニホンカモシカのパラポックスウイルス感染症．獣医畜産新報 53 : 839–843.
Swilling W. R., Jr and Wooten M. C. 2002. Subadult dispersal in a monogamous species : the Alabama beach mouse (*Peromyscus polionotus ammobates*). Journal of Mammalogy 83 : 252–259.
Taber R. D. and Dasmann R. F. 1957. The dynamics of three natural populations of deer *Odocoileus hemionus coloumbianus*. Ecology 38 : 233–246.
田口洋美．1994．マタギ――森と狩人の記録．慶友社，東京．
高田まゆら・鈴木 牧・落合啓二・浅田正彦・宮下 直．2010．景観構造を考慮したニホンジカによる水稲被害発生機構の解明とリスクマップの作成．保全生態学研究 15 : 203–210.
高橋文敏・菅野知之．1983．林木被害の定量化手法――被害木の成長解析．日本林学会関東支部大会発表論文集（35）: 47–48.
Takahashi M., Nogami S., Misumi H., Matsumoto M., Takahama M. and Uchikawa K. 2001. Mixed infestation of sarcoptic and chorioptic mange mites in Japanese serow, *Capricornis crispus* Temminck, 1845 in Japan, with a description of *Chorioptes japonensis* sp. nov. (Acari : Psoroptidia). Medical Entomology and Zoology 52 : 297–306.
高橋敏能・安藤 学・萱場猛夫．1996．山形市周辺に生息する日本カモシカ（*Capricornis crispus*）の第一胃内液における *in vitro* による消化特性．山形大学紀要（農学）12 : 291–300.
高橋敏能．2001．野生動物の栄養学 2．カモシカ．（唐澤 豊，編：動物の栄養）pp. 277–280．文永堂出版，東京．
Takatsuki S. 1980. Food habits of Sika deer on Kinkazan Island. Science Report of Tohoku University, Series IV (Biology) 38 (1) : 7–31.
高槻成紀・鹿股幸喜・鈴木和男．1981．ニホンジカとニホンカモシカの排糞量・回数．日本生態学会誌 31 : 435–439.
高槻成紀．1983．草食獣のフン分析（1）他の食性分析法との比較．哺乳類科学（45）: 1–6.
Takatsuki S. and Suzuki K. 1984. Status and food habits of Japanese serow. Proceedings of the Biennial Symposium of the Northern Wild Sheep & Goat Council 4 : 231–240.
高槻成紀・鈴木和男．1985．中部日本のカモシカの冬期胃内容物分析．（杉村 誠，研究代表者：ニホンカモシカの繁殖，形態，病態および個体群特性に関する基礎的研究　昭和 59 年度科学研究費補助金総合研究 A 研究成果報告書）pp. 269–277．岐阜大学農学部，岐阜市．
Takatsuki S., Osugi N. and Ito T. 1988. A note on the food habits of the Japanese serow at the western foothill of Mt. Zao, northern Japan. Journal of Mammalogical Society of Japan 13 : 139–142.
Takatsuki S. 1990a. Summer dietary compositions of sika deer on Yakushima Island, southern Japan. Ecological Research 5 : 253–260.
Takatsuki S. 1990b. Changes in forage biomass following logging in a Sika deer habitat near Mt. Goyo. Ecological Review 21 : 251–258.
高槻成紀．1991a．草食獣の採食生態――シカを中心に．（朝日 稔・川道武男，編：現代の哺乳類学）pp. 119–144．朝倉書店，東京．
高槻成紀．1991b．胃内容物から見た食性．（大町山岳博物館，編：カモシカ――氷河期を生きた動物）pp. 37–48．信濃毎日新聞社，長野市．
高槻成紀．1992a．北に生きるシカたち．どうぶつ社，東京．
高槻成紀．1992b．冬を迎えるカモシカ――東北地方のカモシカ駆除について．生物科学 44 : 18–24.

Takatsuki S. and Gorai T. 1994. Effects of Sika deer on the regeneration of a *Fagus crenata* forest on Kinkazan Island, northern Japan. Ecological Research 9 : 115–120.
Takatsuki S., Kobayashi-Hori Y. and Ito T. 1995. Food habits of Japanese serow (*Capricornis crispus*) in the western foothills of Mt. Zao, with reference to snow cover. Journal of Mammalogical Society of Japan 20 : 151–155.
高槻成紀・竹村健一・安部泉穂・堀江智子．1996a．山形のカモシカ生息地の冬季食物供給量——環境収容力の試算．（特別天然記念物カモシカ保護地域管理技術策定調査会，編：西蔵王のカモシカ——特別天然記念物カモシカ保護地域管理技術策定調査報告書）pp. 69–80．山形県教育委員会，山形市．
高槻成紀・竹村健一・堀江智子・安部泉穂．1996b．山形のカモシカ生息地の植生と食物供給量．（特別天然記念物カモシカ保護地域管理技術策定調査会，編：西蔵王のカモシカ——特別天然記念物カモシカ保護地域管理技術策定調査報告書）pp. 57–68．山形県教育委員会，山形市．
高槻成紀．2006．シカの生態誌．東京大学出版会，東京．
Takatsuki S. and Ueda H. 2007. Meso-scale variation in winter food composition of sika deer in Tochigi Prefecture, central Japan. Mammal Study 32 : 115–120.
Takatsuki S., Fuse S. and Ito T. 2010. A comparison of diet and digestion between sika deer and Japanese serow in northern Japan. Mammal Study 35 : 257–263.
高柳 敦・半田良一．1986．拡大造林地域におけるカモシカ食害対策とその評価．京都大学農学部演習林報告（58）: 125–137.
高柳 敦．1987．野生動物保護区の設定に伴う問題点——カモシカ保護地域設定の現状．日本林学会大会発表論文集（98）: 85–86.
高柳 敦．1988．近畿におけるカモシカ・シカの食害問題の現状と今後の課題（二）．山林（1250）: 17–25.
高柳 敦・吉村健次郎．1988．カモシカ・シカの保護管理論に関する一試論——防護柵の効果と機能．京都大学農学部演習林報告（60）: 1–17.
高柳 敦．1993．野生動物の保護管理に関する研究——林業との調整を中心にして．京都大学博士論文．
Takii A., Izumiyama S., Mochizuki T., Okumura T. and Sato S. 2012. Seasonal migration of sika deer in the Oku-Chichibu Mountains, central Japan. Mammal Study 37 : 127–137.
Tamate H. B., Tatsuzawa S., Suda K., Izawa M., Doi T., Sunagawa K., Miyahira F. and Tado H. 1998. Mitochondrial DNA variation in local population of the Japanese Sika deer, *Cervus nippon*. Journal of Mammalogy 79 : 1396–1403.
Tamate H. B. 2009. Comparative phylogeography of sika deer, Japanese macaques, and black bears reveals unique population history of large mammals in Japan. *In* (Ohdachi S. D., Ishibashi Y., Iwasa M. A. and Saitoh T., eds.) The Wild Mammals of Japan, pp. 136–139. Shoukadoh Book Sellers and the Mammal Society of Japan, Kyoto and Tokyo.
玉手英利．2013．遺伝的多様性から見えてくる日本の哺乳類相——過去・現在・未来．地球科学 18 : 159–167.
田村 淳．2011．植生保護柵の効果と影響の整理——丹沢の事例．森林科学（61）: 17–20.
田中 章．2012. HEP 入門（新装版）——〈ハビタット評価手続き〉マニュアル．朝倉書店，東京．
田野尚之・望月敬史・古林賢恒・北原正宣．1994．亜高山帯におけるニホンカモシカ（*Capricornis crispus*）の生態研究（I）——行動圏について．日本林学会論文集（105）: 543–546.
樽野博幸・亀井節夫．1993．近畿地方の鮮新世・更新統の脊椎動物化石．（市原 実，編：大阪層群）pp. 216–231．創元社，大阪市．
Taylor R. H. and Williams R. M. 1956. The use of pellet counts for estimating the density of populations of the rabbit (*Oryctolagus cuniculus* L.). New Zealand Journal of Science and Technology Section B 38 : 236–256.
Telfer E. S. 1972. Forage yield and browse utilization on logged areas in New Brunswick. Canadian Journal of Forest Research 2 : 346–350.
寺西敏夫．1984．'カモシカの管理法' を読んで．科学 54 : 573.
寺澤和彦・明石信廣．2006．天然林への影響．（梶 光一・宮木雅美・宇野裕之，編：エゾシカの保全と管理）pp. 131–145．北海道大学出版会，札幌市．
Thill R. E., Morris H. F., Jr. and Harrel A. T. 1990. Nutritional quality of deer diets from southern pine-hardwood forests. American Midland Naturalist 124 : 413–417.
Tiba T., Sato M., Hirano T., Kita I., Sugimura M. and Suzuki Y. 1988. An annual rhythm in reproductive activities and sexual maturation in male Japanese serows (*Capricornis crispus*). Zeitschrift für Säugetierkunde 53 : 178–187.
常田邦彦．1985．カモシカ保護管理の方向性．哺乳類科学（50）: 7–8.
Tokida K. and Miura S. 1988. Mortality and life table of a Japanese serow (*Capricornis crispus*) population in Iwate Prefecture, Japan. Journal of Mammalogical Society of Japan 13 : 119–126.

常田邦彦．1991．カモシカの保護管理．（大町山岳博物館，編：カモシカ——氷河期を生きた動物）pp. 169-178．信濃毎日新聞社，長野市．
常田邦彦．2007．カモシカ保護管理の四半世紀——文化財行政と鳥獣行政．哺乳類科学 47 : 139-142．
常田邦彦．2012．カモシカの個体群と生息地の管理技術．（羽山伸一・三浦慎悟・梶 光一・鈴木正嗣，編：野生動物管理——理論と技術）pp. 353-363．文永堂出版，東京．
鳥海隼夫．2005．カモシカの民俗誌．無明舎出版，秋田市．
Trivers R. L. and Willard D. E. 1973. Natural selection of parental ability to vary the sex ratio of offspring. Science 179 : 90-92.
津布久 隆．1992．シカ・カモシカによる造林木被害の防除．栃木県県民の森管理事務所研究報告 (4) : 1-16.
土本信幸・菅野美樹夫・杉村 誠・鈴木義孝．1982．ニホンカモシカ骨格の計測形態学的研究 Ⅱ．頭蓋．岐阜大学農学部研究報告（46）: 215-221.
堤 之恭．2014．絵でわかる日本列島の誕生．講談社，東京．
Ueda H., Takatsuki S. and Takahashi Y. 2002. Bark stripping of hinoki cypress by sika deer in relation to snow cover and availability on Mt. Takahara, central Japan. Ecological Research 17 : 545-551.
上原重男．1977．食性からみたニホンザルの適応に関する生物地理学的研究．（加藤泰安・中尾佐助・梅棹忠夫，編：形質・進化・霊長類）pp. 189-232．中央公論社，東京．
上馬康生・野崎英吉．2003．石川県におけるニホンカモシカの分布域——低標高地および能登地域への分布拡大．石川県白山自然保護センター研究報告（30）: 37-41.
Ueno M., Nishimura C., Takahashi H., Kaji K. and Saitoh T. 2007. Fecal nitrogen as an index of dietary nitrogen in two sika deer *Cervus nippon* populations. Acta Theriologica 52 : 119-128.
鵜飼一博．2011．南アルプスにおけるニホンジカの影響とその対策．森林科学（61）: 21-24.
Uno H., Kaji K., Saitoh T., Matsuda H., Hirakawa H., Yamamura K. and Tamada K. 2006. Evaluation of relative density indices for sika deer in eastern Hokkaido, Japan. Ecological Research 21 : 624-632.
宇野健治・杉村 誠・鈴木義孝・阿閉泰郎．1984．ニホンカモシカの膣，膣前庭および外陰部の形態学的研究．岐阜大学農学部研究報告（49）: 183-195.
Vrba E. S. and Schaller G. B. 2000. Phylogeny of Bovidae based on behavior, glands, skulls, and postcrania. *In* (Vrba E. S. and Schaller G. B., eds.) Antelopes, Deer, and Relatives, pp. 203-222. Yale University Press, New Haven.
脇野沢村史調査団（編）．2008．脇野沢の歴史——海と山の民のくらし．むつ市．
Wallmo O. C. and Neff D. J. 1970. Direct observations of tamed deer to measure their consumption of natural forage. *In* Range and Wildlife Habitat Evaluation : A Research Symposium : Proceedings. Miscellaneous Publication No. 1147, pp. 105-110. U. S. Department Agriculture, Forest Service, Washington, DC.
Wallmo O. C. and Schoen J. W. 1980. Response of deer to secondary forest succession in Southeast Alaska. Forest Science 26 : 448-462.
Wallmo O. C. and Regelin W. L. 1981. Rocky mountain and inter-mountain habitats, part 1. food habits and nutrition. *In* (Wallmo O. C., ed.) Mule and Black-tailed Deer of North America, pp. 387-398. University of Nebraska Press, Lincoln and London.
Walther F. R. 1974. Some reflections on expressive behaviour in combats and courtship of certain horned ungulates. *In* (Geist V. and Walther F., eds.) IUCN Publication new series No. 24 : The Behaviour of Ungulates and its relation to Management, pp. 56-106. IUCN, Morges.
Walther F. R. 1978. Mapping the structure and the marking system of a territory of the Thomson's gazelle. East African Wildlife Journal 16 : 167-176.
Waser P. M. 1985. Does competition drive dispersal? Ecology 66 : 1170-1175.
Waser P. M., Austad S. N. and Keane, B. 1986. When should animals tolerate inbreeding ? The American Naturalist 128 : 529-537.
Watanabe T. and Takatsuki S. 1993. Comparison of nitrogen and fiber concentrations in rumen and fecal contents of sika deer. Journal of Mammalogical Society of Japan 18 : 43-48.
Watanuki Y. and Nakayama Y. 1993. Age difference in activity pattern of Japanese monkeys : effects of temperature, snow, and diet. Primates 34 : 419-430.
Wittenberger J. F. and Tilson R. L. 1980. The evolution of monogamy : hypotheses and evidence. Annual Review of Ecology and Systematics 11 : 197-232.
Wolff J. O. 1992. Parents suppress reproduction and stimulate dispersal in opposite-sex juvenile white-footed mice. Nature 359 : 409-410.
Wolff J. O. 1993. What is the role of adults in mammalian juvenile dispersal ? Oikos 68 : 173-176.
八神徳彦．2011．ニホンカモシカによるケンポナシ種子の被食散布事例．石川県林業試験場研究報告（43）: 36.
矢原徹一．2006．シカの増加と野生植物の絶滅リスク．（湯本貴和・松田裕之，編：世界遺産をシカが喰う——シカと森の生態学）pp. 168-187．文一総合出版，東京．
Yamada E. 2013. Effects of dietary differences between sympatric Japanese serow and sika deer on environmental reconstruction by means of mesowear analysis. Annales Zoologici Fennici 50 : 200-208.
山田雄作・關 義和．2016．南アルプスに生息するニホンカモシカの保全学的研究——ニホンジカの対策に向けて．（自然保護助成基金，編：自然保護助成基金成果報告書 23）pp. 83-92．自然保護助成基金，東京．
山口佳秀・小林峯生・飯村 武．1974．丹沢山塊に生息するニホンカモシカの胃内容物について．神奈川県立博物館研究報告（自然科学）(7) : 81-88.
山口佳秀・高橋秀男．1979．胃内容物からみたニホンカモシカの食性について．（大町市，編：鳥獣害性調査報告書）pp. 29-51．環境庁，東京．
山本茂実．1971．喜作新道——あるアルプス哀史．朝日新聞社，東京．
Yamamoto Y., Atoji Y., Agungpriyono S. and Suzuki Y. 1998. Morphological study of the forestomach of the Japanese Serow (*Capricornis crispus*). Anatomia, Histologia, Embryologia 27 : 73-81.
山梨県森林総合研究所（編）．2009．森や木を野生動物から守る——獣害防除事例集．山梨県森林総合研究所，増穂町．
Yamashiro A., Yamashiro T., Baba M., Endo A. and Kamada M. 2010. Species identification based on the faecal DNA samples of the Japanese serow (*Capricornis crispus*). Conservation Genetics Resources 2 : 409-414.
山城明日香・山城 考．2012．四国山地のカモシカの遺伝子マーカーを用いた解析．（徳島県教育委員会・高知県教育委員会・（特）四国自然史科学研究センター，編：四国山地カモシカ特別調査報告書平成 22・23 年度）pp. 60-83．徳島県教育委員会・高知県教育委員会・（特）四国自然史科学研究センター，徳島市・高知市・須崎市．
Yamashiro A., Kamada M. and Yamashiro T. 2013. A comparative study of the fecal characters of Japanese serow (*Capricornis crispus*) and sika deer (*Cervus nippon*). Mammal Study 38 : 117-122.
山谷孝一．1981．下北半島におけるニホンカモシカの生息環境と森林施業．林業試験場研究報告 (316) : 1-45.
Yang C., Xiang C., Qi W., Xia S., Tu F., Zhang X., Moermond T. and Yue B. 2013. Phylogenetic analyses and improved resolution of the family Bovidae based on complete mitochondrial genomes. Biochemical Systematics and Ecology 48 : 136-143.
安井圀彦．1967．飼育下におけるニホンカモシカの観察．動物園水族館雑誌 9（4）: 115-118.
Yasukochi Y., Nishida S., Han S.-H., Kurosaki T., Yoneda M. and Koike H. 2009. Genetic structure of the Asiatic black bear in Japan using mitochondrial DNA analysis. Journal of Heredity 100 : 297-308.
横畑泰志・杉村 誠・鈴木義孝・中村孝雄・阿閉泰郎．1985．雌ニホンカモシカ眼窩下洞腺の脂腺における組織学ならびに脂質分析に関する二，三の知見．岐阜大学農学部研究報告（50）: 185-191.
Yokohata Y., Kodera S., Yokoyama H., Sugimura M., Suzuki Y., Nakamura T. and Atoji Y. 1987. Histology and lipid analysis of the infraorbital glands of Japanese serow, and functional considerations. *In* (Soma H., ed.) The Biology and Management of *Capricornis* and Related Mountain Antelopes, pp. 243-256. Croom Helm, London.
横田岳人．2011．ニホンジカが森林生態系に与える負の影響——吉野熊野国立公園大台ヶ原の事例から．森林科学（61）: 4-10.
横山昌太郎・釜田淳志．2009．シカが森を食う．（柴田叡弌・日野輝明，編：大台ヶ原の自然誌——森の中のシカをめぐる生物間相互作用）pp. 62-73．東海大学出版会，秦野市．
依光良三（編）．2011．シカと日本の森林．築地書館，東京．
吉田正人．1991．ニホンカモシカ保護問題の経緯と論点．（日本自然保護協会，編：野生動物保護——21 世紀への提言　第一部）pp. 215-226．日本自然保護協会，東京．
吉田剛司．2012．分布と生息環境評価法．（羽山伸一・三浦慎悟・梶 光一・鈴木正嗣，編：野生動物管理——理論と技術）pp. 235-245．文永堂出版，東京．
吉岡邦二．1973．植物地理学（生態学講座 12）．共立出版，東京．
Zachos F. E., Apollonio M., Bärmann E. V., Festa-Bianchet M., Göhlich U., Habel J. C., Haring E., Kruckenhauser L., Lovari S., McDevitt A. D., Pertoldi C., Rössner G. E., Sánchez-Villagra M. R., Scandura M. and Suchentrunk F. 2013. Species inflation and taxonomic artefacts : a critical comment on recent trends in mammalian classification. Mammalian Biology 78 : 1-6.
Zachos F. E. and Lovari S. 2013. Taxonomic inflation and the poverty of the Phylogenetic Species

Concept : a reply to Gippoliti and Groves. Hystrix, Italian Journal of Mammalogy 24 : 142–144.
Zachos F. E. 2014. Commentary on taxonomic inflation, species delimitation and classification in Ruminantia. Zitteliana, Series B 32 : 1–4.
Zachos F. E. 2015. Taxonomic inflation, the Phylogenetic Species Concept and lineages in the Tree of Life : a cautionary comment on species splitting. Journal of Zoological Systematics and Evolutionary Research 53 : 180–184.
Zannese A., Morellet N., Targhetta C., Culton A., Fuser S., Hewison A. J. M. and Ramanzin M. 2006. Spatial structure of roe deer populations : toward defining management units at a landscape scale. Journal of Applied Ecology 43 : 1087–1097.

おわりに

今日のように，短期プロジェクト方式の研究が全盛というか，好むと好まざるとにかかわらず，研究の資金やポストの獲得のために短期間で結果が出せる研究を強いられる時勢にあって，計画どおりの成果があがりにくい大型哺乳類の野外調査や行動の直接観察による研究はおこないづらくなっている．そのような状況ではあるが，それでも本書で紹介したような研究，すなわち1頭ずつ識別した個体を長期観察することによって，行動の意味，社会関係，繁殖成功度，個体群動態，生息環境との関係等々を個体ベースで明らかにしようとする研究はおもしろく，興味がつきない．それは，野生動物の研究者として研究人生をかけるに値するものであると思う．そのおもしろさをみなさんに伝える役目を，本書が少しでも果たすことを願う．同時に，その動物のことをとにかく知りたいと思う，知的な好奇心と探究心に駆られた若い研究者が，困難を乗りこえかわしつつ，対象動物の生態に長期にわたって迫る研究を推進されることを願っている．

5月．さわさわと木々が春の風にそよぐ．みあげると，陽射しをうけた新緑が透きとおるように輝く．キビタキの澄んだ軽やかな声が林の中にひびく．ふと，あたりをみまわすと斜面の岩の上に1頭のカモシカが立ち，私をみおろしている．「おっ，いたか」．いまだにカモシカと出会うと胸の高鳴りをおぼえる．白っぽい顔に「ツルだな」と思いつつ，急いで双眼鏡を目にあてる．両角の先が内側に向く．左耳の外側，真ん中よりわずか上に切れ込みあり．いつものように個体識別のポイントを確認してフィールドノートに書きこむ．ツルはなわばりをもつ成獣メスで，調査を始めたときから一番多くのことを観察させてくれた成獣メスのタマサブロウの孫にあたる．

みつけたカモシカがどの個体か確認できたので，落ち着いた気分で腰をおろす．警戒心が薄れたツルもやがて座りこむ．ツルをみながら，カモシカを観察し始めてから40年がたったのだと，あらためて感じる．その間，カモシカについてあれこれとしらべたが，40年でこの程度のことしか明らかにできなかったという想いと，地域博物館の学芸研究員として多種多様な仕事と野生動物保護管理にたずさわりながら，遠隔地でのカモシカ研究をよくつづけてこられたものだという想いの両方がわく．遠くから＜ポポ ポポ＞と，ツツドリののどかな声が聞こえてくる．いつになってもカモシカが，そして林の中でカモシカとともに静かにすごす時間が自分は好きなんだな，と思う．

本書の執筆にあたっては，打診をいただいてから本格的に書き始めるまで丸6年，粗稿を書きあげるまでさらに1年余りの年月を要した．その間，東京大学出版会編集部の光明義文さんには変わらぬ熱意と温情をいただいた．この本は光明さんの辛抱強いあと押しがなければ世に出ることのなかった書物であり，氏に深く感謝申しあげる．岸元良輔，繁田真由美，角田 隆，馬場 稔の各氏には原稿全体を，望月敬史，由良 浩，吉田正人の各氏には原稿の一部を読んでいただき，多くの適切なコメントをいただいた．岸元良輔，望月敬史の両氏には未発表資料を使わせていただいた．馬場 稔，三浦慎悟，山田雄作の各氏およびNPO法人三重県自然環境保全センターには貴重な写真をお借りした．千葉県立中央博物館には収蔵標本の写真の使用を許可していただいた．馬場 稔，山田雄作の両氏には文献収集でもお世話になった．みなさんに深謝申しあげる．

学術書のあとがきは，「つきあい」という著者の学問的成分の一つを表す謝辞を含め，「著者の成分表示」であるという（『あとがき愛読党ブログ』http://atogaki.hatenablog.com による）．私の成分表示をもう少し披露すると，私には「先生」とよばせていただく3人の恩師がいる．沼田 眞先生，水原洋城先生，小野勇一先生である（お三方とも故人となられてしまった）．私の研究者としてのおおもとはこの3人の先生との出会いによって形づくられている．沼田先生には，千葉大学の学部生時代に生態学の基礎を広く教えていただいた．水原先生からは，東京農工大学の修士生，研究生時代に動物の行動の見方とものごとのとらえ方を学んだ．九州大学理学部の小野先生には，直接面識のなかった「よそ者」にもかかわらず博士論文について面倒をみていただき，そのするどい洞察力と気遣いの深いざっくばらんな人柄に感銘をうけた．お三方に本書をおみせできなかったのが残念である．

千葉大学在籍時には大賀宣彦氏に，博士論文の作成時には土肥昭夫氏に親身なご指導とご支援を賜った．岸元良輔氏による秋田県仁別のカモシカの研究成果は，きわめて正確かつ精緻である．その成果を本書の中でたびたび引用，比較させていただいたことで，本書の内容はより濃いものとなった．さまざまにお世話になり，刺激をいただいた岸元さんに，お礼とともに多大な敬意を表する．調査地の下北半島では多くの方々にお世話になった．なかでも高橋金三（故人）・とし子ご夫妻，中島たま氏（故人），松岡史朗・敦子ご夫妻には格別の助力をいただいた．本書を書きながら，私のカモシカ研究は，条件に恵まれた調査地と，多くの方々の力添えのおかげでつづけることができたのだと，つくづく感じた．すべての方々のお名前を記すことはできないが，千葉大学理学部生物学科の生態学研究室，東京農工大学農学部環境保護学科の自然保護学講座（いずれも名称は当時），下北半島カモシカ調査グループ，下北のサル調査会，旧・脇野沢村役場および教育委員会，千葉県立中央博物館，房総のシカ調査会のみなさんをはじめ，多くの方々にお世話になり，また触発を得た．心からお礼申しあげる．

最後に，下北半島のカモシカをともにみつづけてきた妻の加代子に感謝したい．彼女は個体識別について全幅の信頼をおける共同研究者である．私が哺乳類と関係しない仕事についていた７年間に彼女が識別個体の観察をつづけなければ，本書で紹介した長期研究が実現することはなかった．

事項索引

ア　行

あごのせ　57
朝日山地　179,180,184,192
亜種　30,32
威嚇　59,69
一時的隠し　110
一夫一妻　102-107,123,126,131
一夫多妻　102-107,123,126,131
遺伝的一夫一妻　103
遺伝的変異　28
胃内容物　2,134,143
飲水　43
栄養分析　154
エソグラム　42
江戸諸国産物帳　17
エラストイド小体　28
延喜式　17
追いかけ　57,63
黄色小体　28
黄体　28
落ち葉食い　146
音声　69

カ　行

疥癬　229
皆伐　216,233
開放的な環境　130,133
隠し型　110
角鞘　23
角芯　23,92
拡大造林　211,216,235
角長　18
角輪　20
化石　37
家族的集団　83
カフェテリアテスト　160
上高地　179,180,184,192
かもしかの会　225
カモシカ保護地域　214,217,236
カモシカ問題　212,215
刈り取り法　181
眼下腺　64,83,87,94
環境資源競争　126
環境収容力　191
環境整備　235
干渉型競争　230
感染症　226
寒立ち　46
季節移動　78
基礎代謝量　134
忌避剤　225
義務的な一夫一妻　103
休息　44
胸囲　18
境界においづけ　83
近交弱勢　129
近親交配回避　126
空間構造　87
空中センサス　170
区画法　169
駆除　212,215
九艘泊　8
クライバー則　134
グループ構成　12,74
グループサイズ　12,73
グレーザー　133,147,150,160
群居性　133,190

経産・非経産判定　28
系統樹　35
血縁集団　130
血縁選択説　129
血清タンパク質　28
ケラチン　23
堅果　145,156
肩高　18
現状変更許可　233
攻撃行動　59
虹彩色　29
更新世　37,38
豪雪　25,187
抗争的行動　59
行動圏サイズ　78,180,189,191-195
行動圏の移動　115
行動圏の内部構造　83
行動圏の分布構造　80
交尾　57
交尾期　26,27
興奮行動　51
子殺し　103
子育て　82,103,105
個体間関係　5
個体間交渉　5
個体管理　233
個体群動態　187,197
個体識別　5,6,11,171,196
個体史研究　197
個体数推定　167
個体数調整　213,234
個体変異　197-199,204
子の独立　12,109
固有種　14
婚外交尾　107
コントロール領域　29

サ　行

最外郭法　77
最終氷期　38,41
最小存続可能個体数　228
採食　42,137
採食効率　185
採食単位　182
採食割合累積曲線　139
最適なわばりサイズ　190
3庁合意　211-214,217,218
GIS（地理情報システム）解析　167
GR型（粗植食型）　133
CS型（選択食型）　133
塩場　44
資源防衛　28,94,130
シトクローム *b* 遺伝子　29,151
GPSテレメトリー調査　76,166
死亡率　24,25
下北半島カモシカ調査グループ　171
社会関係　5,12,196
社会構造　5,12,129
社会行動　52
社会的一夫一妻　103
社会的グルーミング　52
ジャーマン・ベル原理　133,144
獣害　208
周口店動物群　38
雌雄の判別関数　18
雌雄判別　19
種間競争　230
種子散布　145
出産　109
出産間隔　28
出産期　27
授乳　53,111
種の細分化　32
樹皮食い　146,218
寿命　24,199
主要食物種　141
狩猟　17,209,210
狩猟法　210
順応的管理　234
生涯繁殖成功度　199,200
消化阻害　186
消化速度　133,150
消化率　133,150,186
消費型競争　230

常緑広葉樹林　147
初期死亡　25
食害　211,216,219-221
食痕　136,183
植食動物　37,133
食性　132,134,138
植生　147,161,171
食土　43
植物繊維　132
食物条件　174,179,184,188
食物選択　160
食物の存在様式　130,133
初産年齢　28
進化　102,130
人身被害　63
身体ケア行動　49
薪炭林　232
森林火災　190
森林環境の変化　232,235
森林管理　215,218
森林施業　217,235
親和的行動　52
随意的な一夫一妻　103
水泳　51
睡眠　46
生活史特性　190
性行動　53
性差　18,24,78,120,144
性成熟　27
生息環境　17,129,161,231
生息地管理　217,235
生息地の異質性　203
生息地の質　186
生息地評価　167
生息地分離　230,236
生息地利用　165
生息密度　164,171,174
生存曲線　24
生存密度　187
生存率　28
生態系　226,236
生態的地位　37
性的二型　18,144
性比　27,91,205
性比調整　205
性別の確認　19
生命表　24
絶滅　16,17,208
セルロース　132
前胃　150
前屈姿勢　53
鮮新世　37

タ　行

大臼歯　150
体サイズ　18,29,129,133
胎児　26,27
体脂肪量　189
帝釈峡遺跡　17
代謝性糞中窒素　159
体重　18,27,189
体色　18
耐性密度　187
体長　19
対捕食者行動　129,133
大面積皆伐　211,217,235
唾液腺　150
多重渡来説　41
たたら製鉄　17
ため糞　49,97
多様度指数　142,164
単一渡来説　41
単独行動のペア型　82
単独性　130,133
タンニン　159
タンパク質量　154
地域個体群　16,32,217
地域スケール　147,153
窒素量　154
中山間地域　208
中新世　35,37
長期研究　196
鳥獣保護法　233
腸の平均長　151

跳躍　50
直接観察　73,76,78,137
地理的変異　18,146-148,152
追随型　110
通常調査　215
つがい関係　98,127,128
角おし　56
角折れ　91-93
角こすり　67,83
角つき　62
角つきあわせ　62
角の太輪　20
ツリーシェルター　225
DNA　29
蹄間腺　65
定住性　89
定留性　123
電気泳動　28,29
天然記念物　210,213,215,237
天然林　173-175,216
洞角　23
頭骨　18
頭臀長　27
頭胴長　19
当年子の死亡時期　25
逃避　59
特殊皮膚腺　64,65
特定鳥獣保護管理計画　233
特別調査　215

ナ　行

内部においづけ　83
なわばり確立　123
なわばり性　12,13,86,130
なわばりの質　199
なわばりの保持期間　89
においかぎ　54
においづけ　83,87,94
二次林　172
日周行動　47
仁別　73
ニホンカモシカ保護基金　212
妊娠期間　25
妊娠率　27,204
年輪　22,23
年齢査定　20
軒下国有林　8

ハ　行

配偶システム　102
配偶者競争　126
配偶者選択　106
配偶者防衛　94,104,107,130
bite count 法　137
排尿　19,48,83
パイプモデル　182
排糞　49,83
激しい追いかけ　63
伐採　3,172-178,190
発情　27
鼻つきあわせ　52
歯の摩滅　22
母子関係　109
パラポックスウイルス感染症　226
万県動物群　38
繁殖成功度　198,199,204
繁殖成功率　178-181,186-189
繁殖戦略　104,197
繁殖履歴　28,200
反芻　44,132
被害　218
非皆伐施業　235
被害防除　223
被害防除効果　218,234
非なわばり成獣　88
避難場所　14,236
フィールドサイン　165
フェノール　159
普及指導員　226
服従　59
父性　107
双子　27
ブラウザー　133,144,147,149,150,160
フレーメン　54

糞　49,97,151
糞塊法　168
文化財保護法　210,233
分散　109,120
分子系統解析　30,33-35,41
糞中窒素量　156,186,203
糞 DNA　107,151
分布　14,208
糞分析　136
糞密度法　168
糞粒法　168
ペア　12,98
閉鎖的な環境　130
ポイント枠法　136
防護柵　51,223
放散　35
包皮腺　66
捕獲実施団地　234
捕獲数　213
捕食者　187
ボトルネック　28
哺乳類相　38
ポリネット　225

マ　行

マイクロサテライト遺伝子座　29
マウンティング　57
前足げり　56
マタギ　209
マンモス動物群　39
密度依存的　187
密度管理　233
密度変動　187
密猟　210
ミトコンドリア DNA　29,151
群れ社会　130
メスの散在分布　103-105
毛色　18
モニタリング調査　215,217,218

ヤ　行

ヤコブソン器官　54
野生動物保護管理　215,218
やませ　8
有効集団サイズ　28
幼齢造林地　216
弱い追いかけ　63

ラ　行

落葉広葉樹林　16,147
ラジオテレメトリー調査　11,76,78
乱婚　102,106,123,126,131
卵巣　28
陸橋　38
利用可能食物量　175,178,181-188,191-195
林産資源物利用論　215
レッドリスト　16
レフュジア（退避地）　41

ワ　行

脇野沢　6,211,220
脇野沢ユースホステル　3

生物名索引

ア　行

アウダッド　61
アウダッド属　36
アカウシアブ　49
アカカモシカ　30
アカゴーラル　32
アカシカ　32,123,159,197,204,205
アジアアイベックス　61
アズマザサ　154
アナウナギ　168
アナグマ　229
アブ類　50
アメリカバイソン　134
アライグマ　229
アラビアタール属　35,36
アルプスアイベックス　197
アルプスシャモア　197
アンテロープ亜科　36
アンテロープ類　51,53
イタドリ　142
イヌ　62,113
イネ科　130.133,148,204
イノシシ　16,28,51,220,229,235
ウシ　50,227
ウシ亜科　33,36
ウシ科　32,33,36,56,110
ウラジロモミ　183
エルク　190
オオイタドリ　142
オオカメノキ　141
オオバクロモジ　142,161,182
オカピ　56
オグロジカ　190
オジロジカ　123,190
オナガゴーラル　32
オランウータン　44
オリビ　83

カ　行

カシミールマーコール　61
カバ　33
カモシカ属　30,32,33,35,36,39,40
キツネ　229
ギュンターディクディク　84
キョン　38
キリン科　56
キルクディクディク　49,83,97,104,107
偶蹄目　33,102
鯨偶蹄目　33
鯨目　33
クチヒゲタマリン　95
クマ　210,233
クマタカ　233
グラミノイド　133,147,149,160
クリップスプリンガー　32,84
ケサイ　38
剣歯虎　38
ケンポナシ　145
コメヅカ　183
ゴーラル　32,42,59,61
ゴーラル属　30,32,33,35,36

サ　行

サイガ属　34
サイガ族　34
ササ類　142,144,146,148,149,156,183
サル　5,9,11,223,233

サンバー　38,44
シガゾウ　40
シカ属　37
シカ類　144,146,178,185,190
シナノキ　138,182
シナノザサ　184
シバ　145,154
ジャイアントパンダ　38
ジャコウウシ　61
ジャコウウシ亜族　36
ジャコウウシ属　34-36
ジャコウウシ族　34
シャモア　42,48,61,197
シャモア属　35,36
シャモア族　34,35
食肉目　102
シロアシマウス　126
スギ　143,172-175,218
スゲ類　142-144,155
ススキ　154
スマトラカモシカ　31
セマダラタマリン　95

タ　行

ダイカー亜科　33
タイリクカモシカ　30,32,40
タイワンカモシカ　30,40
ターキン　48
ターキン属　34-36
タヌキ　229
タール属　35
チシマザサ　165
チマキザサ　156
チュウゴクカモシカ　30
チュウゴクゴーラル　32
長鼻類　39
チルー属　34,36
ツキノワグマ　16,37,38,41,187,229
ツンドラハタネズミ　126
テン　233
トウブシマリス　126
トウヨウゾウ　38,40
トチノキ　145
トナカイ　129
トピ　84
トムソンガゼル　49,84
トロゴンテリゾウ　40

ナ　行

ナウマンゾウ　37,40
ナキウサギ　38
ニキチンカモシカ　38
ニホンオオカミ　187
ニホンカモシカ　14,30,61
ニホンザル　37,40,41,137,140,147,196
ニホンジカ　16,25,28,37,41,69,78,137,146,147,149,151,161,165,190,220,230,236
ニホンムカシジカ　37
ニルギリタール　61
ニルギリタール属　35,36
ネコ科　54
ノウサギ　137,229
ノロジカ　190,197,198,204

ハ　行

ハイイヌガヤ　152,156
ハイイヌツゲ　152,156,159
ハイエナ科　83
バイソン属　37
ハウチワカエデ　142,182
ハエ類　50
バク　38
ハクビシン　229
パセリ　33
バーラル　61
バーラル属　36
パンジャブウリアル　61
ヒグマ　37,38
ヒゲイノシシ　44
ヒゼンダニ　229
ビッグホーン　123,129,197,198,204
ヒツジ　227
ヒツジ属　35,36

ヒノキ　211,216,218
ヒノキアスナロ　8,9,143,155,166,171-175
ヒバ　7,8
ヒマラヤカモシカ　31
ヒマラヤゴーラル　32
ヒマラヤタール　48,61
ヒマラヤタール属　35,36
ヒメアオキ　152,156,159,189
ヒメマメジカ　44
ヒレアザミ　33
ピレネーシャモア　197
ブチハイエナ　83
ブナ　8,9,172-174
ブラックバック亜科　33
ブルーバック亜科　33
北京原人　38
ヘラジカ　37

マ　行

マウンテンゴート　42,61,197,198,206
マウンテンゴート属　35,36
マウンテンシープ　51,56,61
マカク属　38
マダラ　7
マメジカ科　132
マルバマンサク　142,161,182
ミズナラ　8,9,142,145
ミヤコザサ　149,154
ミヤマガマズミ　182
ミュールジカ　190
ムフロン　61
モウコガゼル　150

ヤ　行

ヤギ　18,33,227
ヤギ亜科　33-36,53,59,61
ヤギ亜族　36
ヤギ属　36,48
ヤギ族　34,36
ヤギ・ヒツジ類　18,33
ヤベオオツノジカ　37
ヤマツツジ　145
有蹄類　32,54,64,110,129,133

ラ　行

ラクダ科　132
リカオン　126
リョウブ　142
霊長目　102
霊長類　103,134,197

著者略歴

1957年　東京都に生まれる.
1979年　千葉大学理学部生物学科卒業.
1981年　東京農工大学大学院農学研究科修士課程修了.
　　　　千葉県立中央博物館主席研究員, 生態・環境研究部長などを経て,
現　在　千葉県立中央博物館館友, 博士（理学）.
専　門　動物生態学.

主要著書

『ニホンカモシカ』（1986年, いちい書房）
『カモシカの生活誌』（1992年, どうぶつ社）
『生物-地球環境の科学――南関東の自然誌』（分担執筆, 1995年, 朝倉書店）
『現代生態学とその周辺』（分担執筆, 1995年, 東海大学出版会）
『日本の哺乳類学②中大型哺乳類・霊長類』（分担執筆, 2008年, 東京大学出版会）ほか.

ニホンカモシカ
――行動と生態

2016年7月15日　初　版

［検印廃止］

著　者　落合啓二（おちあいけいじ）

発行所　一般財団法人　東京大学出版会
　　　　代表者　古田元夫
　　　　153-0041 東京都目黒区駒場4-5-29
　　　　電話 03-6407-1069・振替 00160-6-59964

印刷所　三美印刷株式会社
製本所　誠製本株式会社

ISBN 978-4-13-060197-9　Printed in Japan